东华大学服装设计专业核心系列教材 源 自 服 装 设 计 教 育 精 英 的 集 体 智 慧

纺织服装高等教育"十二五"部委级规划教材
东华大学服装设计专业核心系列教材

主编　刘晓刚

男 装 设 计

NANZHUANG SHEJI

许才国　编著

上海市重点学科建设项目资助　项目编号 B601

東華大學出版社

图书在版编目(CIP)数据

男装设计 /许才国编著. —上海：东华大学出版社，2013.10

ISBN 978－7－5669－0374－7

Ⅰ.①男… Ⅱ.①许… Ⅲ.①男服—服装设计—教材
Ⅳ.①TS941.718

中国版本图书馆CIP数据核字(2013)第243266号

责任编辑 徐建红
封面设计 崔振凯
版式设计 高秀静

东华大学服装设计专业核心系列教材

男装设计

许才国 编著

出　　版：东华大学出版社(地址:上海市延安西路1882号　邮政编码:200051)
本社网址：http://www.dhupress.net
天猫旗舰店：http://dhdx.tmall.com
营销中心：021－62193056　62373056　62379558
印　　刷：苏州望电印刷有限公司
开　　本：787×1092　1/16
印　　张：15.5
字　　数：400千字
版　　次：2013年10月第1版
印　　次：2016年7月第2次印刷
书　　号：ISBN 978－7－5669－0374－7/TS·439
定　　价：45.00元

序　一

服装产业素来是我国重要的支柱产业。今天的中国不再是世界服装的初级加工厂，已从“中国制造”走向了“中国创造”。中国的服装设计师、中国的服装品牌、中国的服装教育纷纷登上世界舞台，崭露头角。在服装产业繁荣发展的今天，无论是本土的还是世界的服装设计教育格局都出现了很多变革性的因子。产业环境对我国的服装教育提出了全新的要求，既要符合全球化、国际化的趋势，又要坚持本土化的中国特色。

服装设计学科是东华大学的特色学科。作为中国最早设立服装设计学科的高等学府之一，学校以“崇德博学、砺志尚实”为校训，自觉承担起培养我国优秀服装设计专业人才并引导我国服装设计学科发展的重任。中国的服装设计教育从20多年前的借鉴与摸索期发展到如今的成熟与创新期，离不开我校几代服装设计学科专业教师的耕耘与奉献。

立足中国、面向世界，上海繁荣的都市产业与时尚产业成为我校服装设计学科成长的沃土。秉承“海纳百川、追求卓越”的精神，我校服装设计学科带头人刘晓刚教授领衔，服装学院专家教授共同参与，在全国率先推出了大型的服装设计专业系列教材。此套教材涵盖服装设计的方法、思维、技术、品牌、审美、营销、流行等各个方面，理论与实践并举，内容全面，时代性强。可以说，此套教材凝结并展示了我校服装设计教育精英的集体智慧与敢为人先的创新精神，以及严谨求实的学术风范。

一份耕耘，一份收获。衷心希望此套教材的出版能够对我国服装教育与服装产业的发展有所促进。

东华大学校长

徐明稚

序　二

我国高等服装教育从20世纪80年代初起始，屈指数来已有20余年历史，作一个形象的比喻，她已经进入一个朝气蓬勃、活力四射的青春时代。细分起来，服装学科有许多分支，在我国大多数设有服装专业的高等院校中，研究生层面有服装人体科学研究、服装工程数字化研究、服装舒适性与功能服装研究、服装产业经济研究、服装设计理论与应用、服装史论研究等研究方向，本科生层面有服装设计与工程、服装艺术设计、服装表演与设计等专业之分。为了表述的方便，我们姑且统称为服装专业。

与一些拥有百年历史的欧美老牌服装院校相比，目前我国的服装专业还只能算是一个新生专业，尽管我们在教学的许多方面是在摸索中成长，在前进道路上遇到不少问题，但是，我国服装教育也因此而有了自己的特色。虽然我们应该学习国际先进的教育理念，然而，教育本身必须注重创新的规律告诉我们：不必事事效仿伦敦、纽约，更毋须言必称巴黎、米兰，在全国服装教育同行们的辛勤努力下，从零起步的我国高等服装教育已经卓有成效地为服装产业输送了大量专业技术人才和经营管理人才，为我国服装产业的腾飞做出了不可磨灭的贡献。

当然，我们也应该看到，服装教育与我国服装企业所取得的成绩相比，后者在发展速度和品质提升方面以自己辉煌出色的成果交出了似乎比服装教育更为显著的答卷。在服装进入品牌化时代的今天，服装企业的进一步发展需要更高水平的服装教育等相关领域的支持，为服装教育提出了新的深化课题。因此，我们不能以已经取得的成绩而自喜，更不能以此为由而裹足不前，必须进一步理顺教学体系，更新教学内容，深化教学内涵，为我国服装产业尽快出现有国际影响的品牌和建立自主知识产权的设计创新体系而培养高级设计人才。

教育也是品牌，特色是品牌的内涵，每个学校办学都应该有自己的特色，东华大学（原中国纺织大学）是一所以纺织服装为特色的综合性大学，服装专业倚靠得天独厚的国际大都市——上海的服装产业背景，在学校致力于建设"国内一流、国际有影响、有特色的高水平大学"的办学思想指导下，以"海纳百川、追求卓越"之勇气，重视服装学科规律，关注服装产业变革，倾听服装企业建议，广泛开展国际交流，以"根植产业土壤，服务社会需求"为专业教学理念，取得了颇有特色的学科建设成效和经验。为此，作为教育部“服装设计与工程”唯一的国家级重点学科所在院校——东华大学服装学院，深感自身在我国服装产业转型期所肩负的责任，从建设《服装设计专业核心系列教材》着手，进行一系列顺应时代需求的教学改革。

本系列教材集东华大学服装学院全体教师20余年专业教学之经验，涉及30余门服装设计专业核心课程，由我的学生、也是我国服装设计领域首位博士刘晓刚教授担纲主编，整个系列涵盖本科生和研究生的服装设计专业课程，以专业通识类、专业基础类、专业设计类、专业延伸类和专业提高类五大板块构成立体框架，注重每个板块之间的衔接关系，突出理论与实践、模块与案例、现实与前瞻的结合，改变常见的插图画家式的设计师培养模式，重点在于培养学生的创新思维、表现技能和企划操作之完成能力，其中部分教材为首次面世的课程而撰写，目的在于缩短应届毕业生与企业磨合的时间，使他们能够“快、准、实”地成为品牌企划和产品设计的生力军，也能够为毕业生自主创业提供必须掌握的知识结构。

我相信，凭借东华大学服装学院为本系列教材提供的鼓励和保障措施，以及全体编写教师的集体智慧和辛勤努力，也凭借刘晓刚教授多年来一贯严谨的教风、与服装企业合作的成功经验和已经出版10余本教材的业绩，这套系列教材应该非常出色。

据此，我很高兴为本系列教材作序，并期待其发出耀眼的光芒。

东华大学服装学院　学术委员会主任

教授　博士生导师

张渭源

前　　言

在人类社会生活中围绕衣、食、住、行等方面所进行一系列的生产制造、改造及发明等活动，既是满足人们的基本物质需求，亦是满足人们的精神需求，在不同时期两者之间的重要程度有所区别，有时呈现单边上扬，有时呈现并驾齐驱的态势交错发展着。随着时代的发展，尤其是在社会生产力有了较高发展的今天，伴随社会经济的发展、人们生活水平的提高以及科学技术的日益更新，这种在基本物质需求得到满足之后的精神需求变得愈发迫切和重要。就男性的服装需求而言，虽然在不同时期男性社会角色与地位的不同，以及受经济水平、政治环境、战争因素、生产技术、流行趋势、社会审美、季候特征、文化理念、民俗民风的影响，消费者对于男装的审美标准有所不同，但是总体上呈现朝多元化、个性化、多样化、高档化、舒适化的方向发展。

据资料显示世界人口的性别比例接近于1:1，虽然具体到各个国家存在一定数量的差别，但是从全球来讲，男女两性的比例基本处于平衡状态。可以说男装消费需求与女装消费需求同样具有很大的市场空间，围绕男性所进行的系列服饰产品开发，已成为当今主流服装品牌和设计师密切关注的对象，并在市场实际运营中亦带来了价值不菲的利润收益，其中不乏专门从事男装产品设计制造的世界顶级男装品牌和男女服装兼顾的综合类服装品牌运营商。围绕男性服装所展开的品牌建设、产品设计、营销企划、建设越来越被业内所重视，男装产品设计作为男装产品从品牌建立到上市销售中的一个重要环节，是产业链的一个重要组成部分，产品设计的优良程度既影响到销售的利润，更影响到品牌的生存。在服装设计教育界，很多服装设计专业知名院校和教学机构中，男装设计课程也是作为服装设计学范畴中不可或缺的一个重要部分来进行课程设置的，可见男装设计课程的重要性。作为男装设计师应该对男性服装及其设计研发、生产销售等相关知识做细致、全面、专业地认识与研究，以便更好地把握男装发展的命脉，更好地为品牌和消费者服务。

本教材共分为七个章节，前部分从男装导论入手介绍了男装的总体特征和发展变化历史及规律，并就现代男装产业的发展状况和男装的设计类型进行了阐述。从第四章开始的中间部分内容为教材重点，讲述了男装的单品分类与系列设计要点、男装产品季候性特征和设计要点，分析了男装服饰形象整体搭配，并从成衣销售组货与出样陈列的角度讲述了常用男装服饰品设计的要点，以及整体的系列化搭配设计方法。

由于涉及内容较多，加上编者水平有限，书中难免存有浅陋之处，敬请各位专家、读者批评指正。

许才国

目　录

第一章 男装导论

顾名思义，男装就是男子穿着的服装，包括用于男子的一切装饰之物，其外延可以扩展至起到保护和装饰身体作用的男式制品及打扮装束。男装是服装行业的重要组成部分，在内容与形式上有很多区别于女装的特征。从整个行业角度来说，男装在企业规模、生产技术、营销方式、品牌运作等方面均与女装有明显的区别；从产品设计角度来看，男装在设计的思维、方法、原则、表现、材料、题材、品类等方面也与女装有所不同，值得进行专门的学习和研究。随着人们对自己的衣着形象提出了更高的要求，服装行业也越来越走向成熟，男装与女装出现了一些新的动向，在各自的共性与个性上分别出现了扩大或缩小某种差异的趋向。

第一节 男装的总体特征

虽然男装和女装存在着较大的区别，但是它们也存在着许多共性之处，因为它们的本质都是人们日常使用的装身物品或着装方式，仅仅是由于着装对象的性别不同而产生了差异。一般来说，在系统性的服装设计专业教学中，人们总是习惯于从女装设计着手，因此，一些服装设计基础知识是基本一致的，此处出现的女装只是为了更好地说明问题，用来作为与男装对比的对象。在此，男装设计是建立在一般的服装设计知识基础之上的专门化论述。

一、男性的特征

一事物之所以成为该事物而不是其他事物，一定有自己的特征。作为服装中的独立门类，男装也有自己的特征。对于设计师来说，了解男装特征的目的是为了更好地掌握男装产品的特点，完成男装设计工作。要了解男装的特征，首先要从男性的有关特征谈起。男性的特征主要可以从生理和心理两个方面表现出来。

（一）男性生理特征

从服装专业角度来看，男性生理特征主要可以分为形体结构特征和生理机能特征两个部分。

1. 男性形体结构特点的主要表现

从水平尺度看，男性肩背宽阔、四肢粗壮、胯部较窄、腰部与臀部的围度差小于女性。男性肌肉发达，皮下脂肪比例低于女性。根据调查，男性体重约42%为肌肉，18%为脂肪，女性则36%为肌肉，28%为脂肪；从垂直尺度看，男性身高较高，四肢较长，腰节偏下，平均身高高于女性约10～15公分；从立体角度看，男性胸腔发达、躯干比较扁平，局部起伏大于女性，体型呈比较明显的倒三角形。从人种上来看，西方男性整体体形宽大，背部厚实，身材较高。东方男性整体体形窄小，背部扁平，身材较矮。

2. 男性生理机能特征的主要表现

由于受雄性激素影响，男性生理机能显得更高大强健，其食物摄入、活动范围、运动量、负荷能力等均大于女性，一些比较危险的工作场合较多由男性完成，对衣物的耐磨性、抗撕裂性、抗皱性等物理指标提出了更高要求。不过这往往只是符合人们在审美观上对“强者”的定义，并不代表男性在基因层面比女性更优良。目前的生理学及心理学研究已经发现了男性比女性更脆弱的部分方面及指标，具有某些宏观上弱势（表1-1）。

表1-1 男女体型差异表

		男	女
躯干	颈部	粗壮、较短、线条较直、肌肉鲜明	细巧、圆润、线条顺滑，肌肉平缓
	肩部	宽阔、肩斜度较平、锁骨突于体表	较窄且圆浑、肩斜度较大、锁骨不明显
	胸部	宽阔、平缓、乳腺不发达	狭窄、起伏、乳房隆起
	背部	较长、厚实、肌肉发达、后背拱起较大	较短、柔和、肌肉平缓、后背拱起较小
	腰部	较粗、较短、腰节线低	较细、较长、腰节线高
	臀部	宽度与肩宽之比较大、外形收紧	宽度与肩宽之比较大、向后突出饱满

（续　表）

		男	女
四肢	臂部	粗壮、肌肉发达、局部起伏明显	较细、肌肉不明显、外形柔和圆顺
	腿部	粗壮、肌肉发达、局部起伏明显	细长、肌肉不明显、外形柔和圆顺
	手部	较长、较大、厚实、关节粗壮	较短、较小、纤薄、关节细小
	足部	较长、较宽、厚实、关节粗壮	较长、较窄、纤薄、关节细小

（二）男性心理特征

就服装设计所关心的内容而言，男性心理特征主要包括心理结构特征和认知机能特征两个部分。

1. 男性心理结构特征的主要表现

男性心理结构是形成男性心理活动的组织机理。长期以来，社会环境塑造了男性特有的社会心理特征，男性在社会、团体和家庭的很多场合中往往处于主导地位，扮演着领导者或负重者的角色，他们一般侧重社会群体意识，对社会事件表现出较大的兴趣，在价值观上普遍将自身的工作视为自身价值的实现，希望与社会融合并以工作业绩得到人们的认可。因此，社会要求男性具备担负起强烈的社会意识和社会责任的心理素质，具有勇敢进取、稳重严谨、坚毅沉着、豪迈大气、敢于承担等品质特征。

2. 男性认知机能特征的主要表现

男性心理特征是人们产生男装审美的主观原因，对男装设计产生很大的影响。男性美基于力度与阳刚的认知，呈现一种力量与严峻的美。在服装审美的思维方式上，男性较多地倾向于抽象思维，崇尚服装线条的简洁，注重服装功能的实用性，强调服装品质的高级感，忽视服装外观的装饰性。社会责任的期待要求男人必须具备可靠的人品，也意味着他们的服装风格一般表现为魁伟雄壮或矫健干练。因此，男性服装的主流风格是一种简洁实用的雄性风范，过分的标新立异往往不被社会广泛地认可。

二、男装的特征

在男性的生理特征和心理特征的影响下，男装从总体上需要表现男性的气质、风度和阳刚之美，强调严谨、挺拔、简练、概括的风格。在不同文化背景和历史条件下，这种雄性美的表现方式和表现力度不尽一致，并被赋予了时代特征。比如，以男装廓形为例，中国古代习惯用扩大的量感来表现男性的雄性特征，采用宽袖大襟或夸张的头饰等服装元素，增强男性的体量感。西方古代服装则受到实证主义哲学思想的影响，主张用隆肩、排扣、高领等局部夸张手法，表现男性的雄健之美。现代男装的廓形已趋于理性，多用精良的剪裁技术和各种衬料，将男装塑造成一个以直线为主的略呈方形的廓形，意在塑造与现代男性刚性挺拔的内在气质与美感。

当前，主流男装主要表现出以下几个基本特征：

（一）突出款式的严谨规范与功能性

大多数男性因从事社会工作的需要，对于服装功能性的重视胜于装饰性。男性服装款式的外部轮廓在设计上多采用呈箱型结构的基本款型，内部结构也多以直线或直线与曲线结合，追求阳刚、强健和简练的外观特征。在日常着装中，男装以常见的基本款型为主，花哨和个性的款

式仅见于青少年服装中。这一现象源自于19世纪以后逐渐发展成熟的现代西装，这种象征了商业精神的服装样式潜藏着保守的功利主义社会意识形态，执着的时间概念被认为是具有商业价值的信念，使这种服装样式成为一种被社会广泛认同的经典样式而得以长时间流传。另外，从事商业活动的男性希望自己的服装是一种简单的组合，可以轻而易举地快速完成得体的装扮。因此，相对女装来说，男装在款型、色彩、面料、工艺及配饰等方面，表现出严谨和干练的外观（图1-1）。

图1-1 稳重、大方的男士着装形象

（二）强调色彩的稳健沉着与含蓄性

男性的社会地位和性格特征决定了男装的色彩不能与缤纷多姿的女装色彩一致，一般采用稳重素雅的色调与严谨有序的图案。这一特征尤其体现在男士正装上。稳重的服装色彩给人以沉稳、老练、深邃等男性化的联想，产生可以委以重任的心理印象。严谨的图案增加了男装外观上的变化，但也不失男装风格的基本特征。男装的色彩处理，多采取统一色调，或采用大面积统一色系与小面积点缀色系对比的方法，以体现男子的个性和风格。事实上，在不同地域、民族习俗、宗教信仰、社会时尚、流行趋势等等因素的影响下，男装色彩非常丰富，特别是一些如运动装、T恤衫、文化衫和夹克衫等品类的青少年男装，在色彩和图案的运用上经常见到与女装比较接近的强烈、明快的各种色彩和图案，但总体上男装还是以中性色和深色为主，常常采用质朴、稳重的色调和图案，表现出精神饱满和稳健沉着的性格（图1-2）。

图1-2 用色沉稳的男装设计

（三）表现材料的挺括素雅与品质感

男装的重点之一在于对具有品质感材料的运用。由于男装的产品寿命周期一般比女装要长，同类产品的销售单价也比女装要高，作为服装产品的主要成本，男装的材料档次要比女装高。随着纺织科技的升级换代，运用于男装的面料品种越来越丰富，其显著特征是粗犷、挺括、有质感，条纹面料和格纹面料是男装长盛不衰的流行元素。男装的辅料功能越来越细化，其显著特征是保型、弹性、透气、强化，另外个性化定制辅料成为男装品牌的标识元素。长期以来，男装服用材料的应用原则已经形成了一种行业惯有的行规。如晚礼服宜选丝织锦缎或高支精纺毛料、西装应选中薄型精纺毛料、秋冬大衣采用厚型呢绒面料等等。不过，当前的主流男装也在一定程度上出现了向女装面料靠拢的现象，或者说是女装面料出现了男装化特征，增加了两者的通用性（图1-3）。

图1-3 强调面料质感的男士服饰

（四）炫耀工艺的精细讲究与实用性

男装不同于女装的最重要特征之一在于男装的工艺。这种情况尤其出现在以高级定制为营销模式的西装、大衣等男士正装中。一般来说，男装工艺比女装工艺更加讲究，尤其是出现在男装内里的定型工艺以及熨烫等其他工艺，更是女装难以企及的（图1-4）。虽然男装工艺的种类未见得比女装明显增加，但是，男装对工艺的品质却要求较高。因此，同样品类的男装加工费明显高于女装，比如男西装加工费要比女西装高出一倍甚至更多。为了配合这些工艺的表现，男装生产的专用设备也比女装复杂，一条产能相同的男装生产线的设备投入远远高于女装生产线，这也是男装售价高于女装的原因之一。近几年来，随着社会观念和审美取向的不断变化，男装特有的工艺有逐步弱化的趋势，越来越多的装饰工艺可以运用于男装，给简朴的男装增添了更多耐人寻味的内涵。

（五）崇尚配饰的社会标准与协调性

男装的整体穿着比较讲究服装与配饰的协调。由于人们对男子形象提出的稳重、沉着、机智、干练等社会角色要求，男装的穿着形象一般强调配饰与配饰或配饰与服装之间的统一为主，

讲究配套穿着的整体效果。统一表现了和谐与低调,但同时也减弱了个性,比如在正式国际会议上,男装几乎是清一色的商务西装,配饰的品种也仅为大同小异的领带、腰带、袖扣等,这种打扮比较符合社会对男性形象的标准与要求,因此,对于男装来说,配饰品类是比较固定的,远不如让人眼花缭乱的女性配饰那样多姿多彩。高品质的手表、领带和皮带,是男性在正规场合必不可少的装备,佩戴适合的眼镜、围巾和袖扣,能营造出更加有品位的男性形象(图 1-5)。不过,就某一款配饰产品来说,很多男装配饰在材料的内在质量和消耗数量上,比女装配饰的要求更高,比如一根男装腰带往往可以做好几根女装腰带,男装手表也经常比女装手表大很多,这也是男装配饰比女装配饰价格更高的原因之一。

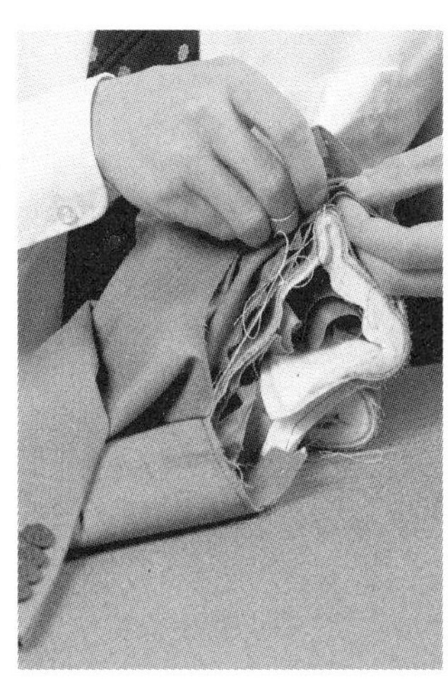

图 1-4 精湛的手工工艺

图 1-5 适合的配饰既是礼仪也是品位

三、男装与女装的主要区别

为了使男装设计行为及其结果变得更加专业,应该清晰地认识男装与女装之间的区别。男装与女装有很多相似之处,有些地方甚至难以区分,比如,有些面料、图案、色彩、工艺等男装元素,女装也可采纳。但是,为了使设计师在男装设计时,根据品牌的定位,更加准确地表达品牌定位中规定的内容,做到有意识地加强或减弱男装元素,有必要从服装三大构成要素的角度及其他几个外围环节的角度,以成衣为例,对男女装进行横向上的定性比较,了解男女装的主要区别。比较的前提是两者的行业地位、市场份额、产品类别、质量档次等情况基本相同。男装与女装的比较结果(表 1-2)。

表 1-2 男装与女装的定性比较

			男装	女装
设计区别	款式	廓形	平挺,直线型居多,变化少	起伏,弧线型为主,变化多
		细节	数量少,单一面积大	数量多,单一面积小
		功能	强调实用功能,忽略装饰功能	弱化实用功能,强调装饰功能
		装饰	种类少,面积小,效果低调	种类多,面积大,效果夸张

（续 表）

			男装	女装
设计区别	色彩	彩度	理性色调，低彩度色居多	感性色调，高彩度色略多
		明度	中明度或低明度色为主	中明度或高明度色略多
		色相	可用范围较窄，种类较少	可用范围较广，种类较多
		搭配	多色彩搭配较少	多色彩搭配较多
材料区别	面料	手感	粗犷、硬挺、紧密、沉着	细腻、柔软、松散、飘逸
		厚度	较厚、重视强度	较薄、强度一般
		花色	数量少，外观平实	数量多，外观花哨
		功能	突出物理功能，耐用	强调审美功能，美观
	辅料	原料	品质要求较高，种类较少	品质要求一般，种类较多
		花色	品种较少，选择范围有限	品种较多，选择范围较广
		图案	朴实，面积较小，数量较少	华丽，面积较大，数量较多
		功能	以实用功能为主	以装饰功能居多
制造区别	样板	难度	要求较高，定型时间较慢	要求一般，定型时间较快
		变化	变化少，变量小，比较常规	变化多，变量大，比较创新
		标准	精度较高，有明确的标准	精度较低，无明确的标准
	工艺	难度	难度较大，程序多，相对复杂	难度不大，程序少，相对简单
		种类	种类不多，规格较高	种类较多，规格较低
		标准	要求较高，有比较明确的标准	要求较低，无十分明确的标准
其他区别	规模	企业规模	投资、员工等规模较大	投资、员工等规模较小
		生产批量	单品生产批量较大，备货较多	单品生产批量较小，备货较少
	成本	产品成本	产品、包装等成本较高	产品、包装等成本较低
		销售成本	广告较多，促销活动较少	广告较少，促销活动较多
	终端	卖场风格	稳重、大气，较少个性	明亮、轻快，主张个性
		装修档次	装修材料、施工质量较高	装修材料、施工质量较高
	价格	定价策略	价格稳定，变化范围不大	价格跳跃，变化范围较大
		价格表现	单价较高，折扣较小	单价较低，折扣较大

第二节　男装发展变化历史

设计是一种物质文化和精神文化的传承活动，创新来自于对以往事实的全面了解。服装样式映射着不同历史背景下社会关系的综合表现，通过对男装发展历史的简单回顾，剖析典型男

装样式的符号化特征，有助于人们了解男装流行的现象，解读男装文化的信息，把握男装流行的走向，并将其运用和贯穿在当今流行男装的设计中。

一、早期历史文化背景下的男装样式特点

早期男装样式的外化表现，可以在一定程度上体现社会环境的变化和人们行为方式的改变，因此，以服装历史长河中具有代表性的男装样式为对象，分析其样式特征，理解相关风格特点，从表象挖掘深层次的文化背景原因，对当今男装设计具有承前启后的作用。

早先，男装雍容华贵的程度丝毫不亚于女装，其装饰之讲究、细节之繁琐，令不熟悉这段历史的人们难以找出男女装在材料、图案、工艺等方面的区别。直到18世纪之前，男士的着装都远比女士华丽，上层社会的男士衣橱里布满了蕾丝、蝴蝶结以及有着闪光带扣的高跟鞋。就连总统也不例外，例如华盛顿出席他的第一次就职仪式时就穿着织锦缎材质的夹克，蕾丝衬衫，及有着钻石带扣装饰的高跟鞋。

尽管如此，正如整个国家的改变一样，服装式样也发生了翻天覆地的变化。由于整个社会对民主的强调以及普通人的赞颂，服装开始变得不那么华丽了。在托马斯·杰斐逊的就任仪式上，他的穿着正反映了这一时期的时尚：蓝色平纹外套、土褐色的背心、有着珍珠钮扣的绿色平绒马裤、纱袜、浅口便鞋。

以每10年为一个时期，在19世纪前的100年里，男装的特征主要有以下一些：

1790～1799：男装外套总体廓型为合身式设计，长度至膝盖或小腿中段。常采用单排或双排扣设计。高立领、宽驳头，带克夫的紧身袖。裤子常见及膝、窄裤裤型，裤身长至膝高处或者小腿中段。

1800～1809：男装外套的总体廓型为合身式设计，衣长至膝盖。常见单排扣或双排扣。高立领、宽翻边，紧身袖，带克夫或不带克夫。裤子紧身合体窄裤造型，长至脚踝或带有踏脚。

1810～1819：男装外套的外轮廓为合身式造型，衣长至膝，多为单排扣和双排扣。带克夫或不带克夫的合身袖，袖头抽褶。裤子为窄身裤型，长至脚踝并收口，脚背下方有踏脚。

1820～1829：男装外套为腰部合体式廓型，下摆为裙摆式造型，敞开式或扣紧式单排扣。袖窿抽褶，袖口可带克夫或不带可夫。裤子为合体式的设计，长至脚踝并在脚踝处收紧，脚背下方设有踏脚带。

1830～1839：男装外套为腰部合身式廓型，丰满的裙式下摆，宽领型，双排扣。袖身合体并在袖头有抽褶。裤子仍为合体设计，踝部收窄带踏脚，后期在腰部收有褶裥。

1840～1849：男装外套为腰部合身设计，宽摆群式下摆设计，长度至膝盖位置。宽驳头、翻驳领，单排扣流行。裤子腰部收褶裥，窄型裤腿并带有踏脚带。

1850～1859：男装外套流行合身式外轮廓，长度一般在膝盖上方，且多为窄型翻驳领和单排扣。合体袖身，可有克夫设计也可为一般袖口。着装时裤子颜色与外套相匹配。

1860～1869：男装外套流行合体短上衣，长至大腿处。单排三粒扣流行，领子流行窄驳头和翻驳领。袖子流行带有硬衬袖克夫的窄袖。裤装为窄型裤，常用普通格子织物制成。

1870～1879：男装外套常用半紧身式短上装廓型，长及大腿。领型为高扣位窄驳头，双排扣或单排扣形式。袖子可设计有克夫也可设计成一般袖口。裤子为窄裤型，常用羊毛织物制成。

1880～1889：男装外套为合体且窄肩的廓型，领型为窄驳头、高扣位，流行单排扣。袖子可设计有克夫也可设计成一般袖口。裤子下摆收窄，多用平纹羊毛织物制成。

1890～1899：男装外套流行半紧身式窄肩廓型。领型为窄驳头的翻驳领，高扣位、单排扣流行。裤子为窄裤口型，多用素色羊毛织物制成（图1-6）。

图1-6　19世纪的男装发展演变，以西装为例（部分）

二、20世纪不同时期的男装样式特点

20世纪男装变化之大是以前任何一个世纪无法企及的，其中留下了不少脍炙人口的经典男装样式，这些代表了一定历史性的样式对当代男装具有很高的启迪价值，人们可以从中找到许多怀旧情绪的寄托，成为新一代男装设计的灵感。

爆发于20世纪上半叶的二次世界大战几乎使欧洲所有的国家都卷入了这二场战争。其间，作为世界经济的主要力量，欧洲经济和美国经济在战前战后都经历了大起大落现象，服装样式也跟随着这一现象发生了前所未有的变化，服装产业从前店后工场式的手工业时代，在军服工业化生产的带动下，扩大了成衣生产的规模，并蜕变为全球连锁的品牌经营模式。在这期间，服装产业发生应用了多学科与新技术的交叉，大大强化了服装产业本身的各种能力，尤其成为时尚产业的重要力量之一，成为反映时代变迁的一面镜子，这也证明了服装的发展离不开经济发展的环境，流行趋势预测必须考虑经济因素的影响。

以每10年为一个时期，在20世纪的100年里，男装的特征主要有以下一些：

1900～1909：这一时期的男装仍然深受维多利亚时期服装的影响。西装表现正如维多利亚时期装潢风格的家居一样，男装外套廓型常见的是合体窄肩的造型，领型多用窄驳头小翻驳领，单排三粒扣又一次流行。袖子常用无袖克夫的窄型袖。裤子为直筒式、窄下摆造型，裤脚有翻边，并有烫迹线。普通西装被引进到人们的生活中，这是一种尚未成形的、腰部没有接缝的样式。衣身是由一片衣料裁剪而成的（来源于英国的常春藤联盟式样的服装造型）。也正是在这个时期，其他重要的时尚创新开始涌现，例如马球衫、纽扣领等（为了防止马球衫衣领盖住参赛者的脸而设计的样式）。

1910～1919：第一次世界战争对欧洲社会的政治、经济、文化、艺术以及服装业的发展都产生了深远的影响。战时的男士礼服并没有实质性的改变，保持了以往西套装的基本风格。但军服的设计有了较大的改进，为了适应特殊的战争环境，军用品有了更为系统的研究，军用雨衣式样和卡其布面料被广泛应用，以伦敦为中心的欧洲男装业遭到了沉重的打击和摧残。战后的男装受到欧洲经济大萧条的影响，出现了更加简洁的倾向。男装外套造型为较合体轮廓，领型为窄驳头的翻驳领，单排三粒扣。裤子常见直筒式、窄下摆，且下摆向上翻折，并有烫迹线。

1920～1929：这一时期西装的廓型开始向着自然肩形的风格转变，第一件西便装——诺福克外套（从早在18世纪诺福克公爵穿着的猎装套装中得到的启发）也诞生于这一时期。20年代同样让人们见识了爵士服装（以展现人体曲线的超紧身长夹克和狭窄的裤型闻名）、吃蛋糕人的套装（穿着对自然肩形套装稍加夸张后的学生对其的命名）和尼克套装（以膝下4英寸的灯笼裤闻名）的起起落落。男装外套多用腰部合体的窄肩廓型。窄驳头、高领位的领型，单排或双排扣都比较常见。裤子没有多少变化，仍是直筒式，下摆较窄，且下摆向上翻折，并有烫迹线。

1930～1939：这一时期的前几年经历了以美国为首的世界经济大萧条，男装出现了“物资短缺症”的特征。随后几年世界经济迅速恢复，使男装进入了最优雅的时代，这一时期人们沉迷于英式夹克的式样，运动装产业也开始蓬勃发展。英国式夹克套装继续在40年代流行，尽管之后它的名字变成了British Blade，British lounge（一个非常适合其休闲化优雅风格的名字），直至最后命名为普通西装。男装外套廓型流行合体的宽肩造型，单排或双排都多用三粒扣，裤型是直筒裤、宽下摆，裤下摆有翻折和烫迹线。

1940～1949：第二次世界大战导致着装显著地朴素起来，这大部分也是因为各国政府因战争的需要而对服装产业的限定。由于大规模军服生产的需要，人们对服装的卫生性、保护性、舒适性、服装规格尺寸的标准化、服装标志识别等方面都进行了大量细致的研究工作。在这一阶段，男装的标准化和功能化方面有了很大发展。战后，男士的服装样式发生了新的转变，1948年的粗犷风格初现端倪。男装外套腰部合体型廓型，宽垫肩、宽驳头，单排扣和双排扣同步流行。长裤为宽松型，腰部收褶裥，宽下摆，并有翻折和烫迹线。为了尽快从战争的痛苦中摆脱出来，人们开始重新审视自己的衣着，急切地追求新的生活方式并广泛接受新的文化观念，服装设计也因此取得了很多有意义的突破。例如美国战后男孩的服装对现代男性服装就有着较大的影响，战后的男青年喜欢穿无领衫，即“T恤衫”，还喜欢穿色彩鲜艳并印有图案的运动衫，这类服装后来广泛流行于七八十年代，至今仍然影响深远。

1950～1959：这一时期最令人深刻的产品是保守商务人士穿着的灰色法兰绒套装。这一时期的男士已经回归到自然肩形的廓型中去。正如《服装艺术》杂志上所报道的:“75 年来,没有任何一种风格像它这样坚如磐石,引起如此多的争论并受到生产商的热烈欢迎”。自然肩形的风格最终成为了主流时尚,Brooks Brothers 这个曾经保守风格的大本营也成为了常春藤风貌的追随者。而木炭色和橄榄色正是其最具影响的色彩。除了人造纤维的引进外,这一时期还见证了起源于法国和意大利的大陆风貌的出现。这种风貌突出表现为短小的夹克上衣、宽肩、合体的腰线、倾斜的嵌线袋、袖口、短小的侧边开衩以及锥形平角裤。虽然这种精致、圆滑的风貌带给较为保守的常春藤联盟风格人们的影响少之又少,但是这是一个信号,它标志着男装已经开始从自 1930 年起就流行的优雅风格中转移了出来。男装外套常见半紧身式造型。领型多为窄驳头,单排三粒扣流行。长裤多为直身式造型,到了后期偏向窄型裤,在脚踝处收紧,无翻折边和烫迹线。

1960～1969：在这个“动荡的年代”,这一时期的科技飞速发展,微电子技术、宇航技术、遗传工程和计算机等领域有着重大的突破。这一时期的服装总体上呈现着一种青春与活力的风貌。相对于可供选择的样式仍然很少的 50 年代来说,60 年代提供了较多可供选择的式样,这些式样更多地受到青年的关注,其中,对西部开拓者的狂热与追求成为时装中的一大潮流因素,并一再兴起,对男装甚至服装设计的影响重大。法国设计师皮尔·卡丹甚至从纤细线条的欧洲廓型中创造出了美式的形象。这一形象由广受欢迎的牛仔裤,以及极其合体的服装组成,这一风貌也打破了之前所说到的休闲的、舒适的优雅的风格。而 60 年代下半叶出现的“嬉皮士”运动体现了当时青年一代躁动不安的精神状态,这在男装上的体现和影响特别深远。男装外套多为宽松式窄肩廓型,领型小,驳头也较窄,有时候也采用无领式样。单排扣和双排扣都比较常见。裤子为合体型,下摆比较窄,没有翻折边和烫迹线。

1970～1979：以滞胀为特征的经济危机和席卷西方的能源危机对政治和经济都产生了深远影响,包括服装在内的各行各业都随之进行了调整。这一时期的男装特点之一是表现在许多工作服逐渐演变成为正式服装,以往的猎装、工装夹克稍加改进后成为了男士的日常穿着,其适用场合大大扩展了。而运动装也因为其易穿脱、易洗涤、行动自如、存放简便等优点而受到人们的喜爱,并发展成为在各种场合均可穿着的服装。另一方面,70 年代末出现了“朋克”风格,涂鸦式的 T 恤衫、短夹克、黑色紧身裤、铆钉、窟窿和鸡冠头,这种离经叛道式的穿着体现了当时的青少年对现实社会的不满甚至绝望的心情。男装外套流行合体式窄肩廓型,常见宽驳头设计。一粒扣、两粒扣和三粒扣比较常用。袖型为窄袖袖型。长裤轮廓为臀部合体,膝部或膝部以下的下摆呈喇叭型外轮廓,带或不带翻折边均可。

1980～1989：这一时期的西方经济开始走强,旺盛的消费能力造就了一个设计师走向成功的时代,同样也是实验性强的时代。生产商们都想极力抓住这个时期成长起来的拥有 2/3 购买力、但只有 1/3 人群数量的一大批购买时尚产品的顾客。到了 80 年代末,追随好多年米兰和巴黎的合体风格后,一大批欧洲的设计师转而开始关注大块面的美国风格的服装。而美国本土设计师反而开始生产具有欧洲风格的产品,这是因为欧洲人突然开始被 Brooks Brothers 这种松垮的、宽松的、更为舒适的服装所吸引,并逐渐远离从前所信奉的紧小的廓型。当然欧洲风格仍然在世界男士中有着较大的影响(如乔治·阿玛尼、范思哲等),但是时尚已经开始朝着更加自然的服装样式发展。新一代的美国设计师联合拉夫·劳伦等人正为革新的纯正的美式服装产品而努力。男装外套开始出现比较夸张的肩部造型,衣身变得宽大起来,绣花、蕾丝、镶拼等装饰

业开始增多,服装上的零部件面积增大。袖型也跟着衣身略有宽大。裤子则以宽大的裤腿为主,不带折边居多。

1990~1999:除了世界第二大经济体——日本反弹乏力以外,传统意义上的世界经济强国开始复苏和繁荣,人们对服装的需求量逐渐增大了。随着各种人造纤维材料如涤纶、丙纶、尼龙等的大量上市,服装更加多样了。正式男装依然保持着典雅的风格,不过,年轻人开始有了新的追求,他们喜欢更富有个性,特征鲜明的装扮,而不拘泥于传统的文化、习俗和服装。随着这一时期流行音乐和电影的广泛流行,明星们的穿着对于男装的引导,尤其是青年服装方面,起到了非常重要的作用。在这一时期,意大利也从过去一直模仿复制巴黎时装,一跃成为新的世界时装中心。男装外套上装为半合体式廓型,宽垫肩窄领型,单排一粒扣流行。前期裤子为直裁式、窄下摆,没有翻折边,后期裤子腰部有褶裥,裤腿变宽,带或不带翻折边皆可。男装外套为半合体式宽肩造型,小领型,窄驳头,流行单排或双排扣。裤装直筒式,腰部收褶,带或者不带翻折边均可(图1-7)。

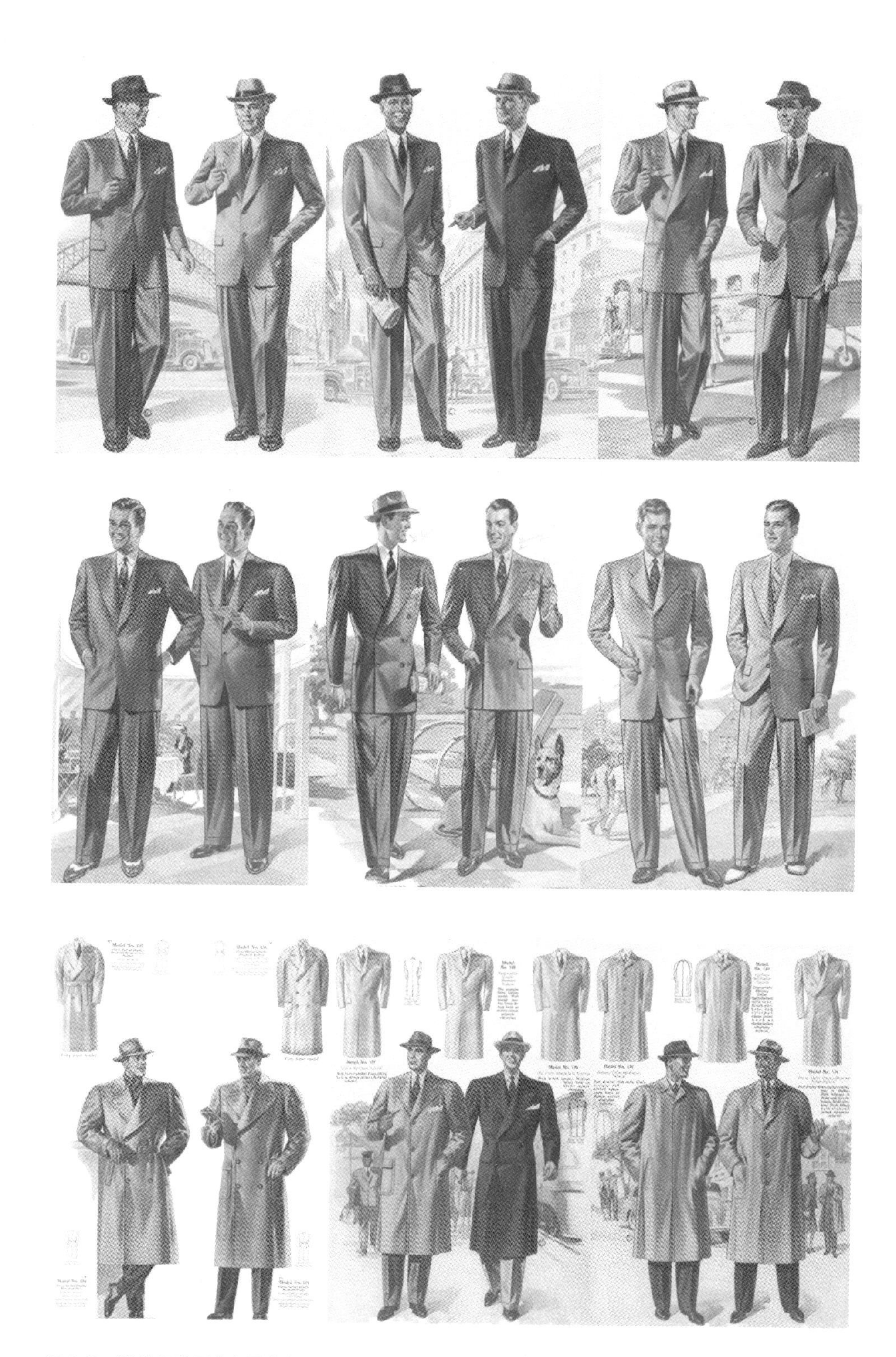

图 1-7　20 世纪的男装发展演变，以西装为例（部分）

三、20 世纪不同时期的男装文化特征

以 20 世纪为背景，分析男性着装变化与社会、文化的关联性，将有助于我们更清晰地理顺男装设计的近现代脉络。受社会文化以及历史事件的影响，20 世纪男装加快了变化的速度，是服装发展与人们现实生活关系最为紧密的时期。两次世界大战的爆发，物质资源的极度缺乏，使得人们不得不对服装的面料、装饰进行最大程度上的精简，从而也引起了款式造型上的一系列变革。工业时代的到来，缝纫机的发明，纸样原型技术的出现以及成衣工业的兴盛要求服装在造型、工艺技术和成本摊销上有着合理的配比，相对于以前繁复绚丽的男装来说，20 世纪之后的男装设计与生产是以标准化、集约化，以及批量生产为特色的。虽然这一时期的男装发展比女装要缓慢，但也是世界服装发展的一个重要组成部分，其每一次变革都对 21 世纪的男性着装理念产生了深远影响，并推动着 21 世纪男装以及世界服装的发展。

这一时期的男装文化有着几大领导性的、先驱性的中心地区，它们分别是英国、意大利和美国，当然，法国、德国、日本等地区的男装也有着各自的特色和突出的地方，但无论是在规模、男装产品的创新还是对男装产业的贡献上，前三个地区都是毋庸置疑的男装中心。

首先是英国，英国男装有着悠久的发展历史和文化积淀。在漫长的发展演变中，英国孕育、推广了很多经典的男装风格，最为人们所知的便是绅士男装的盛行。绅士文化作为英国的传统文化，深深影响了男士生活的各个方面。绅士男装在很长一段时期内是欧洲皇宫贵族和上流社会的基本着装。随着工业化时代的到来和成衣产业的兴起，这种绅士风格的服装又成为了商界精英的必备装束。凭借着杰明街和萨维尔街上杰出的裁缝和历史悠久的著名男装品牌，英国绅士男装在行业内起着领导者的地位。除了这种经典的男装风貌，摩登（Mods）、朋克（Punk）等英国青年次文化潮流的兴起，使得相对应的男装样式推动了英国乃至男装行业新的发展，并由此衍生了不少新的男装风格和品类。

英国的男装兼备了经典与前卫的特色。一方面传统的男装制造产业有着领先的打板、剪裁技术以及精湛的手工艺水平，这一优势无论是在定制类男装制作，还是现代男装成衣产品的生产上都呈现出着严谨、优雅、内敛的特色来，这一类的男装产品有着彬彬有礼的贵族风貌。另一方面新崛起的青年次文化所带来的服装变革使得英国的青年男装引领了前卫男装的潮流。例如 50 年代末，身为英国中产阶级下一代的 Mods 和父母之间有着巨大的代沟，战后的不安以及英国郊区生活的乏味苦闷，使得这些青年在压抑的生活中越是要表现自我。短小的夹克上装，Polo 衫、亮丽色彩的组合和不打褶的七分西裤样式，是 Mods 追求潮流又保持着传统优雅风貌的典型体现。此时甲壳虫、The Who 等流行乐队的 Mods 穿着更是主宰了 60 年代的男装潮流。此后由 Mods 文化分化出的嬉皮、光头党、朋克等文化也纷纷登上历史的舞台，影响了之后世界青年男装的格局。

其次是意大利，意大利是一个和时尚密切相连的名词，意大利制造几乎就是最高质量、最佳设计和最优异材质的代名词。作为继中国之后世界上第二大的纺织品供应强国，意大利时装的畅销不仅为本国创造了巨大的经济效益，其将时尚与大众完美结合的创举也推动了世界服装经济的长足发展。意大利的男装产业在引领世界男装潮流和推动世界男装产业的发展上有着极为重要的作用。崛起于第二次世界大战之后的意大利是第一个敢于挑战英国传统男装地位的国家，曾凭借着丰富的面料储备、低廉的价格和大量顶级的手工艺制作者等优势，一跃成为战后新的男装时尚中心。而意大利式的剪裁还启发了巴黎 The Group of Five 公司的设计理念，在美

国发展成为著名的欧洲大陆式样，并最终影响了伦敦第一代工人阶级的男装时尚。发展到现在，无论是在面料、辅料的创新上，款式风格的设计上还是产品的推广上，意大利时尚都是其他地区男装产业的楷模，影响深远。

优雅、轻便、高品质是意大利男装的典型特点。款式上，意大利男装向来以合理的剪裁、时尚的廓型和精致的细节变化闻名。相对于欧洲其他国家的男装来说，意大利的男装设计更加强调收身的效果和线条的流畅，这使得穿着意大利男装的人士身型非常的修长。这种款式特征的形成深受意大利地区气候、人群特征，以及社会其他产品发展的影响。意大利人的身高在欧洲人中属于比较矮小的，因此该地区的男装往往会通过收紧腰身、无克夫的紧身直筒裤以及圆润的肩型等设计来弥补这种身高上的缺陷。例如20世纪50年代，意大利（后来波及到伦敦）兴起了名为Vespa的意大利制低座摩托车和Scooter的单脚滑行车，优雅摩登的意大利人为了避免弄脏外套，设计出了一系列短小的夹克、风衣和外套，并在西装外面穿上美式的军装外套，随着Vespa在欧洲各地的愈加风靡，这些服装样式也越来越受到人们的青睐。由于意大利式的裁剪能在一定程度上修正人们身高和体型上的不足，意大利男装事实上是符合世界上多数地区的男士需求的，尤其是身型没有那么挺拔魁梧的男士。同时，追求创新与时尚、讲究生活品质的男士是意大利男装的适合人群。

再次是美国，美国的男装产业兴起于两次战争之间的阶段，发展至今。其简约的现代化成衣制造模式搭配紧跟潮流的设计使得美国男装在世界男装产业，尤其是休闲男装领域有着重要的地位。相对于英法等国来说，美国的男装历史缺少了文化传统的积淀，尽管如此，充分展现了其生活方式的美国男装，凭借着好莱坞的经典荧幕形象和一批影响深远的男装杂志的推广（例如《Apparel Arts》）而迅速崛起，吸引了世界各地各个阶层的注意，而淘金热、世界大战、国内的社会斗争，以及好莱坞超级巨星更是将休闲文化的明星产品——牛仔服逐步推广至征服整个欧洲，并在全世界范围内流行。历经100多年，经典的牛仔服依然是世界服装消费的一个热点，这不能不归功于美国的休闲文化和时尚产业。现在，美国的男装以其现代化、随意的造型吸引着各国青年和休闲生活的爱好者。

休闲、轻松、随意是美式男装的最显著特征，美式男装在廓形上往往更强调胸部和袖窿的活动量，这一点可以追溯到著名的American Cut上来。American Cut本为London Cut（Drap Cut），是由英国裁缝发明的，其剪裁方式着重于较高的腰线，增加了胸部的宽幅和袖窿的活动量，并通过肩垫突出了肩宽。这种颇有男性气概的V型廓型经好莱坞影星的推广成为风靡美国乃至欧洲的时尚，至今仍然有着深远的影响。这种讲究舒适、实用为首的设计原则与美国的生活方式和文化理念有着密切的联系，同时美国的男装特色在于能够吸收欧洲乃至世界各地男装的特征，并使得其成为一种合理、协调的世界性服装。例如20世纪40年代，在罗斯福新政的影响下，美国经济逐步复苏，富庶的美国上流社会兴起了一股夏日度假的潮流，频繁出现于各度假胜地的美国社交名流成为了夏日时尚的最有力推广者，使得Palm Beach Suit，Blazer，Bush Shirt，Polo Shirt等融合了各地文化的轻便男装品类跻身到摩登时装的行列中来。

四、当代男装的样式符号对社会流行的影响

时间进入21世纪以后，人们变得更加实在、更加随意及更加个性起来，服装最基本的物理功能的比重进一步降低（当然，更高要求的物理功能却在科学技术的支持下，得到了更多的实

现。比如:远红外保健技术、纳米抗菌技术、负离子发生技术等),取而代之的是服装的精神功能比例的上升。当代男装朝着更多元化、更人性化、更功能化和更品牌化的方向发展,在满足人们心理和生理两方面对着装要求不断提高的同时,强调服装与人在形式与内容上脱离了物质意义上的有机联系和统一,这也成为当今男装设计的重要原则。在此过程中,一些传统男装中的代表性样式,如衬衣、T恤、西服等,已作为一种固定的男装符号,适合传统职业人士和传统场合穿着。而新兴的男装设计元素,如带有各种意味的图案、金属饰件或破损工艺等,成为当代男装中比较显性的要素,正逐步转换为特定的着装风格,影响着当代男装的流行。

21世纪的头10年,世界经济经历了过山车般的震荡,从纳斯达克泡沫的破裂,到西方经济的全面走强,从以中国为代表的“金砖四国”等新兴经济国家的崛起,到由美国次贷危机引发的全球金融危机,石油、股票、黄金、钢铁等价格都经历了令人难以捉摸的忽升忽降。这一时期,世界政治和军事也不断震荡,“911”恐怖主义活动、伦敦地铁爆炸等事件加剧了国际反恐形势的严峻程度,伊拉克战争、巴以战争等局部军事冲突造成了新的种族仇恨,全球气候变暖、沙漠化严重、气体排放争端等环境问题引起了人们对未来的担忧。这些世界格局新变化将或多或少地反映在当代男装设计中。

随着互联网、3G等一大批社会新生事物的出现,人们的购物、交友、居家等生活方式发生了相应变化,对服装等生活用品的要求也会出现相应的变化。就男装而言,出现了比以往更大幅度的变化,比如,国际上许多国家法律允许同性恋合法结婚等社会现象,使男装女性化具有了市场,更加宽容或麻木的社会心态也使各种人们以前难以容忍的男装纷纷登场,破损的、萎靡的、反叛的、暴力的、搞怪的、变态的等等,变成一个个形象鲜明的符号,代表着一类与之呼应的人群。

服装企业经营的根本目的是为了盈利。为了达到这一目的,他们必须在产品开发时,用合适的流行口味,迎合当今社会的种种变化。因此,男装设计师必须读懂流行现象中的各种符号所指代的象征意义,才能针对当前男性人群特征,准确把握这些符号对应的男装风格,设计出适销对路的款式。

第三节　男装发展变化规律

总结了各个时代的男性服装特点可以发现,男性服装在本质上有着造型上的相似性和功能上的进化性,这是男装发展变化最基本的规律。长期以来,服装业的发展显得“重女轻男”,女装有着丰富的品种、绚丽的色彩、华贵的面料和新奇的款式,其变化速度之快、变化幅度之大,让人目不暇接,呈现出千姿百态、万花齐放、风情万种的灿烂景象。而在传统印象里,男装更多地表现出一种标准化、程式化、传统化、缓慢化的发展步伐,经典的款式和传统的面料,规范的板型和严谨的工艺,使得男装的发展看起来比女装要低调得多,20世纪的服装史几乎成了一部女装的发展史。事实上,男装也经历过辉煌和奢华的时期,早期服装的每一次变革都是从男装的变革开始的,在巴洛克时期,宫廷男装甚至比女装还要繁琐、华丽。19世纪结束后,男士服装才逐渐趋于简化,款式也日益朝着简约化和理性化的方向发展。在男性对人类社会文明与进步做出积

极而巨大的贡献的同时，男装也表现出日趋多样化和个性化的发展特征。特别是第二次世界大战以后，随着妇女广泛地介入一直以属于男性统治的社会生活和工作环境，男性服装开始受到女性服装样式和着装观念的影响，变得丰富多彩起来。

一、男装发展变化的主要原因

按照辩证唯物主义的观点，任何事物的发展都是在其内因和外因的共同作用下发生和发展。男装的发展变化也有属于自己的内因和外因，这些因素是研究男装文化现象的抓手，也是提出男装流行趋势的依据，既有理论意义，也有实用价值，值得人们深入思考和探索。综合起来，男装发展变化的原因主要有以下几个方面：

（一）社会责任的压力

由于男性和女性在生理特征和心理养成上长期以来形成的差异，使得人类社会逐步形成了各司其职的不同分工，这种分工与责任相随，成为社会结构中的重要组成部分。在人类认识世界和改造世界的过程中，良好的社会结构构成了社会成员的稳定与和谐。男性在社会活动中的表现使得男性逐步居于人类社会的主导地位，这种主导地位形成了带有一定压力的社会责任，因此，男性来自于社会责任的压力明显高于女性，这种压力也传导到了他们的服装领域，成为影响男装发展的因素之一。

在社会责任的压迫下，男性不能首先想到享受现在，而是要创造未来。贪图享受的男人往往会遭到更多社会舆论的指责，只有创造社会价值的男人才能博得人们的赞许。这一社会评价标准迫使男性将更多的精力用于学习和工作中，生活中不懂自己服装尺码或者不懂如何搭配服装的男性远远多于女性，就是一个很好的例证。作为普通消费者，男性主动参与服装变革的成分较少，往往只是被动地接受事实，造成男性消费者的从众倾向十分明显，随之而来的是作为男装企业及其从业人员为其完成有限的服装变革。因此，男装设计也不得不顺应这一特征，在设计思维上变得保守起来，男装变革的步伐，特别是男装在外观上的变革自然落后于女装变革。然而，社会责任的压力并不完全是限制男装发展的阻力，这种压力可以变成动力，从另外一个标准对男装提出了诸如品质、品位、品牌等要求。

（二）生活形态的改变

近年来，经过女权主义长时间的努力，表现较为温和的女性主义思想开始让人普遍接受，以前男性占统治地位的某些传统领域逐步增多了女性的身影，就连男性一统天下的消防员和航天员队伍里也留出了女性的位置。女性社会地位的提升，促使男性不得不以平视的眼光，看待女性社会的许多事物，发现她们中的许多亮点。女性思维特征和行为方式中的许多优点可以与男性互补，甚至可以纠正男性思维与行为的不足，使得整个社会事物变得更加和谐、优美与安宁，促成了男性生活形态发生了微妙的改变。

在此情形下，人们对男性的生活态度和社会角色的看法发生了不小的变化，并且承认男性相比女性在生理与心理上存在的某些弱势，懂得了在对社会做出应有贡献的前提下，男人同样拥有享受生活的权利，甚至是享受以前只有女人才能享受的内容。在人本主义思想逐渐扩大了社会影响范围之后，促成了男性本身的潜意识释放，社会对男性的这种改变表现出了前所未有的宽容，这种宽容进一步导致男性生活态度的持续变化，比如一直为女人服务的化妆术和整形术开始在潮流男士中受到热捧，女性服装中的亮点也成为部分男性开始公开模仿的对象。男人开始越来越多地承担了传统意义上的女人的生活和工作内容，比如做家务、抚养孩子、医务护理等，这改变了的男性生活形态，必将引起男装企业的高度重视，从个别品牌在产品设计开发中引入这些因素，到逐步发展成为男装行业在一定程度上的某种共识，形成一股加速男装行业发展的推动力（图1-8）。

图1-8　现代生活形态下的不同男士角色

（三）工作环境的变迁

随着全球范围内的近现代工业化发展步伐的加快，人们的工作环境发生了很大变化与改善，繁重、肮脏和危险的体力劳动岗位逐步减少，传统意义上的第一产业和第二产业中的许多工作形式和内容被自动化机械取代，前几次工业革命时期，动辄每周90个小时的劳动强度已经被目前大多数国家的每周40个小时取代，劳动生产率获得了极大提高，蓝领阶层的比例已经大大降低，第三产业的白领阶层数量大幅上升，写字楼、商务会谈等很多工作环境已经和平时生活环境没有什么区别，恒温恒湿空调、空气清洁器、自动咖啡机等大量现代化电器的使用，为工作场合的穿着变得更加清洁化、舒适化和生活化创造了条件，尤其是许多企业倡导的“星期五着装”等旨在改善工作压力的活动，这些变化无疑为男装带来了新的发展契机，成为男性服装发展变化的重要原因。

工作强度的降低和工作环境的改善，使得在男性服装中占很大比例的职业服也发生了变化。大量具有高科技含量的新面料被不断开发出来，在技术上支持了这一领域的男装所需要的变化。一些特殊工作环境的服装，如消防服、飞行服、医护服等，也因为科学技术的发展而出现了很大的变

化，比如，2003 年主要发生在我国境内的非典型性肺炎（SARS），不明原因的疫情使得这类服装的防护要求上升到最高级，完全改变了传统意义上的医护服。日常生活男装更是出现了诸如轻薄化、简洁化、个性化等发展趋势，逐步改变了以前男装统一、单一、刻板的形象（图 1-9）。

图 1-9 不同生活场景下的男士着装形象

（四）追赶潮流的动力

在社会思潮多元化的影响下，男性的社会状况出现了两个方面的变化：一方面是有闲阶层、娱乐行业和自由职业者逐渐增多，使得男性越来越懂得生活内容的全部含义。另一方面是体力劳动的时间和数量大为降低，留给了男性更多的空余时间，使得男性的生活空间和生活内容大为丰富。这些客观条件都成为男性追赶潮流的动力。

追赶潮流不再是女性的专属，越来越多的男性将此视为自己的权力。另外男性把追求时尚作为生活中比较重要的一部分，以此来吸引异性的注意力。女性在与男性的交往中，也开始愈发注重男性的外表，中国传统文化观念中的“郎才女貌”出现了变异，“女为悦己者容”的古语同样也适合“男为悦己者容”。人们对男士香水等物品的态度也大为改变，男性使用这些物品已经非常普遍。男性在这一追求时尚的过程中，未免会接受一些在时尚方面相对比较丰富的某些女性时尚元素，导致了男性时尚“阴柔化”倾向的出现。比如，部分男性的化妆频率与女性一致早已不是什么秘密，蕾丝花边、绣花印花等比较女性化的元素在男装中经常使用等等。这些社会风尚的变化无可置疑地诱使男装出现了相应的变化（图 1-10）。

图 1-10 年轻一代总是能够很好把握潮流的动向

（五）经济增长的推动

全球经济一体化的结果加速了世界各国经济增长，世界经济实力的增强提升了全球范围内的消费水平。国家经济实力增长的结果之一是国民收入的提高，从而引发国民消费总额的增长。根据恩格尔系数（Engel's Coefficient）的解释：在满足了食品消费这一基本生活需要之后，剩余部分的收入将用于其他方面的消费。剩余部分越多，消费面就越广，消费标准也越高，如果消费能量高度集聚，将会在奢侈品消费中得到释放，众多奢侈品服装品牌将从中得益。

以我国经济为例，近几年来国内高速而连续增长的国内生产总值（GDP）带动了服装产业的发展，国内服装零售市场的销售总量每年均以15%～25%的速度增长，超过了GDP增长速度，相对宽裕的钱财实现消费者享受生活的梦想，我国本土服装品牌也因此而得到了长足进步，消费者已经不再满足简单的款式翻新，而是着眼于具有高品质保证的品牌产品的消费。男装的主要特征之一就是讲究产品的品质，这非常符合品牌事物的要求。尽管品牌产品具有高价格特征，但是，在市场流动性充足的前提下，近年来的男装品牌仍然获得了较快进步，男装品牌在市场业绩上的稳定性也好于女装品牌。因此，良好的经济形势是推动男装发展变化的主要原因之一。

（六）生产技术的革新

生产技术是实现设计思维的物质保证，任何设计思维都需要获得生产技术的支持，设计思维也对生产技术提出了升级要求，能够促进生产技术的提高。每一次全社会意义上的生产技术革命都会带来一次全新的革命性的时代进步，甚至成为开创人类新时代的契机，比如，被称为第四次产业革命的信息技术，在很大程度上改变或影响了大多数人的生活方式与生活质量。行业范围内的生产技术革新也会为产品的升级换代提供有力的支持，一项具体的新技术可以造就无数新产品的问世，比如，油电混合动力技术催生了不少新能源汽车的诞生。

现代科技带来的变化不仅表现在IT等众多高科技领域，对男装产业也产生很大的影响。比如，服装计算机辅助设计（CAD）或计算机辅助制造（CAM）软件为男装设计与制造提高了工作效率；网络技术为男装的设计、营销和管理带来了很大方便；服装整体熨烫技术解决了男装的快速定型难题；VP或DP免烫技术使商务男衬衣的穿着效果更加挺括；机洗羊毛为男士西装拓宽了市场；非接触式3D人体扫描技术为大规模男装定制业务提供了人体数据处理技术。这些层出不穷的科技成果带来的技术创新以及信息带动的观念革命，促使男装产生了很大的变化和发展（图1-11）。

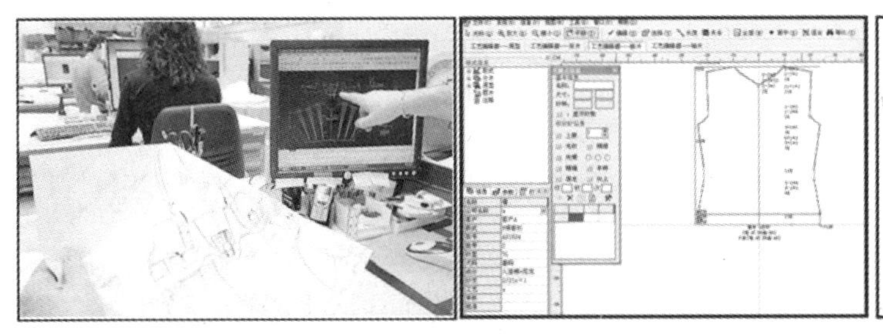
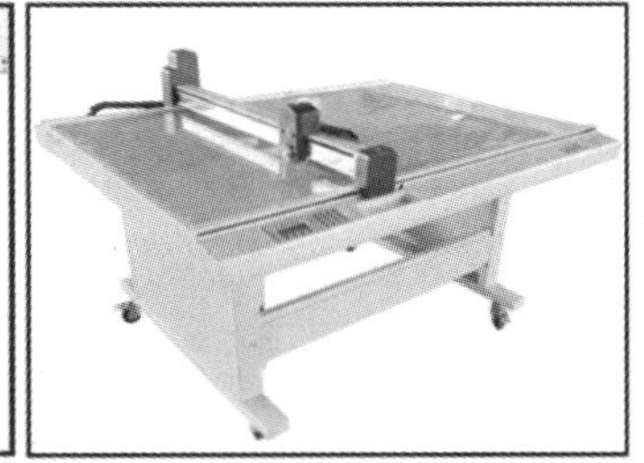

图1-11 服装CAD与CAM的大量应用提高了企业效率与效益

（七）泛文化的环境

文化是人类特有的物质与精神财富，特指精神文化。人类之所以成为人类，是因为人类自己的文明化行为长期活动的结果，这一过程既包括人类造物活动，也包括精神洗涤活动。在法

律、政治、宗教、经济、科学、卫生、甚至军事等人类社会活动中，无不渗透着文化的印记，在电影、戏剧、文学、美术、教育等文化事物中，更是文化的直接载体，它是文化艺术创作的主要灵感来源之一。泛文化化趋势使得文化渗透到每个领域，企业文化、品牌文化、团队文化、社区文化、校园文化、饮食文化、市井文化、旅游文化等等，人类活动越来越呈现出泛文化现象。包括男装文化在内的服装文化也是诸多文化现象之一。

在当今以创建品牌为主旋律的高端市场竞争环境之下，男装的竞争已经提高到了男装文化竞争的高度，要求男装的竞争基于地域文化或品牌文化的内涵、渊源、架构、范围、功效、象征等基础之上，一些有影响的男装品牌适时推出了自己的男装品牌文化。在男装的设计、生产、销售、服务、管理等方面，均围绕着品牌文化展开。男装把社会对文化的理解延伸到自己谋求发展的道路之中，中国男装就出现了所谓"狼文化""龙文化""长青林文化""吉祥文化"等泛文化现象，在这种社会和产业大背景之下，男装的发展不可避免地受到泛文化的影响(图1-12)。

图1-12 不同文化环境影响下的男装品牌文化

(八) 大国际化的趋势

全球经济一体化加速了国际社会大同化趋势，体验全球化经济为生活带来的便利，是现代人对主流生活的追求。在高度国际化的今天，随着各民族、各国家之间的交流日益方便和频繁，原先的民族群体概念正在淡化，民族文化边缘逐渐模糊，不同民族和国家的人们在思想观念、生活方式等方面有了更多的相互沟通，为尊重和了解对方的文化奠定了基础。在此情形下，处于相对对立位置的民族化与国际化发生了碰撞。一方面，民族文化永远是社会文化生活的主题之一，各民族璀璨的文化是增添现代生活情趣的乐园，另一方面，要使民族文化在更大范围内被人接受，就必须脱离小民族范畴，以国际化的民族视角，融入大国际化潮流中去。正是在这种背景下，男装发展的总趋势出现了大国际化主流。

男装大国际化是指以全球市场为基点，将多姿多彩的民族元素纳入国际普遍接受的范式，通过现代表现手法诠释民族文化，演绎现代时尚，形成全球男装"标准"。无论是西方国家，还是东方国家,稍作观察即可发现,大部分人的大部分衣着已经非常国际化了,很难看出它们属于哪个民族,即使是来源于西方服装体系的男士西服,也在经历了数次改进以后,与原始样式发生了很大改变,成为世界通行的服装样式。因此,大国际化(或称泛民族化)观念成为男装发展变化的主要方向,仅仅在图案、装饰等局部元素中,仍能寻找到较为明显的民族化影子(图1-13)。

图1-13 日益繁盛的国际经济合作与文化交流

二、男装发展变化的基本规律

上述男装发展变化的主要原因,在其他次要因素以及诱发因素的综合作用下,将会使男装的发展变化出现如下基本规律。

(一)顺应环境的规律

顺应环境是男装发展变化的基本规律之一,其中包括顺应自然环境和社会环境。服装是人们在自然环境中用于蔽体、御寒、维持生存的一种不可缺少的物品,也是满足人们在社会环境中体现身份、表现审美等物理功能以外的外表符号。这些都需要在一定的环境因素下进行,这些环境因素将在自然力量和人为力量的推动下,使服装出现了为顺应环境变化而变化的基本规律。

如果仅就蔽体与保护等最为基本的物理功能来说,服装的变化主要在于材质功能的变化,无须关注服装形式的变化。但是,在服装的物理指标早已轻而易举地满足了人们期待的基本功能之后,社会环境又要求服装具有能够担负起满足人们审美需要和象征需要的功能。如果说服装最初的形成是适应自然环境的产物,那么引起服装发生变化的成因还是顺应自然环境这一要素。顺应自然环境是维持人体生存的基本条件,气候的冷暖、干湿,不同地区的地理环境状况等等都对服装的设计和改进有着一定的要求。比如,近几年来全球变暖这一自然环境的变化就使得四季服装的差异越来越小,特别是冬装的设计出现了愈加轻薄化的倾向。

相对于自然环境来说,社会环境对服装演变的影响作用就更为显著了。社会环境既包括政治、经济、文化、科技等方面的背景和影响,又蕴含着人们生活、学习、工作的方方面面。顺应社会环境,是人类社会生活不可缺少的重要条件,这一点对于被称为"人类第二层皮肤"的服装来说尤为重要。一般来说,人们的穿着行为可以分为个人行为和社会行为两种,个人穿着行为是比较直率的表现自我的行为,纯粹是一种兴趣化和个性化的穿着方式;社会穿着行为则会受到穿着场合和社会观念的制约,是一种与他人有一定联系并会产生相关影响的穿着方式。就这一

点来说，男装的设计与变化比女装更易受到社会环境的制约和影响。就拿衬衫和西装来说，19世纪之前的男士衬衫普遍有着蕾丝花边等繁复装饰，之所以会变化为如今的简洁、稳重的经典造型，正是顺应了工业革命成功后，男性工作环境的变化，以及社会观念的转化等一系列社会环境的变迁，促使男士衬衫和外套进行了顺应社会环境改变的变化，从而满足批量生产和职业工作的需求（图1-14）。

图1-14　不同时代、不同环境的男士着装

（二）简繁转换的规律

简繁转换是男装在功能或外形上发生变化的主要规律，其中包括由简到繁和由繁到简两种基本形式，这是一种服装类型从生成走向成熟的过程。

男装发展的由简到繁规律主要体现为男装功能上的变化。刚一开始，一种新类型服装的问世往往只是为了解决一个问题，随后这种类型服装的成功使用，人们对它的期望值开始上升，希望这一服装可以在不同场合下满足多种功能，服装材料后整理等不断进步的科学技术也为这种希望提供了一定的可能，使得有些功能得以实现。比如，羽绒服的出现首先是为了满足防寒功能，随后，人们又会提出防水功能、抗菌功能、防污功能甚至远红外功能等等。而且，男士一般都会厌恶频繁换装，总是希望一套服装能在功能上“以一当十”地发挥多项作用，此类要求迫使男装企业设计开发类似的产品，服装材料生产企业或科研院所也开始研制多功能服装材料。因此，由简到繁成为男装在功能上的变化规律之一，符合男装本身具有的炫耀技术的特征。

男装发展的由繁到简规律主要表现在男装款式上的变化。为了追求感官上的完美，最新出现的男装往往在款式上显得比较复杂，尤其是在被人们初步接受以后，此类服装经常被用来做加法处理，在原来基础上进行设计元素的堆砌，以显示自己的与众不同。在此后的实际使用中，人们会发现一些不实用或多余的部件应该被删除，于是服装开始逐步走向简化，这一类似情况在近现代男装发展史料中多有记载。当然，这一过程中也会增加一些因以前考虑不周而遗漏的部件，但是从总体上来说，男装款式向着更简洁更实用的方向变化。尤其是在复杂而沉重的工作和生活压力之下，以简洁的生活方式减轻这种压力，已经成为现代社会男人们的一种主流生活观念，男装款式也跟随着这种生活观念做出相应的变化（图 1-15）。

图 1-15　不断演进的男式大衣

（三）界限模糊的规律

在多种环境因素发生变化的影响下，服装原先的界限变得越来越模糊，包括性别界限的模糊、季节界限的模糊、功能界限的模糊、档次界限的模糊等。

尽管社会以不同的标准来衡量男女各自担当的社会角色，他们在行为方式上也有所区别，但是，这并不妨碍男女之间的相互欣赏。当一种事物在男性或女性中流传开来，就会引起异性的关注，甚至在道德规范等社会环境允许的情况下，在一定程度上成为对方模仿的对象。此时，该事物打破了性别界限。比如，足球运动原先是男性一统天下，但是，随着妇女运作的解放，女性也开始玩起了足球。相对来说，由于受到社会传统价值观的影响，在个人行为上，女人模仿男人的言行要比男人模仿女人的言行更容易被人们所接受。不过，由于女性社会地位的日益提高，人们对相反情况已经变得越来越宽容了。因此，一种十分受人欢迎的女装样式或其中的某些要素，也可能成为男装模仿的对象，造成了男装在性别识别上的混淆。

服装流行样式的变化是文化流动的一部分，文化流动不仅仅是上层文化对下层文化的领导，下层文化同样也能影响上层文化。特别是第二次世界大战以来，世界经济状况和人们价值观念发生了重大变化，文化的双向流动越来越频繁，界限越来越模糊，反映在服装上，下层服装开始越来越多地影响上层服装。比如，从前体力工作者的工作服已经逐渐演变成现在在某些正式场合也能穿着的样式，喜爱猎装、工装夹克，以及家喻户晓的牛仔装等穿着人群的范围也大大扩展，使服装的功能界限变得含糊不清，甚至在政府间召开的国际会议上，以前被西装一统天下的局面也出现了越来越多的民族服装和休闲服装的身影。

近几年来，男装的审美取向和设计范围有了新的扩展。除了传统的简洁、实用、沉稳的男装设计观念，女性化、中性化、游戏化等各式各样的风格也越来越受欢迎，其设计主题的范围也越来越广。此外，不同档次的男装也出现了标准上的模糊。人们可以看到，一个企业可以同时经营不同档次的品牌，甚至在一个男装品牌专卖店内，相同类别的产品会出现高低悬殊的价格带。这种经营策略的主要目的是为了满足那些收入不丰的消费者对著名品牌的向往（图1-16）。

图 1-16　随着社会审美取向的多元化发展，男女服装性别差异界限越趋模糊

（四）释放个性的规律

释放个性是人们本我意识的唤起，也是对人性自由的肯定，已经成为当今社会的主旋律。社会思潮的此起彼伏，社会现象的错综复杂，社会环境的急剧变化，社会公德的内容更迭，使得人们不得不通过强调自我来保护自己，这种行为往往以释放个性的形式表现出来。作为反映穿着者价值取向的无声宣言，男装也积极地参与到释放前者个性的活动中，主要表现为男装风格一反常态地出现了多样化特征。

男装从自然、自发生成状态走向突出个性状态，体现了现代男装发展变化的新动向。无论是男装的品牌发展、新产品研发、生产制造，还是消费者的需求愿望、衣物构成、审美取向，都需要得到既有鲜明特征又能广为接受的服装产品的支持。不同类型的男装对其构成元素有着不同的要求。T 恤、毛衫、西装、大衣、泳衣、皮衣等，都会在材料、造型、色彩、工艺等许多方面有各自的基本构成内容，对这些基本构成内容进行增加、删减、变异等设计处理，或者对图案、装饰等附属内容进行调整，就能使产品形成一定的特色。这些设计处理的依据是以满足个性释放为目标。当然，在不同的时代和区域，男装的构成内容与个性的对应象征并不完全一致，会产生理解上的差异，因此，人们对设计元素的解读也是在不断的修正过程中，表现出事物发展的一般特征。

男装廓型是最能体现男装个性的内容之一。每一次男装廓型变化，都会与其所处的社会背景有紧密的联系。自然环境和社会环境的不同，造就了不同地域的人群特征，这种人群特征是每一个个体特征的综合反映，因而，男装设计必须在掌握群体特征的基础上，研究不同职业、不同行为、不同主张和不同生活条件下的个体特征，并将研究结果体现在针对他们的品牌运作中，才能设计出符合个性释放要求的男装产品。对于设计者来说，应该学会把握好男装个性的倾向，在设计之前主动从品牌定位上对设计元素进行定位，男装的整体效果能更好地反映出品牌定位的内涵，这样才会使设计方向更加明确，更有利于产品开发活动的实际操作（图1-17）。

图1-17　个性化街头装扮

（五）风格驱动的规律

随着品牌事物发展的逐步成熟，男装品牌进入了风格化时代，在以产品风格体现品牌诉求的品牌运作趋势下，男装的变化出现了风格驱动的规律。每一种服装单品都能不同程度地表现出某种风格特征，全部服装单品风格的总和，构成了整个服装品牌的风格。为了突出品牌的整体风格，产品设计的目标必须要求每一种服装单品风格是保持正向，即每一种服装单品中体现出来的风格具有一致的风格倾向，能够以叠加方式增强品牌的整体风格。

与男装风格密切相关的要素之一是服装流行现象。流行是一种动态的集体行为结果，当一种流行逐渐转变成为另一种流行的时候，服装的风格也随之发生改变。新的男装风格可以是对当前流行现象的提炼，也可以是在经验引导下对流行概念的单独提出，当流行概念被推向市场，

并且被消费者广为接受和喜欢以后，流行概念就演变成流行的事实，一种新的服装风格也就随之诞生。因此，男装发展变化规律之一包括了风格驱动下对流行的追求与研究，追赶潮流成为促使男装发生变迁的外部动力。

相对于女装来说，男装受流行的影响似乎没有那么明显，但仍有着对时尚和潮流追崇的现象，尤其是近几年来随着休闲装、运动装等比较个性化的男装比重不断增加，人们对男装流行趋势发布等专业活动也日益重视，设计元素的组群一年一个样，早已打破了以往一成不变的经典造型。人们在这些趋势中寻找风格的影子。研究表明，流行服装具有高度的社会需求性，社会互动中人际关系的距离，可以借助穿着服装而有所增减。穿着流行服装的个体会引起一系列相关的反映，包括对其社交能力的评价等等。如果某人未穿着当时流行的服装款式，在有机会证实其个人价值之前，就可能已经被社会视为异类而拒之门外。

创造风格是男装品牌艰难而持久的目标。由于男装各个要素的变化范围远不如女装大，特别是外观变化范围更是狭小，而风格首先被视觉感知，在相对狭小的范围内，不同品牌的产品风格容易产生雷同或混淆。因此，男装想要创造一种新的风格比较困难。在此情形之下，为了加强风格上的识别，男装企业通常把品牌文化等塑造品牌风格的要素，结合在具体的产品中，加大与对手产品的差异，比如为了突出博大宽广的品牌精神而将海洋文化或沙漠文化等要素体现在产品中等等。或者说是借助相对比较容易拉开差别的品牌形象，比如品牌 LOGO 或专用色的夸张使用等，方便消费者对产品风格上的识别。

（六）尊重传统的规律

长期以来，作为发展目标的参照对象和汲取经验的文化传承，传统是社会保持稳定向前的基础支持。事物的发展总是以事物的过去和现在为基础，否则，任何为了发展而提出的概念、计划或标准将成为没有实际价值的无本之木。彻底抛弃传统的人类活动不仅不能达到预想的实现速度，而且会失去参照的方向。因此，即使有人视传统为创新道路上的羁绊，并且刻意颠覆传统，实际上，这种颠覆传统的活动正是建立在了解传统的基础之上的，否则，所谓的颠覆也就无从谈起。作为传统产业，服装的发展规律中，少不了对传统的尊重。

相对女装来说，男装比较强调传统。传统的款式、传统的材料、传统的工艺，都是男装重视的对象。男装中诠释辉煌的传统文化财富，由男性的社会地位所决定。传统代表的正面形象是成熟与稳重，这一形象与社会对男性的要求非常吻合。历代男装所表现出来的主要发展规律之一就是尊重传统，其创新活动也往往是沿着传统的轨迹进行有限的创新。在现代男装中，这一特征同样显著。特别是在正规社交场合和商务活动中，男士们总是以千篇一律的西装革履形象示人，这种集体选择行为传递出传统在男装中地位的重要信息。因此，男装的发展变化，尤其是服装外形制式的变化步伐相对较小。

尊重传统并不等同于拒绝现代，而是从传统的精髓中摄取灵感，用现代时尚的方式演绎，进而迎合现代消费诉求。一些具有典型传统感觉的风格、细节、样式、图形、工艺等元素，经过符合现代审美趣味的处理，或者故意与现代元素强行结合，出现了盛极一时的所谓“混搭风格”。相对来说，男装中尊重传统的行为经常表现在产品策划时对流行主题的选择，在一种诸如“回归50年代”或“巴洛克的复苏”等传统主题的名义下，选择相关的设计元素进行演绎。有时，个别极富传统意味的细节元素经常成为现代男装中的卖点。

通过对不同时代男装特点的研究和总结可以发现，近代男装的发展无法摆脱传统男装的影子,特别是一些已经成为经典样式的男式西服或男式衬衫等品类,自设计发明以来,无论时代和潮流怎样改变,均很少在廓型和款式上有较大的改动,它们总是在基本形制上有着一定的设计规则,可以说在本质上是极其相似的,如果离开了这些本质及其设计元素,就不能构成男装。当然,这种情况并不意味着男装发展的一成不变,通过对色彩、图案、细节等局部的变化进行设计和组合,其变化往往以一种较为含蓄或较小幅度的方式进行,并不断发展。

(七)讲求体验的规律

在某种场合,服装被冠以艺术品等美妙的称谓,其实,服装首先是提供给人们穿用的日常生活用品,从这个意义上来说,评判服装优劣的不二法则是必须以穿着者的亲身体验为准。讲求体验成为男装发展的规律之一。体验服装的行为是由服装的功利性决定的,如果服装没有了功利性,也就没有了生产出来的必要。对任何产品的体验主要可以分为两个方面:一是来自物质方面的体验,二是来自精神方面的体验。

服装物质体验是指人们对服装各项物理性能所产生的生理感受。作为实实在在的物质产品,服装具有一系列物理指标,比如舒适性、保暖性、卫生性等。就某种具体的服装产品而言,人们对这一产品产生了某种美好体验,这个体验部分就会被保留下来,延续至下一个产品开发之中。相反,如果这一产品给人们带来了不良体验,那么这种令人生厌的体验就会被丢弃,人们将努力改变这个不足部分,使之更加完善,或者干脆提出一个全新的概念,取代先前的体验。服装以此为动力而发生着变化。

服装精神体验是指人们对服装中的精神意义所产生的心理感受。人们在对服装基本的物理体验满意之后,开始要求服装能够满足他们心理上的愉悦体验。尽管这种体验没有明确的指标可言,但是人们可以确确实实地感受到这种体验的存在,只不过体验的感受程度或感受内容因人而异罢了。服装精神体验的核心内容是由品牌的地位带来的象征性。如果在穿着者不知情的状况下,面对两件在款式、色彩、品质、尺寸等方面完全一致的产品,其物质体验应该是一致的,但是,在被分别贴上了市场地位十分悬殊的不同品牌标签以后,其精神体验将会由于品牌内涵的不同而使穿着者出现不同心理感受。因此,著名品牌所采用的一切要素都容易成为人们模仿和追逐的对象,以体验为依据成为服装发展变化的规律之一。

服装自从有了满足精神体验这一功能后,其变化的进程就大大加速了。服装不仅可以体现一个人的性别、年龄、职业,还可以表现穿着者的身份、地位和阶层。物理体验和精神体验都是一种能够指向上述内容的符号,这一点在阶级地位划分森严的时代尤为重要。一方面,处于高级地位的上层阶级为了保持他们在阶级社会中的地位,需要通过各式各样的能够代表上层阶级的符号来展现和区别。另一方面,处于低级地位的下层阶级为了拉近自己与上层阶级的差距,也希望通过这种符号来加以证明,这种模仿行为的产生就导致了流行的发生。不过,在大多数情况下,由于男装比女装更加注重实用效果,很少像女装一样出现"美丽冻人"的现象,其装饰作用或象征作用的比重不如女装那么明显,因此,男装比女装更为讲求物质体验,男装中精神体验的成分比女装略有降低。

(八)多元并存的规律

社会发展的结果使各种新的社会现象层出不穷,社会各个方面的构成与组合出现了多元并存趋向。新的行业岗位、新的消费形态、新的择偶观念、新的交流方式、新的居住方式等等,令人目不暇接。这种社会现象必然会对服装提出新的发展要求,使服装做出符合社会发展的变化。

穿着是一种与其他人有密切关系的行为，特别是在一定的地区或场合中，个人的穿着观念会受到该群体或场合的影响和制约。对于男装的变化来说，各地区的社会现状对其设计和变化有着潜移默化的影响。即使全球经济进入了一体化时代，不同国家、地区、民族的男装也并非局限在一个特有的模式中，其品类的侧重还是各有特色的。这是因为不同地区对服装的理解程度、需求程度、发展进程等等要素相异，换言之，一旦这些因素发生了改变，也必将促使男装随之改变，其变化的幅度取决于新形式对旧观念的影响力有多大。因此，男装的多元并存是男装发展变化的基本规律之一，导致了男装流行现象的多样性。

男装设计的多元并存表现为不同的品牌类别、产品种类和服务品质等各种男装组成要素的长期共存，并且相互融合。尤其是在当前的服装类别逐渐模糊的情况下，再权威的服装流行预测机构也不得不扩大预测的结果，在他们的流行预测报告中，会把尽可能多的流行可能性包括进来，一方面是对多元并存现实情况的反映，另一方面也是为了确保万一。因此，在产能过剩的前提下，男装市场上的各种品牌属地、产品风格、产品档次、经营方式、服务内容等五花八门，呈现出一片繁荣的多元并存格局（图 1-18）。

图 1-18 多元化的市场消费现状

（九）功能第一的规律

服装的功能主要在于物质功能和精神功能两大方面。物质功能也叫实用功能，对穿着者来说，服装的功能大致上可以分为：防护功能、储物功能、保健功能等。精神功能主要包括装饰功能、审美功能、象征功能等。由于男性的社会活动范围更为广泛，相对女装而言，男装更强调物质功能，比如一套夏季女装往往没有一个可以存放物品的口袋，男装则很少出现这样的情况。因此，男装中常说的功能主要是指物质功能。男装的物质功能还可以进一步细分，比如，防护功能中有防风、防雨、防冻、防虫、防臭、防静电、防辐射、防腐蚀等等。

有鉴于此，男装发展变化的主线总是围绕着实用功能为主而展开的。当着装环境发生了变化，人们考虑的是男装首先应该做出满足实用功能的变化。由于男装的物质性（实用性）远远大于其精神性(装饰性),因此,以提高实用功能为目标是男装变化的抓手之一。比如,随着近年来手机的大量普及,专门装载手机的手机袋就是首先出现在男装上的零部件,并且还进一步演化成为具有防盗或防辐射功能的手机袋。提高男装实用功能的主要因素在两个方面:一是以男性的人体运动为中心,在男装变化中较多融入人体运动因素对产品的影响。在运动过程中,人体会产生不同角度和不同力度的动态,而每种动态又对服装功能的耐受程度有着不同的要求。因此男装设计必须符合人体运动的需求,必须考虑服装廓型与人体运动之间的空隙度、材料与运动的关系等;二是以服装的使用环境为依据,充分考虑服装与男性着装微环境的配伍性。如果不能满足以上的功能性要求,男装也就成了没有什么实用价值的摆设,甚至是一种束缚。比如,修长的男式大衣使着装者看起来高大挺拔,但是必须在背面下摆有开衩设计,不然就会行走不便。防雨西服则大受专事外勤的业务男士的欢迎。

不过,"出其不意"往往是商业活动的制胜法宝,有些男装企业看到了男装在精神功能方面有待开发的空间,便在此方面加大了研究与开发的力度,挖掘男装的象征性,满足对审美有较高要求的男性消费者的心理需求。这种"为人所不为"的思路,在开拓男装附加价值方面,不失为另辟蹊径的好办法。

(十)技术进步的规律

技术进步是社会发展的主要动因,任何领域的发展都离不开技术的支持,尤其是在以实物产品为载体的实体经济领域,设计、生产、销售、管理等环节都需要以技高一筹的领先技术,才能获得傲视同行的经营结果。即使是一些思想领域或思想产品,比如经济分析、动漫制作、软件开发等,也需要借助先进的技术手段,实现其优秀的创意。

男装最显著的特点之一是强调工艺,许多男装品牌都以自己的技术特征为卖点。男装的生产技术标准相对比女装要高,不同的生产设备和工艺流程可以使相同的男装产品产生不同的外观效果。以廓形为例,在科技日新月异的今天,服装加工方法和工艺手段也越来越新颖和严谨,不仅很大程度拓宽了服装内结构设计,同时使得服装轮廓设计得以更大的发挥。尤其对于男装来说,服装外轮廓的视觉感受和形象特征,很大程度上依赖服装成形技术加工的质量来保证。同时各种结构线(如分割线、省道线和拼缝线等)的设计和技术制作对男式成衣的廓型也有极大的影响。

在服装设计中,款式造型的设计是与面料是密切联系的,面料是服装的基本物质基础,服装的廓型能否定型很大程度上会受到面料的影响。同一款式甚至相同尺寸的服装,由于面料不同,其廓型给人的感觉可能会相差很大。由于面料本身的属性不同,其表现特征如悬垂感、飘逸感、光泽感、厚重感等也会各异,这就直接影响到了廓型的外观。因而,面料技术的发展也为男装的发展提供了重要依据。

此外,虽然服装设计主要是思维活动的结果,但是,它同样需要表现技术的支持。如今的服装设计在表现形式和技术手段上已经完全非昔日可比,比如,对服装流行趋势的预测已经改变了以前的经验分析,由一系列更为科学的专用工具进行定性定量分析,改变了多少年以来的传统设计模式,得出的结果将更加符合客观实际,传播渠道也更加迅速而简便。这一技术环境加快了本来相对缓慢的男装发展变化的速度。

本章小结

无论哪一类服装,其设计的基本方法是相同的。但是,就产品角度而言,男装与女装既存在着很大的差异,也有许多相同点,因此,服装设计方法中的某些要点会有所不同。男女装的具体异同,将在后面的章节详述。这些异同是男装设计区别于女装设计的根本所在。本章站在宏观角度,对男女装的主要区别、男装发展变化的历史及其发展变化的规律进行了描述,目的在于对男装形成一个概念上的认识,有利于了解男装的最一般知识,为后续章节作一个铺垫。

思考与练习

1. 男装与女装的主要区别是什么?分析其成因与表现。
2. 参阅有关男装史料,就某一个历史年代,详细分析这一年代的男装特征。

第二章 现代男装产业

依照社会制度与意识形态的发展变化，从历史学的意义上对时代进行划分，可划分为资本主义体制一统天下的时代和资本主义与社会主义体制并存的时代，这种社会意识的并存是以1917年10月俄国无产阶级革命的成功为标志的，因而，也就成为了近代与现代的分界点。但在服装发展史中，情况就比较复杂，历史的潮流是连续的，所谓的现代概念，早在19世纪就已经出现，1914年第一次世界大战爆发前至1789年法国的大革命的一个多世纪，即为西洋服装史上所说的近代。这一时期的欧洲多个国家的政治、经济、文化都发生了激烈的变化。1789年法国资产阶级大革命宣告封建专制统治政体的结束，再加上兴起于18世纪末19世纪初第一次产业革命(又称英国工业革命)，两大革命打开了西欧社会封建主义封闭的大门，向工业社会急速转变。各种科学发明、发现改变了人们的生活方式、思想意识和社会结构。1830年左右起，时装杂志开始在欧洲普及；1846年美国的豪(Elias Haue)发明了缝纫机；1856年英国的帕肯(William Henry Parkin)发现并合成了染料阿尼林(Aniline dye，苯胺染料)；1884年法国查尔东耐(Chardonnet)发明了人造纤维；等等，为20世纪新的生活方式的到来做好了精神和物质上的准备，形成了现代服装的基础。

由于服装的发展会受到政治、阶级、道德、艺术、宗教、经济、战争等诸多因素的影响。在现代服装发展史上，20世纪的两次世界大战给服装的发展带来了巨大的影响，虽然战争给人们带来了巨大的灾难，但在推动服装发展，特别是女装发展上起到了较为积极的作用。战争强制性地改变了人们的世界观、价值观、审美观与生活方式。因此，在服装史上的近代与现代的时代划分常以1914年爆发的第一次世界大战为分界点。

第一节　现代男装产业构成

一、男装产业的结构特征

随着新的科学技术引起的社会生活环境的变化和与之相适应的社会意识形态的变革，使得现代服装发展的进程大大提速。但是由于男女性别的差异以及传统观念的束缚，使得现代服装发展中男女两性的服装发展仍表现出相当大的不平衡性。早在18世纪末的法国大革命时期男装就开始脱离古典样式，在第二帝政时代即已基本完成现代化形态的确立，而女装则在19世纪末去掉巴尔斯才开始摆脱传统样式，真正地实现现代化要到20世纪20年代，现代女装在全世界范围内普及还是在第二次世界大战以后。

19世纪以来，男装变化幅度较小，相对于女装容易受到外界诸如政治、经济、战争、文艺、科技等因素影响，则更加稳健。然而在女装的现代化进程中，男装则起到了积极的推动作用，特别是在两次世界大战期间，以及战后一段时期中。战争给人类带来巨大的灾难，同时也改变了人们的生活方式与审美取向、价值观念。受到战争的影响，人们体验了合理机能主义服饰的优点，服装的单纯和运动机能等实用因素，促进了女装向男性化方向的发展，男式女服成为当时代表现代新女性的标志，20世纪20年代受到战争的影响，使得极富男性风格的军服式女装在广泛范围内普及。同时由于帝国主义列强的殖民地竞争和两次世界大战的影响，再加上现代工业和交通、通讯手段的发达，使得近现代以来处于科技和军事优势的西欧文明向世界范围渗透和扩张，作为其重要组成部分的西洋服饰文化也随之在全世界蔓延、普及，并与世界各地服饰文化形成了碰撞与交融，形成了服饰文化的并存，或相互吸收、兼容，服饰流行速度也进一步加快，流行周期也进一步缩短，流行式样也变得更加丰富、复杂、多样，世界服装的流行中心也继巴黎之后，出现了米兰、伦敦、纽约和东京等多中心格局。

就男装产业发展格局与结构而言，以商务类为代表的男装产业，在欧美地区二次世界大战后基本上走过了三个发展阶段复兴期、高潮期以及衰退期。

复兴期：主要体现在20世纪50～60年代之间，在此时期内，随着欧美战后重建以及新兴产业的发展，各个国家的居民消费水平在逐日递增，商务往来的加剧也增加了男士商务领域服装的发展。在此阶段内，消费者逐渐厌倦了繁琐的社交礼仪，古板而昂贵的西装也随之改良，黑色不再是男装中的主打色彩，男装颜色呈现了多样化的面貌，而男装样式以及穿着的阶层也突破了旧的模式与观念，在保留传统社交礼仪服饰为主导的同时，日常便服逐渐成为男装流行样式之一。例如Dunhill品牌等经典男装品牌，也开始改变老旧的传统绅士服装样式，开发简单而低价的男装。这一时期服装产业呈现样式多样化、色彩多样化、材料多样化格局。

高潮期：则是在欧美经济急速发展的20世纪70～80年代。随着欧美经济成为世界的主流，在文化领域和消费领域中也成为了其他国家的风向标。在这个时期内，欧美国家已经走出了商品匮乏期，消费高档化与品牌化逐步形成。现今大多数国际男装品牌即在这段时期形成了快速的发展趋势，在完成了原始积累后进而开始步入国际市场，例如世界著名时装品牌Armani（阿玛尼），1975年由时尚设计大师乔治·阿玛尼（Giorgio Armani）创立于米兰，成长和发展于80年代，成为在美国销量最大的欧洲设计师品牌。

衰退期：是欧美消费者在家庭经济达到一定程度后，需求多样化的表现。进入90年代，欧美的中产阶级逐步成为社会的消费主流阶层，在更加注重生活质量与人生追求的思想下，消费观念的重心也逐步从工作转向家庭与健康。因此，在欧美市场中西装的消费日趋下降，90 年代中期开始，着装的个性化、时尚化浪潮泛起，传统古板的商务服装也受到了冲击。

二、男装产业的运作特征

随着时代的发展，受到人们的着装理念与经济环境、贸易格局的改变，男装产业在保留原有的品牌模式与经营方式外，逐渐拓展运作模式，出现了许多较新的产业运作形式和相应的加工制造方式。

（一）恒久经典的定制模式

定制男装以其一对一的定制设计，高质量的精细工艺，高品质的专属服务，以及定制业务所推行的高端生活方式理念，一直以来在世界男装舞台中拥有着不可取代的重要地位。"高级定制"这个概念最早是从西方开始，在西服的手工量身缝制领域，尤其是男装西服的定制，英国伦敦的萨维尔街（Savile Row）（图 2-1）取得了世界公认的地位，成为人们心目中的"世界最顶级西服手工缝制圣地"，其西服纯手工缝制技术是一门最高端的裁缝工艺艺术，是代表贵族品味的服务与技术标准。自从 1785 年以来这条街便吸引了众多崇尚定制西服的有品位人士，其中不乏世界级高端客户群，诸如英国和欧洲其他国家的皇家贵族、世界顶尖的经济和文化知名人士。早期比较著名的定制西服名店有：埃德和拉芬斯克洛夫（Ede & Ravenscroft，1689 年建店，伦敦最古老的裁缝店）、吉凡克斯（Gieves & Hawkes，1785 年建店）、安德森 & 榭帕德（Anderson & Sheppard，1873 年建店）、戴维森（Davies & Son，1803 年建店）、亨利·普尔（Henry Poole，1806 年建店）等十大名店，多数名店拥有来自皇家王室的高端客户，例如亨利·普尔就拥有威尔士王子、埃及国王、拿破仑、邱吉尔、戴高乐等各国政要，以及贝克汉姆等明星在内的超级顾客。

图 2-1　萨维尔街（Savile Row）的高级定制店

在西方部分国家和地区,着装不仅具有实用的功能,同时也是一个人地位的象征,更是相互沟通的一种语言,定制西服就和"皇室""贵族""名流"画上了等号,变成每个体面绅士都必须拥有的行头。穿着萨维尔街的手工缝制西服已成为一种身份的象征,萨维尔街在当今男装发展的历史舞台上依然功勋卓著。

时至今日,定制男装已不再是萨维尔街的专利,随着男装消费市场对于定制业务的需求不断扩大,世界多个国家、地区的男装品牌也陆续推出了品牌服装的定制业务。例如创立于意大利米兰的著名时装品牌 Armani(阿玛尼),旗下产品系列中就拥有阿玛尼高级定制业务 Armani Prive,意大利经典品牌 Zegna(杰尼亚)的量身定制服务开始于 20 世纪 70 年代,Su Misura 是 Zegna 提供的量身定制服务。高级定制男装在欧、美等生活水平发达国家,备受消费者青睐,除了上文列举的英、意部分定制男装品牌外,在法、德、美等国家也备受推崇。如德国的 Kiton、Hugo Boss,美国的 Ralph Lauren,诞生于多伦多而发迹于法国的 PORTS 等品牌旗下产品也拥有男装定制业务。伴随经济的发展与生活方式的变化,在亚洲的一些发展中国家和地区,高级定制男装一样拥有着较为广阔的市场空间。

(二)传承拓展的家族品牌

这里所说的家族品牌包含有两种概念:一是指企业产品都使用统一的品牌名称,或是指一个品牌下拥有多个延伸品牌。例如著名时装品牌 Armani,1975 年由时尚设计大师乔治·阿玛尼(Giorgio Armani)创立于米兰,以 Giorgio Armani 为品牌命名的男装品牌,首个男装系列,便深受时装买手和传媒的注视。此后随着品牌经营的不断发展,陆续推出 Armani Prive(阿玛尼高级定制服)、Giorgio Armani(阿玛尼高级成衣,包含男女装,是阿玛尼正装中价格最高的一个系列)、Armani Collezioni(阿玛尼成衣,为高端白领推出的系列,价格比 GA 便宜25%左右)、Armani Cas(阿玛尼高端家居系列,设计简单优雅一贯秉承阿玛尼的时装风格)、AJ Armani Jeans(阿玛尼休闲服及牛仔服)、A/X Armani Exchange(阿玛尼休闲服)、Armani Junior(阿玛尼童装),产品系列涉及男女服装及香水、皮包、珠宝首饰、眼镜,以及咖啡店、花店、艺术中心、酒吧、酒店等多个领域(图 2-2)。

图 2-2 Armani 旗下品牌

二是指以家族式管理的企业品牌,品牌领导层的核心位置由同一家族成员担任,确切说是家族式品牌。经营管理运作体系一般是通过血缘或嫡系纽带维系,管理模式带有浓厚的人治色彩。与许多行业的家族化企业相同,许多服装品牌自创立之初开始就依靠着裙带关系维护其自身的发展,在品牌的传承发展中,不但保留了品牌产品中男装产品的优质发展,还将产品线延伸至相关时尚产品,使得品牌产品线不断拓宽,品牌利益链不断延展,通过良好的经营管理,使得强者恒强,多年来这些服装品牌经历了家族几代人的执掌,在保留传统的基础上,又不断注入新的设计理念与管理经营,变得愈发经典且不失时尚。

家族化经营的通常做法就是所有权与经营权相结合,这在创业时期对企业发展十分重要。然而,随着家族企业规模的不断扩大,家族企业所有权与经营权的统一就明显制约了企业发展。一些家族式品牌在倡导以品牌影响市场、以特许经营方式开拓市场的今天,这种以家族嫡系作为管理结构的企业模式,有时候严重地阻碍了企业的发展,主要弊端表现为:管理制度僵化,无法吸引优秀人才为企业管理补充新鲜血液;嫡系成员所具有的先天性优越感,往往使其缺乏创新进取动力,一些企业管理制度也较难以严格执行等诸多不足之处。因此,此类家族品牌需要正视这些弊端,强化管理制度,依靠制度来监督企业的设计、生产、销售等各个环节,维持品牌的健康发展。

(三)雷厉风行的兼并重组

企业并购是指企业的兼并(Merge)与收购(Acquisition)的合称,简写为M&A,即一家企业以一定的代价和成本(如现金、股权和负债等)来取得另外一家或几家独立企业的经营控制权和全部或部分资产所有权的企业重组行为。企业兼并的实质,就是优势企业通过获得产权,重组劣势企业无效的存量资产,以实现社会资本的集中①。是近年来经济学界和实业界共同的热门话题,并购重组活动已经成为经济领域频繁发生的现象,并日益成为企业进行资源优化配置的重要手段之一。根据《新大不列颠百科全书》解释,并购包括兼并(Merger)、收购(Acquisition)、接管(Takeover),合并或联合(Consolidation)等所有企业产权交易与重组的行为。并购权威威斯通教授也在其书《兼并、重组与公司控制》中指出:并购(M& A)是公司接管,以及相关的公司重组、公司控制、企业所有权结构变更等活动的统称②。

服装品牌的兼并重组并不是单一的以本文为论述中心的男装产业为兼并对象的,包括兼有男装产品的时尚品牌之间的兼并重组,通过兼并重组形成强大的品牌联合舰队,品牌之间实行优化组合,实现集团整体利益的最大化,不断利于集团整体利益的集聚,同时,通过合理优化,更利于集团个体之间利益的同步增长,降低单体风险。例如著名法国时尚品牌大鳄 LVMH,自1987年至21世纪初,LVMH历时15年搭建了庞大的奢侈品集团。迄今,LVMH旗下奢侈品牌约59个。1987年,酩轩公司(Moet Hennessy)与路易威登控股公司(Louis Vuitton holding company)成功合并,成立路威酩轩(LVMH)公司。这次交易通过换股完成,每2.4股路易威登股票换取1股酩轩股票。酩轩公司是由法国最大香槟制造商酩悦公司(Moet)和法国最大干邑白兰地生产商轩尼诗公司合并而来的。随后,LVMH一发不可收,继续在其他奢侈品细分行业大举收购。在服饰方面,LVMH收购了法国品牌Givenchy(纪梵希)、Kenzo(高田贤三)和Celine(赛琳)、西班牙品牌Loewe(罗意威)、英国衬衣品牌Thomas Pink、美国服饰品牌Donna Karan(唐娜·凯伦)和Marc Jacobs(马克·雅可布)、意大利品牌Emilio Pucci(璞琪)等。在皮具和皮鞋方面,其收购了意大利皮革商FENDI(芬迪)和StefanoBi(史提芬诺逼)以及法国鞋商Berluti(伯鲁提),如今LV和FENDI皆是LVMH倾力打造的明星品牌。在珠宝和钟表方面,吞下Chaumet(绰美)、Zenith(真力时)、Omas(奥玛斯)和Ebel(玉宝),并以4.74亿美元收购TAG Heuer(豪雅)。在香水和彩妆方面,收购Kenzo香水和Perfumes Loewe,进一步充实其香水部门。2001年

① 方芳.中国上市公司并购绩效的经济学分析[M].北京:中国金融出版社,2003:22.

② J.费雷德.威斯通,S.郑光,苏珊.E.候格.兼并,重组与公司控制[M].北京:经济科学出版社出版,2003:1-7.

LVMH又一举收购6家化妆品公司：Bliss、Hard Candy、BeneFit Cosmetics、Urban Decay、Make Up For Ever和Fresh(图2-3)。如今，集团已拥有超过59,000名雇员，其中68%分布在法国以外。

图2-3 著名法国时尚品牌大鳄LVMH及其旗下品牌

服装行业的兼并重组除了男装产品以及相关服饰外，更包括男装零售业的兼并重组，通过兼并增强集团在男装销售中的市场中的地位，不断扩大市场销售份额，不但占领了目标市场，同时也抵御了激烈竞争和日益壮大的外来男装品牌入侵。例如，法国Mulliez集团收购本国男装销售企业Brice的举动，在法国男装业内引起了不小的震动。其实，Mulliez集团并不是以男装销售为主业的企业，而是法国的一家零售业集团。该集团虽然有服装零售商Pimkie-Orsay、Kiabi、Tape à l' Oeil、3 Suisses、Phildar和Jules，但是集团更多的业务还是在其他领域里，比如在其麾下还有食品零售商Auchan、家庭修理零售商Leroy-Merlin、家用电器零售商Boulanger、家庭用品零售商Tapis Saint-Maclou和Alinéa、运动商品零售商Décathlon、以及汽车服务Norauto、饭店Agapes avec Flunch、Pizza Paï等等，集团总营业额超过400亿欧元。Mulliez集团对Brice的收购(其男装年营业额1.81亿欧元)，加上集团原有的男装销售业绩，使得Mulliez集团一下子成了法国举足轻重的男装销售企业，跻身于法国男装销售四强集团之一，有力地抵制了H&M、Zara等外来品牌的男装产品对法国国内市场的入侵。

(四) 层出迭起的营销模式

包括男装产品类别在内的服装企业要获取市场的成功，不仅需要拥有良好的品牌口碑和优质品牌文化，以及市场竞争力的产品，有效的营销手段对于品牌的生存发展也起着至关重要的作用。男装品牌除了需要做好品牌建设和产品创意，制造具有优良品质的服饰产品，积极维护品牌在消费者心目中的美誉度，注重品牌与消费者之间亲和力培养的同时，主动转换经营观念，改善品牌策略，寻求适合的品牌经营与营销模式，亦是现代男装企业立于不败之地的发展之路。

随着男装产业的市场经营环境的不断发展变化，以及企业自身的经营理念逐步转变，男装品牌在自身的品牌经营发展过程中，不得不针对市场环境的变化，为追求更好的产品设计与销售通路，而选择适合自己的品牌经营模式，选择在一定时间和地域范围内最为适合本品牌产品的营销模式，以解决市场男装品牌日益增多，产品更趋同质化等市场环境下的产品销售，使得品牌经营理念和产品设计理念能够适销对路，实现品牌和通路“双轮驱动”。

服装营销渠道是指服装产品从服装生产企业转至消费者手中所经过的路线。它的起点是服装生产者，终点是消费者，中间环节包括各个参与交易活动的中间商。总结男装品牌的营销渠道模式历经了：大量批发贩卖；专门经营或授权经营的专卖店；总代理、连锁加盟、品牌加盟或特许加盟等，更有店中店、折扣店、特卖场等销售形式。随着市场环境、出口格局的变化，消费者的经济状况、消费观念以及生活方式的转变，服装消费市场以大流通、大批发为主要特征的旧有营销渠道，面对新的供求关系，其不足之处逐渐显现，难以应对当前服装消费市场的多元化、多极化、多变化、个性化的消费需求。为了顺应市场与消费状况的变化，服装营销渠道也随之发生了较多的转变，近年来出现了较多新型的服装营销模式，如会员俱乐部制、网上快速销售、OUTLETS、尾货市场等新模式，也有诸如海澜之家此类品牌的标准化自选系统、一站式全程服务模式，企业促销手段在不断升级。

伴随与生活方式与购物观念的变化，近年来电视直销，邮购购物等新兴的销售方式被逐步看好。随着电子商务的发展，网络经济的魅力渐显，例如我国服装行业出现了以 PPG、VANCL 等为代表的 B2C 业务模式，为消费者提供了一个新型的购物环境，并创造出较好的销售业绩。传统销售方式中，消费者感知的是实体服装，通过真实试衣感知服装尺寸是否合身，视觉风格是否适合自己；网络销售中，消费者只能通过商家对服装商品的资料介绍了解服装，服装材料手感、肌理、组织风格与试衣的视觉效果只能依靠经验来预判。由于感知方式的不同，难免会造成消费者对网购服装的认识误差，主要包括尺码不适合、款式不满意、色彩有偏差、材料成分与风格等。而随着三维虚拟试衣技术的逐渐成熟，此类问题将会逐渐解决，通过网络平台将网络试衣变得轻而易举。相信随着市场环境的变化与消费需求的变更，将会出现更多种形式的男装营销方式，来适应市场和消费的需求(图 2-4)。

图 2-4　不同形式的服装销售终端

(五) 不断推进的产业转移

服装产业的发展总是会受到诸如政治、经济、战争、文艺、科技等因素的影响。尤其是在全球经济一体化不断纵深推进的今天，全球金融形势动荡摇摆无疑会对服装产业的发展形成较大的影响。对于全球当前的服装市场环境来说，始于 2007 年 2 月、爆发于 2008 年 7 月份，发端于美国的次贷危机所带来的深刻影响还没有完全解脱。自美国两大抵押贷款机构房利美 (Fannie Mae，联邦国民抵押贷款协会) 和房地美(Freddie Mac，联邦住房抵押贷款公司) 双双被美国政府接管后，此次危机几乎触及到世界各地。雷曼兄弟于 2008 年 9 月 15 日申请破产，次贷危机的影响已进一步加深，不仅引发了全球金融市场的剧烈动荡，更波及到了众多行业。金融海啸恶化经济环境，使得欧美主要经济体受到大大挫折，购买力大大下降，消费者已开始节衣缩食来减少开支，直接导致服装等消费品需求不振。另一方面，因经济的衰败，原本制造业成本高企的欧美国家也纷纷将包括服装制造业在内的劳动密集型加工企业转向亚洲等新型经济体，以大大降低品牌产品的成本价格。资料显示 21 世纪初，美国已无规模型的西装生产企业，欧洲传统的男装生产也开始向低成本的亚太地区转移。

而随着经济环境的变化，服装产业的转移结构也发生的较大的变化，产业转移的方向也因经济环境的转变有所选择。例如，随着我国改革开放的深入推进，大大加强了与国际市场的接

轨，服装制造业因劳动力过剩，成为了世界最大的服装加工制造国家，服装 OEM 为我国服装企业既带来了丰厚的代工利润，也给服装制造业带来了先进的管理经验。自人民币汇改以来，人民币升值步伐大大加速，汇率屡创新高，影响了我国服装产品的进出口价格和原材料成本，压缩利润空间，直接影响相关公司的经营业绩。据估算，对于以美元计价的进出口企业来说，人民币每升值1%，棉纺织、毛纺织、服装行业的全面受损程度，即行业利润率下降 3.19%、2.27% 和 6.18%。服装行业因出口依存度最高，受损最大。通常服装企业接到订单后有一个较长的交货期，由于对未来升值幅度的不确定性，为避免损失，企业承接订单的信心倍减，导致许多订单流逝。从 2010 年 11 月 4 日闭幕的第 108 届中国进出口商品交易会（广交会）来看，考虑到汇率的波动，包括服装加工企业在内的多数国内制造企业所承接得订单多呈现以短期订单和中小订单为特征。从另一个方面可以看出，大部分长期订单和大型订单则流向汇率相对稳定的代工市场。导致欧美国家对我国服装制造行业代工规模缩减或转移的另一个原因还有，我国制造业用工成本的变化。于 2008 年 1 月 1 日开始施行的《新劳动合同法》，堵住了许多用工漏洞，保护了劳动者的多项合法权益，同时让历来以低劳动力成本竞争优势之一的纺织服装业结束了“低用工成本”时代。新法中关于企业为员工缴纳社保，以及支付加班工资的规定，直接导致了纺织业企业用工成本的上涨。有资料显示，纺织企业的用工成本因此上涨了 20% ~30%。另外，新法的实施使劳资纠纷的潜在风险剧增，与以往实施的法律相比，新劳动合同法在适用范围、员工参与企业规章制度决策、使用期、事实劳动关系、劳动合同期限、解除劳动合同、裁员、经济补偿金等诸多方面，都作了更为严格的法律规范。这对于拥有 2000 万产业工人的纺织业，产生的影响既有短期的，更有长远的。由于用工成本的上升，部分外资纺织服装企业选择关闭在中国的制造工厂或将制造工厂转移至用工成本更低的东南亚国家，美国、欧盟、日本等海外主要客户也纷纷将订单转向价格优势更为明显的东南亚国家和地区。

第二节　男装产业的发展

一、男装产业的发展现状

在世界各国及地区的历代服装史料中，有着很多关于男女服装形制的记载，包括了具体时期和朝代的男女服装款式的记载，更包括对历代男女服饰在用色、图案、材料等方面常识和禁忌的描述。历代男女服饰均有着各自时代的典型款式和特色形制，并在长期发展中有着久远的文化渊源和深厚的历史积淀作为推动力。由于产业形成基础和现有状况不同，导致各国及地区的服装产业发展规模和模式存在着较大区别，因此作为其服装产业构成的不可或缺部分——男装产业发展现状也存在着较大区别。总体上欧洲、北美、东亚日韩等经济发达地区的男装产业发展基础较好，而一些发展中国家由于经济基础的薄弱，男装产业发展的还不够全面系统，尚处于发展期。

（一）男装产业布局

由于产业基础和发展环境不同，世界男装产业发展存在着一定程度的不平衡性，众多国际知名顶级男装品牌包括 ARMANI(意大利)、BURBERRY(英国)、Calvin Klein(美国)、CERRUTI(意大利)、GUCCI(意大利)、GIVENCHY(法国)、RALPH LAUREN(美国)、VERSACE(意大利)、HUGO BOSS(德国)、DOLCE & GABBANA(意大利)等均来自经济发达的欧美国家或地区。而纵观我国男装产业,部分知名男装品牌包括雅戈尔、杉杉、罗蒙、报喜鸟、庄吉、法派、七匹狼、劲霸、柒牌、九牧王、利郎、才子、汤尼威尔、培罗蒙、威可多、依文、群豪、松鹰等均来自江浙闽粤京沪等沿海经济发达、政治中心地区。

其中不同地区的产业发展也因自身条件的不同各有特点,例如意大利男装发展特点是以面料创新、精工细作、款式新潮、品牌众多享誉全球。近年来,与意大利整个服装产业发展趋势相同,男装企业在面临激烈国际竞争、内部结构调整等多种因素的推动下,不断改良工艺和技术,使整个产业向中高端方向转移。日本男装市场因其经济基础较为发达,国土面积狭小,中心城市人口众多,多为职业白领,男装市场一个显著的特点就是西装的市场占有率非常高。这是因为在日本西装属于时装范畴之外,被视为众多上班族的工作服,员工在上下班时也是身着西装,在早晨拥挤的地铁里,几乎所有的男性都穿着整洁的西装,这或许已经成了日本一道独特的风景。因人口数量相对于我国来说较少,约为我国人口的十分之一,相对购买人群基数较小,因此日本男装产业及相关男装品牌公司实际运作中,非常注重产品研发和营销策划,除了一些高端品牌,大部分中低端品牌均将生产制作转移到经济欠发达、劳动力价格低廉的发展中国家,包括我国及越南等东南亚国家,以获得最大的产品和品牌价值。

(二)男装产业水平

世界男装产业经历了长期以来的发展,其中有战争危机、经济危机、文化渗透等政治、经济、文化等方面的不同发展环境的影响与左右,随着社会的发展和消费者着装文化的逐渐成熟,男装产业发展水平也相对于过往达到了更高的发展层次,男装产业的竞争方式也从过去的以数量、价格竞争方式为主,转向以技术、品牌和服务为主要竞争方式的格局。

在男装产业尚处于发展初期的阶段,产业中大多品牌均缺乏成熟的经验理念和思维,为了积累原始资金,一味追求产量,产品技术含量低,产品附加值微小,以数量取胜,产品单位利润率低下;价格竞争是男装产业发展早期的竞争形式之一,企业运用价格手段,通过价格的提高、维持或降低,以及对竞争者定价或变价的灵活反应等,来与竞争者争夺市场份额。随着这种竞争手段在产业应用中的发展,竞争对于也竞相效仿,竞争对手以牙还牙的报复,导致两败俱伤,最终致使整个男装产业经济效益低下。另一方面由于产品定价太低,往往迫使产品或服务质量下降,以致逐渐失去市场,损害企业形象,致使产业社会效益丧失。价格竞争往往使资金力量雄厚的大企业能继续生存,而资金短缺、竞争能力脆弱的小企业则蒙受更多不利。因此,在现代市场经济条件下,非价格竞争已逐渐成为男装产业市场营销的主流。产业不断发展,科技化、信息化技术越来越多地应用于产业发展中,众多男装企业加速技术革新,加大科技投入和科学管理体系建设。并不断提升知识产权的认识和自我保护意识,注重发展自我品牌,加强品牌文化建设,注重以产业的文化和品位来塑造消费者和品牌自身形象。

以我国男装产业发展为例,从20世纪70年代末80年代初开始,随着改革开放政策的不断深化,以东南沿海地区为主的各级政府纷纷投身轻纺业的生产、加工产业。而此时,以国营、乡镇、集体为形式的服装加工厂应运而生,从而形成了最初的男装服装加工产业。到90年代初,一批原有以加工为利润主导的男装服装加工企业,开始重视品牌化经营所带来的市场利益,开

始了品牌化的历程。于是,各地以民营企业为主导的服装加工产业蓬勃发展,在这个时期涌现了温州、宁波、石狮等男装加工产业名城。同时,依靠规模化的生产、供应、销售而成长起来一些知名的男装企业,例如雅戈尔、杉杉、报喜鸟等,在进入 90 年代中期之后,开始了品牌化营销。从注重单品、注重产品本身向注重品牌整体形象、注重品牌自身文化的方向转轨。开始注重消费者购物时对环境的整体体验,注重服务,注重"体验消费",产业发展水平更上台阶。

(三)男装产业地位

由于纺织业是典型的劳动密集型产业,随着经济发展水平的提高,一个国家在纺织品生产方面的比较优势会逐渐减弱,后起国家往往更有竞争力,因此,纺织行业的困境和调整,是一个国家产业结构升级的标志和必经阶段。近代世界纺织产业中心的三次转移,第一次转移:发生在 18 世纪,第一次产业革命时期,世界纺织生产的中心从东方转移到以英国为首的西方国家;第二次转移:发生在 20 世纪 60 年代,从美国、日本和西欧转移到亚洲新兴工业国家和地区如韩国、香港、台湾地区等;第三次转移:从 20 世纪 80 年代开始到现在仍在继续,从韩国和中国台湾、中国香港地区向亚洲的其他发展中国家如中国、印度、巴基斯坦和东南亚等地转移。

男装产业作为纺织服装产业的一个重要分支,其发展变化趋势与产业结构调整有着密不可分的关联,伴随纺织服装产业结构的调整,各国男装产业地位及发展趋势也有所调整。男装产业生产中心从发达国家向发展中国家转移,同时由于生产中心的转移,消费中心的迅速成长,使得男装产业贸易迅速增长。各国男装产业由于经济基础和发展背景的不同,形成了不同类型的层次分类和发展模式,包括 OBM 型(Original brand manufacturing 自有品牌),生产销售自有品牌服装,如法国、意大利等国的男装品牌;ODM 型(Original design manufacturing 自主设计),为客户提供款式设计,但没有自有品牌,用客户品牌销售。如韩国、中国香港、中国台湾等地的男装品牌;OEM 型(Original equipment manufacturing 贴牌加工),用国产面料、客供品牌和款式,加工服装。这是我国目前服装出口最主要的模式;加工装配型(assembly),没有自行采购或生产面料的能力,用来料、来样加工服装,仅赚取加工费,此类男装企业大多是劳动密集型,集中在发展中国家(东亚、东南亚、南亚),以粗加工、中低档大路产品为主。

我国服装产业在加入 WTO 后有了前所未有的发展,男装产业也得到了迅猛发展,但是与发达国家相比还具有较大的发展空间,我国的时装品牌还十分弱小,尽管中国服装出口占我国外贸出口额超过 1/8,却没有哪家自有品牌出口的额度能占到总出口额的 0.5%,中国的服装业还在依靠廉价的劳动力和成本优势做来料加工和贴牌生产。至今为止,中国男装领域的强势品牌如:雅戈尔,罗蒙,杉杉等都难以在世界男装舞台产生大的品牌影响。中国虽然拥有众多的大众成衣企业,却少有堪称"时尚先锋"、在国际市场立稳脚跟的高级成衣企业,没有独特的文化内涵,许多品牌退化为标签。在当前国际服装市场竞争日趋激烈,贸易摩擦日益加剧,美国、欧洲、日本等我国服装主要出口市场需求明显萎缩,以及国内生产成本上升和人民币升值的严峻形势下,男装产业竞争力备受挑战。在新的国内外产业环境下,提升我国男装产业国际竞争力迫在眉睫。加之各种新型贸易保护和发达国家绿色标准门槛的提高,使中国男装产业继续走粗放型老路的利润空间越来越小。另一方面虽然我国国际地位有所提升,就经济总量而言,去年中国超过了日本,成为"全球第二大经济体",但是谈到人均,我们还只有 4000 美元,在世界上的排名也就是百名以内,人均可支配收入还远远低于发达国家水平,人均可用于服装消费支出的额度还较小,对于推动男装产业的发展的作用也较小。虽然从人口基数上来讲我国是最大的服装消费国，但是人均购买频率、购买量还相对较小。针对以上现状，中国服装协会明确提出要实现服装科技强国、服装品牌强国、服装人才强国和服装可持续发展强国。“十二五”期间我国服装行业将大力调整产业结构，提高产品科技含量，要求全行业的科技贡献率要在40%以上，争取向发达国家科技贡献率80%的目标迈进，大力提升产业地位。

二、男装产业的发展变化

从男装产业长期的发展历程来看，推动男装产业发展变化的主要因素包括社会经济的迅速发展、消费者持续上升的可支配收入、城市化进程的不断加快、消费者消费理念及模式的转变、社会政治安定团结等。在其长期发展过程中受产业内部、外部环境影响，存在稳步上升、阶段下落、震荡平缓期等多种发展阶段状态，但是从长期过程来看，男装产业呈现了不断向好发展的态势，呈现波浪式前进和螺旋式上升的发展形态，产业内部分工协作更加完善，形成众多细分而专业的男装市场类型，产业发展逐渐系统化、规模化、标准化，产品更趋优质化、多样化、人性化，并顺应时代发展，注重产业的科技化发展，男装产业的竞争从产品时代上升到品牌时代。

（一）男装产业的细分化

随着男性消费者生活方式的变化，男装消费亦呈现多元化的态势，男装产业结构和产品类型、消费年龄段、消费市场、制造企业，以及与产业相关的纺织业、箱包、鞋帽等服饰品加工业均有了更加专业的细分，形成了分工细化而又协同发展的产业链。各细分市场在产业链的协同下形成专业化产业集群和区域交叉合作发展，产业链中各个环节在产业结构中扮演着不同的分工角色，为男装产业的整体良性发展提供动力。

除了男装产业链相关产业的专业化、细分化，男装具体产品类型和消费市场也存在着细分化的状况，例如从产品属性的角度来细分，可以将市场中主要男装产品属性划分为：商务正装类型、高级时装类型、周末休闲类型、新正装类型、职业装类型等。以成年男装消费年龄段来细分市场，可以划分为四类细分市场，分别为：18～30岁，31～45岁，46～65岁，66岁及以上（表2-1）。

表2-1 以年龄段划分的成年男装细分市场

成年男装消费年龄段	消费特征描述
18～30岁	该年龄段的消费群体是男装消费的最主要的群体，是消费群体中购买频率最多，总体购买金额较多的群体。具有一定的经济基础和很强的购买欲望，易冲动购物，热衷时尚、讲求个性，敢于尝试新事物，容易接受各种新品牌，对男装消费质量追求不高。目前针对该消费群的男装品牌较多，且竞争激烈
31～45岁	该年龄段的消费群体是男装消费的主要群体，是购买单件服装价值最高的群体，该群体经济收入相对稳定，是消费群体种经济基础最为雄厚的群体，有较强的购买欲望。该群体大多数人的人生观和价值观已相对成熟，因此对风格、对时尚有自己的喜好，购物理性居多。有相当部分男装品牌定位于此细分市场
46～65岁	该年龄段的消费群体事业有成，除了社交需要，服装购买欲望一般，但对服装有一定的品牌需求。市场上适合该年龄段的服装品牌较少，很多消费者因年龄原因体型变化较大，往往是有购买欲望时，却找不到适合的服装品牌和款式，对于服装企业来说是一个较大的细分市场
66岁及以上	此类男装消费人群基本属于离退人员，经济收入有限，对男装，特别是新款男装购买欲望较低，服装购买频率和购买力最低。对于该年龄段的服装品牌基本为空缺，服装企业需增强社会人文关怀意识，适量设计、生产适合此类人群的消费服装

注：因18岁以前男性分为学龄和婴幼儿两类人群，学龄人群日常多以校服为服用对象，婴幼儿服装男女装通常不做过于细致的分类，故在以上表格中不做反映。

另一方面，为了应对当前金融风暴影响，高端消费受创的现状，部分奢侈品品牌选择关店或提价；消费者购买服装周期变长，从月购买变成季度购买；消费者购买商品时更加理性等此类男装消费现状，国内外为数不少的男装企业选择了多品牌发展战略来扩大市场，将企业品牌和产品类型更加细分化，向着多系列化、多品牌化、多元化方向发展，以适应不同消费人群的消费需求，占领更多的消费细分市场，比如阿玛尼旗下已有 8 个品牌，细分各个层面不同的男性消费市场。

（二）男装产业的系统化

一个时代的流行时尚，人们生活的状态，社会、经济、文化的变革与进步，在某种程度上都可以从人们的着装打扮，及服装产业的变化与进步中，感知到发展的进步与力量。而这种变化与进步离不开产业所处内部与外部环境的变化，从国际环境看，世界经济增长和全球化贸易格局成为了服装产业发展的有利时机；而从各国国内看，多数国家的综合国力均有了进一步增强，对该国的服装产业提供了有力的支持和更高层次的市场需求。同时，科技进步、生产力水平提高，也为服装产业发展提供了技术保障，随着经济一体化进程的加速发展，全球采购与代工模式的日渐成熟，加速了服装产业技术的转移，大大平衡了世界范围内服装产业技术水平的发展差距。在男装消费领域，伴随经济的发展，人们生活水平普遍有了较大的提高，追求质量好、品位高的服装消费已是男装消费领域的大势所趋，男装产业的纵深发展使得男装市场有了进一步发展并趋于成熟和系统化。

男装产业在经历了产品、品牌、资本和资源经营四个阶段之后，正在实现由家庭作坊、工厂式管理向集团化管理、股份制管理的跨越式转变，开始形成具有大规模生产能力和优质品牌运作能力男装产业。在市场需求、政府调控、行业协会、科研院、高等院校等作用的共同推动下，男装产业链接系统的不断完善、男装产业分工逐步明细，形成从产品设计、原料采购、生产加工、仓储运输、订单处理、批发经营、零售等一系列行业相关的链接系统工程。除了男装企业自身拥有的研发部门外，产业中还形成了设计创意中心、技术研发中心、品牌推广中心等公共服务机构，在人才培训、产品研发、设计创意、信息咨询、品牌推荐等方面提供优质高效服务，形成了一个较为成熟的男装产业大系统，促使男装产业效益不断提高，为男装产业的蓬勃发展提供了保障。

（三）男装产业的规模化

由于男装行业内外部环境和消费者消费理念的日益成熟，加上内部市场的越来越精细化的划分，使得产业相关行业之间的相互依存度逐渐加大，产业链之间形成网状链接，促使男装产业更加趋于规模化，包括生产制造环节的规模化、仓储物流的规模化、销售网络的规模化、面辅料市场的规模化、品牌发展的规模化等等。

以我国男装产业发展为例，在经历了欧美男装加工业重心转移的过程中，承接了大量贴牌订单，从而获得了原始资本积累；也经历了从贴牌加工服务到自主品牌研发的发展过程，积累了大量品牌运作经验。目前，我国男装产业已经形成了包括以江浙沪地区的上海、宁波、温州为代表的“浙派”男装产业集群，以闽东南的晋江、石狮为代表的“闽派”男装产业集群，以及借助港、澳地区等优势而独立成长的粤南珠三角男装产业集群，在全国范围内形成了具有区域特征的规模化男装产业。近年来行业大力推行纺织服装产业的升级换代，对原有的服装产业包括产业园区、专业零售市场、配套面料市场等进行重新规划、整合，采取优胜劣汰的机制，按清洁生产、循环经济要求，对一些具有优良资质的企业或市场给予适当政策优惠扶持，启动以产业链片段转移为主要方式的产业转移工程。同时，推崇技术改造，淘汰落后产能企业，逐渐减少高耗能的设备使用，引进和改造低能耗、低污染、多功能的先进设备，实现产业的最优化改造，男装产业“航母群”的规模和形态已然形成。据预测未来几年，我国男装的零售规模将以16%以上的速度增长。随着男装品牌集中度的提高，到2013年，我国主流男装品牌的零售规模将达到350亿美元(图2-5)。

图2-5　规模企业的服装吊挂生产流水线

(四)男装产业的标准化

当今社会，企业之间产品的竞争，已经不再是价格的竞争，而是品牌的竞争，而品牌质量的优劣则是通过企业产品质量、售后服务、用户美誉度、社会效益等来体现的。企业采用标准化管理模式能够促进企业以完好的产品质量、良好的品牌形象、优质的社会服务，来满足消费者不断更新的产品设计与质量要求，并建立企业良好的社会声誉。比如，企业采用ISO产品质量认证体系，说明企业在产品质量方面已经达到的一定的水平。对于一些专业性很强的产品，消费者或用户在这方面的知识短缺，他们选择产品，很大程度上依靠其他消费者或用户的推荐、该企业通过的认证，以及采用标准化的多少。

标准化的采用，提高了企业产品之间的兼容性，减少了由于企业产品之间标准不一致，带来的巨大社会浪费。另外，企业通过标准化可以避免对某一个供货商的依赖，因为其他供货商依据公开的标准可以补充市场，于是企业的供货渠道不断增加。供应商数量的增加，加大了供货商之间的竞争，从而促使产品质量不断提高，价格也会不断降低。标准化形成了一个统一的产品和技术规则体系。在这种情况下，使得企业之间的合作，以及战略同盟的形成更加容易。标准化层面的合作对于企业很重要，因为通过协作效应，成本降低的潜力及成功的可能性都会提高。通过战略同盟的建立，可以为企业带来风险共担、技术共享、规模经济以及固定成本分摊的作用。近年来，发达国家不断通过各种国家或区域标准设置技术壁垒，阻止发展中国家的产品进入其市场。标准是在区域经济内针对其他标准作为一种非关税贸易壁垒的武器。如果企业在全球市场上通过ISO或ICE标准，在欧洲市场上通过相应的EN标准，可以很好的打破发达国家设置的技术壁垒，提高出口。同时，标准化是沟通国际贸易和国际技术合作的纽带，通过标准化能够很好地解决商品交换中的质量、安全、可靠性和互换性配套等问题。标准化的程度直接影响到贸易中技术壁垒的形成和消除。因此，世界贸易组织贸易技术壁垒协议(WTO/TBT)中指出：“国际标准和符合性评定体系能为提高生产效率和便利国际贸易做出重大贡献”。

对于服装企业来说，采用标准化的设计、生产、制造，意味着服装产品依据产品目标市场所进行产品研发与加工制造，需采用某种服装类别、区域市场通行的执行标准来进行，以确保服装产品设计制作的规范化执行和标准化尺寸、检验、包装等，例如成衣的设计生产模式是在季节产

品调研企划、过往季节产品销售数据分析等基础上对目标市场进行预判设计与制造，再投放市场销售。因此就产品尺寸来说，需要有着统一的执行标准，通常需要依据目标市场的人群进行标准化的号型系列尺寸设定，一般采用一款多号型的方式来满足更多消费者身型尺寸要求。例如我们常见的服装号型规格代号 XS、S、M、L、XL、XXL 等，即采用标准化的号型体系将某一款服装尺寸设定为符合更多消费者穿着的常用方式。

近年来纺织服装行业多个企业和品牌因产品质量标准不达标而登上问题“黑榜”，涉及企业和品牌不乏在国际市场较有影响力的国际大牌，涉及产品包括成人服饰和儿童服饰，“质量门”给相关品牌在消费者心目中的声誉带来了较大的负面影响。为了适应国际纺织服装贸易间的质量要求，杜绝此类事件再次发生，男装产业积极推行多种国际通行的多种质量标准体系，如 ISO9000（质量管理体系标准）、ISO1400（环境管理系列标准）、ISO1800（职业健康安全管理体系标准），以及由国际生态学研究测试协会发布的，国际绿色纺织生态新标准 OEKO-TEXSTANDARD100 标准等，从天然纤维的栽培、施肥、植被保护、生长助剂的使用和动物纤维的动物饲养、保健、防病、生长剂的使用，以及化学纤维（如大豆蛋白纤维、莫代尔纤维、Tencel 纤维、甲壳素纤维等）生产过程和废弃物可生物降解等方面做出了严格的标准要求。并对纺织品的生产、加工和包装必须符合生态学标准，不可使用禁止使用的染料及含有树脂、甲醛等有毒性的整理剂，采用不用水或少用水的染整加工技术，切实做到清洁生产或零污染生产，避免或减轻对环境的污染或对人体的伤害，保证最终产品的 PH 值（酸碱度）达到最佳值等方面有了更高的质量要求。男装产业标准化体系的建立对男装产业产品有了更高的质量标准要求，同时也是男装企业或品牌走向国际市场、沟通国际贸易和国际技术合作的技术纽带。

（五）男装产业的优质化

由于消费者需求结构的变化，以及纺织服装行业不断推行的科技进步和产业升级，当今的男装市场正从卖“保暖、御寒”到卖“装饰”，最后到卖“品位和文化”，从无序竞争走向企业整合资源重塑品牌的竞争时代。一方面，男装市场经过前期的市场培育，消费者对于品牌的追逐正逐步回归于理性；另一方面，男装企业经过前期的原始资本积累，正整合资源进入第二次重塑品牌的创业阶段，也就是从传统的批发零售到特许经营的营销模式转型。男装产业及其产品品质逐渐朝着优质和高端方向发展，包括男装产品的优质化设计，男装产业链的优质化建设和利用信息技术进行的优质化管理，男装品牌的高端化，男装产品的优质化生产，男装品牌的优质化售前、售中、售后服务等。

近几年来，培育品牌和提升服装设计水平成为男装产业发展基础和重点环节。业界经验丰富的设计、技术老前辈担纲主力，与极具活力和创新意识的年轻设计师一起，准确地理解流行趋势，将不同地域的消费者审美情趣较好地结合起来，设计出更加符合潮流趋势、生活方式和消费心理的男装产品。产业内推行整体设计的理念，重视男装细部品味，注重产品设计个性特色，讲求系列化、配套化、时装化。男装品牌注重品质化发展，注重品牌自我风格的培育，以差异化的产品和价格服务消费者，注重品牌个性发展，产品特色风格逐步形成，服装品位档次全面提升。

从产品方面来说，男装产业的优质化体现在面料和制作工艺，及设计研发、生产制作的全部过程管理。在面料的使用上，多数男装企业均在充分研究目标市场消费档次、经济收入等基础上，核算成本与利润之间的平衡，改变传统观念精挑细选，大胆采用有益于人体健康的高科技面料，以迎合现代消费群体需求。

（六）男装产品的多样化

随着社会的发展和消费收入的增加，男装消费群体正在呈现多元化和多极化的发展趋势，而这种发展趋势往往又和消费者的生活方式有着千丝万缕的联系，不同生活方式的消费者对服装产品的需求存在较大的区别，相对来说生活方式比较简朴的消费者对服装产品的要求可能多数保持在满足基本功能就可以了，而对于偏爱奢侈生活的消费者来说，对于服装产品的消费需求就不仅在于满足基本功能需求，更多地需要在满足高质量生活外，追求精神需求上的满足，这时候着装的功能和意义也发生了质的变化。

消费者的多层次化特征和多样化需求导致男装产品的多样化，科技创新加快了男装产品呈现多样化的发展态势。为了满足男装消费市场的多样化消费需求，众多男装品牌竞相推出多系列化、多品牌化个性产品以满足不断细分的消费市场，即使以单一品牌或单一品类立足市场的男装品牌，也是以多系列、多风格、多类型产品来满足市场竞争需求的，很少有男装品牌能够以单一品牌、单一产品、单一系列、单一风格、单一类型产品来立足市场。例如杉杉集团为了品牌的自身发展和应对市场需求变化，将国外顶级品牌的品牌优势和先进管理、设计理念，与中国企业的低成本、高品质和庞大销售渠道强强联合，2001 年 9 月，杉杉集团的“多品牌、国际化”战略正式启动。现今，经过历年的积累，品牌金字塔已经初具雏形。2006 年北京举办的中国国际服装服饰博览会，杉杉旗下的 22 个品牌独占了北京国际展览中心的 9 号展馆。整个展馆内，杉杉自主品牌服装展位和合资品牌服装展位济济一堂。从正装到户外休闲装到高尔夫专用服装，从定位为大众消费的运动休闲装到国际顶级品牌服装，杉杉旗下的品牌几乎涵盖了大部分细分服装市场。

（七）男装产业的人性化

男装产业在经历了原始基本积累以后，随着消费者需求结构的变化，产业逐渐转变经营理念，产业格局转型与升级日程逐渐加快，以适应消费者在满足着装保暖、遮羞、防护、礼仪等基本功能以后，对着装有了更高精神追求的发展趋势。消费者对于着装的需求有了更高层次的需求变化，希望通过特定服饰的穿戴来提升自己的品味与格调，增添荣誉感和自我满足感。因此男装产业变得越来越人性化，产业的发展不再是唯利是图，一味追求利润最大化，而完全不过产业结构和消费需求盲目高速发展带来的负面效应，例如产业过度、超限发展给环境带来的不断增加的负担；不过市场需求饱和与否大量投放同质化产品进入市场，加上不良经营策略的过度使用，大打价格战与概念炒作，造成产品恶性竞争加剧，产业内部自相残杀，缺少抱团发展的意识；对目标市场消费者实际需求缺少调研，而一味地跟风模仿国际大牌或者其他地区某个品牌的成功经验和模式，以企业或者品牌自己的思维模式替代市场消费实际需求结构，猜想消费者的着装心理与需求。

现今男装产业在实际经营发展中，逐渐意识到以上问题的不足之处，及对产业长期发展所带来的不良作用，更加强调产业的人性化发展，包括以人为本的产品开发设计、以客为本的体验式营销，人性化的企业、品牌、产业管理模式等。在产品研发方面更加强调前期的消费市场消费需求调研分析，在产品设计中追求人性化诉求，包括调研分析消费者对着装面料的舒适性需求、功能性需求；进行大量实体测量，收集消费者体型尺寸数据，在行业标准的框架下，更加细分产品号型系列尺码，以满足更多不同体型消费者的尺寸需求；部分品牌在产品研发过程中还会采取聘请若干名大众消费者参与部分产品开发结构制定和样衣审核等工作环节。在产品销售中

大量推行以客为本的销售理念，关注消费者的消费体验与感受，打造便捷、舒适、私密、人性的购物消费空间，例如部分男装品牌推行了一站式购物门店和男装生活馆等形式的消费空间，门店内从硬件陈设到软性服务，处处体验出以客为本的经营理念，男装消费者在此尽享尊贵。此外，在产业经营管理中，推行人性化管理，注重企业文化的积淀，注重产业的人性化发展，发展低碳经济，采用绿色技术，极力实行节能减排。例如产业从原材料出发推行低碳生产，部分企业采用的“无浆料织造技术”彻底解决了浆料问题，与传统工艺的上浆、退浆过程相比，大大减少了对水和能源的使用，同时减少了大量退浆废水的排放，同时又缩短了工艺流程。

（八）男装产业的科技化

随着信息技术的不断发展与男装产业不断推进科技革命，男装产业逐渐朝着科技化的进程迈进，服装企业大量导入数字化管理系统，利用信息技术大力改善男装企业传统设计、生产、经营和管理、运作等。诸多服装企业加大科技投入和科学管理体系建设，建立人体数据库，推行精益生产（LP）和敏捷制造（AM），推广应用信息管理系统（MIP）、生产集散控制系统（DCS）、计算机辅助设计（CAD）、计算机辅助制造（CAM）、企业资源计划系统（ERP）、客户关系管理系统（CRM）、产品数据管理系统（PDM）等，大大提高了男装设计生产管理工作效率。近年来随着产业发展的需求和服装科技的进步，电子标签（RFID），又称无线射频识别技术在男装行业的生产、配送、零售等各个环节得到了广泛应用。该技术将服装诸如名称、等级、货号、型号、面料、里料、洗涤方式、执行标准、商品编号、检验员编号等写入对应的电子标签，并将该电子标签附加在服装上。利用 RFID 读写器及时掌握服装生产、物流、零售中的即时信息，便于适时管理与及时反馈。

“十二五”期间我国服装行业协会提出了创建中国服装强国，即从四个方面来体现，包括要实现服装科技强国、服装品牌强国、服装人才强国和服装可持续发展强国。要求全行业的科技贡献率要在40%以上，争取向发达国家科技贡献率80%的目标迈进。目前我国服装行业科技贡献率是美国的一半，约为40%，为此服装行业应在三个方面加大努力，即全行业高新技术在服装上应用的费用占行业销售收入的比重要达20%～30%；全行业的研发资金的投入不低于销售总收入的3.5%，行业规模以上企业研发资金的投入不低于总收入的5%～8%；具有自主知识产权的服装新品占服装总量的20%以上。大力推广服装企业自动化、数字化、信息化生产工艺技术，到2015年实现服装CAD普及率达到30%以上，CAM普及率达到15%以上，RFID普及率达到20%。资金的投入不低于总收入的5%～8%；具有自主知识产权的服装新品占服装总量的20%以上（图2-6）。

图2-6 RFID（射频识别）技术应用服装仓管盘点和零售盘点

第三节 男装设计师职业要求

通常来说对于任何职业都对相关从业人员都有一定的职业需求规定,有的行业甚至制定相关规章制度,如职业操守、职业行为指引等来规范所属职业、行业对于从业人员的职业要求。在服装行业对于服装设计师的职业要求也是同样的,要求设计师具有良好的职业素养、遵守职业道德、严格职业操守,爱岗敬业、诚实守信,具有良好的专业技能和敬业精神,树立为企业、行业服务的思想。包括服装设计师在内的从业人员职业素养,可以良好地凝聚企业相关从业人员向心力,形成企业、行业发展的合力,在良好的职业素养规范之下的从业人员团结、互助、爱岗、敬业、齐心协力,非常有利于企业的发展。同时亦非常有助于维护和提高本行业的信誉,一个行业、一个企业的信誉,也就是它们的形象、信用和声誉,是指企业及其产品与服务在社会公众中的信任程度,提高企业的信誉主要靠产品的质量和服务质量,而从业人员职业道德水平高是产品质量和服务质量的有效保证。若从业人员职业道德水平不高,很难生产出优质的产品和提供优质的服务。

一、男装设计师的职业素养

职业素养是指职业内在的规范和要求,是在职业过程中表现出来的综合品质,包含职业道德、职业技能、职业行为、职业作风和职业意识等方面。有时候还可以理解为从业人员的职业综合素养,更趋向于职业综合技能、专业和敬业精神等方面。在服装设计行业可以理解为服装设计师具有良好的专业技能知识,并具有良好的团队合作精神,爱岗敬业,具有明确的工作目标和职业规划,勇于承担责任,具有强烈的责任感和竞争意识。

随着我国服装行业的纵深发展,出于品牌经营和行业自身的发展需求,许多品牌和加工企业开始由“贴牌加工”逐步向“自主品牌”转变,这就需要企业树立自主创新的意识,走创新发展的道路。对服装设计师及相关人员的个人专业能力和职业素养提出了更高的要求,特别是很多中小型服装因长期从事外销订单的贴牌加工,在刚刚转变经营方式转型内需市场的自主品牌经营、研发中,还存有许多认识和经验等方面的不足。转型既是挑战也是机遇,这时候从企业用人的角度对于服装设计师来说,既需要设计师能具有良好的专业水平,能够胜任品牌产品的企划与设计,熟悉产品材料与工艺流程,并够独当一面,了解品牌经营所设计的营销通路建设,对品牌发展战略给予一定的合理参考意见。这样的设计师无疑是企业和品牌经营者都钟爱的,对于与设计师来说在通过与企业的共同良性发展中对于自身的职业素养的提高无疑会有很好的帮助。

(一)特殊的专业素质

作为一名服装设计师应具备的专业素质主要是指较全面的服装设计基础理论知识和实践技能技巧方面的素质,具有系统的服装专业知识结构,扎实的理论根底,精通专业知识相关的设计、裁剪、制作等方面的知识,了解服装设计学科相关的服装材料学、服装人体工学、服装卫生学、艺术设计等相关学科,并不断提高自身的知识结构体系更新。

艺术创作是创作主体与客观世界撞击的产物。如果艺术家只了解他所要表现的对象,其创作行为将是无法完成或者即便最终得以完成,其作品也会存有不同程度的缺憾,因为一件真正

意义上成功的作品，不仅需要艺术家有高超艺术技巧，还需要他具备一定的文化修养。我们知道，具有艺术素质的人未必都能成为艺术家，因为艺术家还必须具有艺术修养。它主要包括熟练的艺术技巧和广博的文化知识。艺术家文化素质的高低决定着作品的艺术质量，因而要求艺术家要有深厚的思想修养和艺术修养。服装可以折射出时代特征和社会文化、经济、科技、思想意识的发展水平，服装承载着时代的变迁。作为一名男装设计师在提高自身的专业素质的同时，还应该注重自身艺术修为的提升，所谓艺无止境，精益求精，不断加强自身的专业学习能力，常言道他山之石可以攻玉，设计师需要跨越地理、时空的界限，打破地域、民族、文化的界限，从文史资料、文学、绘画、雕塑、建筑、音乐、舞蹈、戏剧、电影、曲艺等艺术形式中汲取养分，寻求艺术灵感，不断涉猎多种领域的艺术知识，不断提升审美眼光和艺术认知能力，以形成独特的专业技术优势和思维方式。

（二）细腻的审美眼光

有一句话叫做"眼高手低"，最初的意思是指做人眼界要开阔，目标要远大，做事情则要低下手来，脚踏实地，踏踏实实地做工作。现在多解释为，要求的标准很高，甚至不切实际，但实际上自己也做不到。而现今在艺术设计领域则有人对眼高手低的理解存有不同点的看法，认为艺术创造者需要"眼高"，因为作为艺术创作者必须有着较高的审美眼光，阅历无数美好的、有高度、有创新的设计，才能在后期的实际创作中做到"手高"。艺术人首先要学会鉴赏艺术，不断的培养自己的艺术审美眼光，提高自己的审美标准，唯有如此，才能创造出精美的艺术作品。人们的审美眼光和其审美能力是密切关联的，是其认识与评价美、美的事物与各种审美特征的能力标准，也就是说，人们在对自然界和社会生活的各种事物和现象作出审美分析和评价时所必须具备的感受力、判断力、想象力和创造力。

作为男装设计师，培养和提高审美能力是非常重要的，审美能力强的人，能迅速地发现美、捕捉住蕴藏在审美对象深处的本质性东西，并从感性认识上升为理性认识，只有这样才能去创造美和设计美。设计师光有一时感觉的灵性而缺少系统的后天艺术素养的培植，是难以形成非凡的才情底蕴的。需要不断地加强艺术修养学习磨练和提高，提高艺术鉴赏标准和审美标准，持续探究，培养自己细腻而独特的审美眼光，才能在设计工作中恒久保持良好的、具有前瞻性的、时尚性的设计思维和状态。

（三）敏锐的创新思维

早在1995年全国科学技术大会上就有领导人指出："创新是一个民族进步的灵魂，是国家兴旺发达的不竭动力。如果自主创新能力上不去，一味靠技术引进，就永远难以摆脱技术落后的局面。一个没有创新能力的民族，难以屹立于世界先进民族之林。"并于1998年11月在俄罗斯新西伯利亚科学城的演讲中，又全面阐述了科技创新论，指出："要迎接科学技术突飞猛进和知识经济迅速兴起的挑战，最重要的是坚持创新。"

由此可见，创新在国民生产、生活中的作用。创新需要具有开创意义的思维活动，即创新思维，即开拓人类认识新领域，开创人类认识新成果的思维活动，它往往表现为发明新技术、形成新观念，提出新方案和决策，创建新理论，创新思维不仅表现为作出了完整的新发现和新发明的思维过程，而且还表现为在思考的方法和技巧上，在某些局部的结论和见解上具有新奇独到之处的思维活动。创新思维广泛存在于政治、军事决策中和生产、教育、艺术及科学研究活动中。创新思维的结果是实现了知识即信息的增值，它或者是以新的知识，如观点、理论、发现来增加知识的积累,从而增加了知识的数量即信息量;或者是在方法上的突破,对已有知识进行新的分解与组合,实现了知识即信息的新的功能,由此便实现了知识即信息的结构量的增加。创新思维不断扩大着人们的认识范围,不断地把未被认识的东西变为可以认识和已经认识的东西,科学上每一次的发现和创造,都增加着人类的知识总量。

敏锐的创新思维,对男装设计师来说,拥有敏锐的创新思维,有利于产品设计中每一个环节的观察、分析和解决问题能力的不断提高。依赖设计师平时所积累的专业知识,对产品设计中所涉及的全部环节不断地探索前人没有采用过的思维方法、思考角度去进行思维,在反复论证的前提下,独创性地寻求创新的分析问题、解决问题的方法。在新产品企划中,设计师合理运用创新思维,无疑会赋予品牌理念与产品设计全新的、独创的理念,为产品设计打开一扇全新的大门,而这种内在的创新思维能力是其他同类品牌所难以模仿的,必将会大大增添本品牌产品的亮点和卖点。

(四)时尚的生活态度

生活是个大舞台,艺术创作的很多最初灵感往往有很多是来自于生活中的方方面面,蕴含有众多的闪光之处,需要艺术家、设计师拥有特殊的专业素质、细腻的审美眼光、敏锐的创新思维,以及时尚的生活态度和感悟能力,去捕捉它们和利用它们。艺术来自生活,是设计师将生活通过艺术创作的提炼,经过艺术的升华后的再现,需要设计师首先要热爱生活,其次要热爱艺术。不仅要有扎实的基本功和稳重的功底,还要有丰富的文化底蕴,不平凡的社会经历,对事物独到的见解,丰富的想象力。我们知道,时装是否受到市场的欢迎,很大因素取决于是否有具有创新性、时尚性和流行性。我们难以想象一个观念陈旧、远离时尚生活的设计师能做出非常时髦、时尚的作品。

男装设计师需要拥有积极的生活态度,投身于生活,感悟生活的千滋百味,将整个身心都埋在生活的土壤中,不断感受来自生活的种种震撼所产生的深刻认识和真实感受,不断增加生活的积淀,才能成就厚重而非凡的作品。一个好的设计师还必须是一个杂家,他并不一定精通每一门学科,但是涉猎领域越宽越好。黑格尔认为:"艺术家创作依靠的是生活的富裕而不是抽象的普泛的观念的富裕,在艺术里不像在哲学里创造的材料不是思想而是现实的外在的景象。所以,艺术家必须置身于这种材料里,跟它建立亲切的关系,他应该看得多,听得多,而且记得多。他必须发生过很多行动,得到过很多经历,有丰富的生活。然后才能用具体的形象把生活中真正深刻的东西表现出来。"当然,时尚的生活态度不光指的是男装设计师成天游离于光鲜陆离的各种时尚场合,注重自身外表的装扮搭配,更重要的是,要让自已的内心变得有强烈的时尚感,要让自己的思想变得更具现代意识,对各种时尚生活方式、流行信息咨询表现出十分的敏感,并具有敏锐的分析和运用能力,去发现、去思考,这样才能力保设计作品能够紧跟时代步伐,引领时尚生活。

二、男装设计师的职业能力

职业能力是人们从事其职业的多种能力的综合。任何一个职业岗位都有相应的岗位职责要求,一定的职业能力则是胜任某种职业岗位的必要条件。例如作为一名服装设计师只具有绘画服装效果图、款式图的能力是不够的,是不能很好地胜任品牌服装的设计师一职的,还必须具有对品牌服装产品结构的组织和管理能力,对服装材料的理解和使用能力,对销售通路建设和

品牌发展规划的分析、判断能力等。

作为一名成熟且成功男装设计师需要具备的职业能力包括市场及信息的感悟能力和分析判断能力、产品设计创新能力及实际操作能力、服装材料的了解和运用能力、服装设计内外结构的空间造型想象力及表现力、设计过程和结果的把控能力及整合能力等。

(一）市场观察能力

善于运用发现的眼光在平淡无奇的生活中发现新的内涵，去寻求不平凡的艺术闪光点是艺术家的基本素质，并运用艺术家独特的思维角度和艺术视角作出对生活、自然和生命的独特思考，提炼出感性形象，这要求艺术家要有敏锐的观察力。

由于教育体制与理念的原因，多年来在我国的多个服装设计教育学校，过多地强调基础技能和技法训练，学生往往市场意识淡薄，缺乏明晰的思路、敏锐的观察力以及整体的思维能力，毕业后很难在很短时间里适应企业设计师的市场化工作需求。随着教学观念的改变和市场实际用人需求近年来已有很多服装设计学校逐渐在教学中强调了面向市场需求的教学理念，使得这个状况得到了很大的改变，注重培养拥有市场意识的服装设计人才，而又选择性地培养相对艺术化的服装设计人才。

市场经济环境下的男装设计师需要真正走向市场，并拥有被市场认同的全新设计理念，需要男装设计师对服装及其所属市场具有敏锐的观察力和分析判断能力，多数服装品牌都需要所招聘的男装设计师能够独当一面，主持一个品牌产品设计，不仅需要设计师拥有服装艺术与技术方面的高超创意与技艺，还需要设计师拥有理性的思维，去分析市场，了解男装产业的整体布局，了解本品牌目标市场的基本特征、竞争状况、消费人群的总体特征，了解市场中现有同类品牌的产品特征和同质化竞争的程度，发掘本品牌的产品设计、品牌经营、销售通路等方面差异性亮点，找准定位，有计划地操作、有目的地推广品牌。市场竞争需求男装设计师不仅仅能够着眼于横向品牌的比较分析，更需要男装设计师能够具有独特的市场洞察能力，能够对男装市场格局、消费趋势、市场竞争走势等做出较为正确的研判。如果缺乏对市场、商品、消费、竞争等趋势的观察能力，设计师的产品设计就可能在错误的时间节点、错误的销售区域、错误的竞争环境下被大量投放，所带来的损失是显而易见的。

(二）创新思维能力

独创性和想象力是服装设计师的翅膀，没有丰富想象力很难设计出具有独特风貌与结构的服装设计产品来，可能会在形式或者技艺方面将设计作品表达的很好，但是往往会在长期的设计工作中出现创新思维瓶颈，使得作品过于表面，流于平庸，缺乏内在的创新、创意。创新的思维能力是男装设计师在品牌企划、产品设计和市场开拓等男装设计相关活动过程中表现出良好的超前意识首要基本条件。思维的类型很多，设计师的创新思维能力主要包括抽象思维和形象思维两大类。在设计活动中，设计师以概念为起点进行抽象思维活动，进而再由抽象概念上升到具体概念，整个思维过程是逐步提炼的过程，为设计架构框定出逐渐清晰的轮廓形象来。同时需要设计师运用形象思维，结合对于服装设计专业知识的积累，进行审美判断，并用一定的图文的形式设计出具体服装款式。无论哪种思维方式，在设计行为中均需要设计师富有创新意识，赋予设计行为和结果与众不同的创新。

纵观中西方服装设计史上，那些备受瞩目的著名服装设计师们均以其独特的创造力和想象力在设计上尽显才华、出其巧思。特别是 20 世纪 30 年代颇具影响力的意大利女设计师埃尔莎·夏帕瑞莉(Elsa Schiaparelli)竟将鞋子设计成帽子扣在头顶,将口袋设计成抽屉状,其丰富的想象力及形象幽默、大胆别致的设计风格备受后人推崇。当然了,由于男装消费市场的导向需求,要求男装设计的创新思维能力有所不同,视品牌理论和产品面对的消费者不同,部分休闲男装品牌、创意男装品牌要求产品设计创意度高,产品形式、结构奇特,大多数男装品牌则需要产品设计的创意度能够在贴近市场的前提下有所收敛,总之一切以市场需求为导向进行创新思维。

(三)专业技术知识

随着行业和男装消费水平的提高,男装消费者的消费水平、审美眼光均有了较大的提高,不再是保暖、避寒、遮羞之类的基本生理需求,男装消费被赋予了更多的理解,男装消费者把目光转向了个性化、多元化、细分化和专业化的消费需求。个性而专业男装的消费不光是给人以物质上的享受,更重要的是带来一种标新立异的精神满足感。要求男装产品能够给自己带来品位的提升,身份的提升,对男装产品的要求越来越高,包括对品牌影响力、美誉度、原产地,产品的设计创新、工艺细节设计的亮点、材料的品质和科技含量、染色的色牢度和安全性等,裁剪结构是否符合人体工学并能够表达品牌设计风貌和理念等等。

这一切对男装设计师的专业技术要求来说无疑是更高了,要求设计师拥有良好的专业技术知识,要求设计师既要有专业设计基础,包括设计绘画功底、工艺缝制技能、服饰搭配组合能力、服装材料知识,还要有一定的市场销售知识,及时了解产品的市场销售状况与通路建设。还应该具有一定的沟通协调与表达能力,从产品企划到材料组织,再到设计、制作、销售过程中会涉及企划部、板房、样衣、销售部等相关部门的工作人员,良好的沟通能力、表达能力有助于设计师顺畅地进行上下环节间的沟通交流,利于项目的执行。男装设计师的专业技术知识中还有一点较为重要的是男装设计师应该非常了解不同年龄段男士体型结构差异,包括男装人体部位尺寸、结构比例、肌肉关节运动曲张特性等。20 世纪初包豪斯曾经提出"设计的目的是人而不是产品",对于服装设计来说,更应该了解人体结构知识,服装是人体的外部覆盖物,与人体有着密切的关系,作为男装设计师只有对人体比例结构有准确、全面的认识,才能更好地、立体地表达人体之美,这既是男装设计专业技术知识的基础知识也是关键知识(图 2-7)。

图 2-7 裁剪与制作不仅是工艺师的职责范围,作为专业设计师也同样需要具有精湛的裁剪缝制技艺

（四）空间表现能力

服装设计可以理解为对于人体的立体包装，不论是在技术上采用立体裁剪的方法，还是采用平面裁剪的方法，或者是两种方法的相互结合、相互转化，其最终结果形成的服装都需要穿着于立体的人体，即便是服装设计和裁剪风格表现出的最终服装款式廓型和结构呈现平面化的特征，但是只要是穿着于人体的服装都会具有立体空间的属性和特征。因此男装设计师需要具有很好的服装空间设计表现能力，包括服装造型设计和服装内外层之间组合搭配的空间想象能力。在男装设计中，设计师的空间造型表现能力可以用图文的形式和材料实物表现的形式来表达。

图文形式包括设计草图和相应的补充说明文字、服装效果图、服装款式图、局部示意图。服装效果图及设计说明是设计师表达服装设计构思及体现穿着效果的模拟图；着重体现服装的款式、色彩、材料、图案的着装效果及与人体的比例，主要用于设计思想的艺术表现和展示宣传。服装款式图及相应说明文字是为了结构制图、裁剪制作等后道工序能够明确设计师的设计意图，方便协作交流，设计师有时需随效果图另附款式图，以表达款式造型及各部位加工缝制要求等，一般为单线稿，要求比例造型表达准确，工艺要求标注齐全。局部示意图是设计设计师为了充分解释服装效果图、结构图所表达服装款式效果结构组成、加工时的缝合形态、缝迹类型以及成型后的着装状态、穿着方法等所绘制的一种解释说明图。以便于设计、裁剪、制作、顾客之间的沟通和衔接。主要分为展示图和分解图两类，展示图表示服装部位的展开示意图，用来解释造型效果的内部形态、缝制方法等；分解图用来分解设计内外部的结构关系、搭配组合方式、扣系方法、穿戴方法等。

材料实物的表现形式是指设计师运用服装面、辅料实物或者材料性能相仿的廉价替代面、辅料进行人体或者人台的直接造型方法。较之图文形式能够更加直观地表达出设计师的设计理念和三维空间造型效果，并能够根据实际空间效果进行实时、直观地调整需要改动的结构部分。在实际操作中需要把握材料的经济性避免造成较大的浪费。在工业化生产中，在从立体模拟效果还原到平面纸样状态的过程中，需要将尺寸和造型的误差控制到最小化。

（五）实际操作能力

在校学习服装设计时经常会遇到这样的问题，为数不少的同学由于自己还不会打版，参加大赛的服装只能请师傅打版，由于自己绘画的是一种效果图示，要从效果图转变为平面或者立体结构裁剪还需要做很多工作，作者在和师傅的沟通理解过程中很容易产生信息偏差和走样的结果，最终做出来的服装效果完全走了型，没有达到效果图和作者预想的效果。由此可见，作为服装设计师实际操作能力的最基础部分——裁剪、制作决定了服装的造型和整体效果。20 世纪里有许多大师的经典作品都是直接从服装的裁剪和结构入手，并把这些作为十分重要的设计语言，如被誉为“20 世纪时装界的巨匠”、“时装界的毕加索”的 Cristobal Balenciaga（库利斯托巴尔·巴伦夏加 1895 ~ 1972）、Madeleine Vionnet（玛德琳·维奥内特，1876 ~ 1975）、Jeanne Lanvin（珍妮·朗万，1867 ~ 1946）等。仔细研究大师们的作品我们可以看到，服装的结构设计深富内涵、表现力独特，其深沉、含蓄而不张扬的风格非常值得细细品味。另外，如果不精通裁剪和结构设计，我们对此类经典作品的欣赏也只会停留于肤浅的表面，更谈不上如何去设计出富有创新创意的惊世之作了，自己的设计作品也只能是一个空架子、经不起推敲和考验。同时，缝制也是服装设计的关键过程和语言表达手段，不懂的各种缝制技巧和方法，也会影响设计师对结构设计和裁剪的学习。缝制的方式和效果本身也是设计的一部分，不同的缝制方式能产生不同的外观效果，甚至是特别的肌理效果，并成为设计师重要的设计语言为产品增添亮点。

在实际工作岗位中男装设计师在从事产品设计过程中除了需要拥有上文阐述的创新思维能力和各种专业技能知识以外，还需要设计师具备良好的实际操作能力，不可只会纸上谈兵，而毫无动手能力，这一点无论是对产品设计还是设计师自身的发展来说都是无益的。男装设计师所应具备的实际动手操作能力包括设计项目的具体企划工作、款式设计的具体操作、相关设计软件的操作应用能力、服装专业CAD、CAM软件、产品相关缝纫制作设备的操作能力，如针织男装设计师需要会操作针织横机、圆机，西服设计师需要会制作西服等等，这些最基本的岗位职业需求是必备的，虽然在不同性质的服装公司设计师所承担的工作性质不尽相同，有的设计师侧重整体企划，有的设计师负责文案，有的设计师负责具体款式设计，有的设计师则负责后期的整合搭配，虽然表面上看大家各负其责，但是这些只是岗位分工不同而已，作为品牌产品设计师需要具有全面的综合能力才能胜任岗位需求，当岗位需要调整的时候能够迅速顺利接手工作任务，不会造成衔接上的偏差，造成设计结果出现偏差。因此，侧重整体企划的设计师也是以实际动手操作能力作为其从事企划工作的基础知识储备，侧重实际动手操作绘制款式设计和整合搭配的设计师也需要具备产品企划的解读和制作能力，这样才能发挥团队作业的最大合力（图2-8）。

图2-8　躬身亲为亦是优秀男装设计师所必须具备的专业素养

（六）结果把控能力

服装产品从企划到设计、裁剪、制作再到上市销售需要历经数月的工作过程，即便是现今很多服装公司的在快速时尚的理念驱动下，大大提高产品企划到实物上市的速度，尽力快速反应市场需求，但是在供应链难以快速协同一致的前提下，整个新品企划到上市过程也是很难做到像ZARA模式所说的数周内完成。因此在这个较为长久的产品设计过程中，起初企划中计划的产品设计细节风格、面辅料供应、产品结构配比、产品上货波段等都会因为市场的短期转变、供货商不能适时跟进、气象气候的突变、市场价格波动、公司财务状况、竞争品牌产品结构调整等

因素迫使产品结构做适量调整，这时候就非常需要设计师具有很好的产品设计结构把控能力，这种产品结果把控能力包括产品设计过程中的阶段结果控制和最终结果控制，相对而言对于阶段结果的把控更为重要，只有将过程中的不良定义及产品早发现早杜绝，防患于未然，才能降低不良产品设计带来的连动损失，而不能只在产品设计最终才去回望过程检验结果，那样损失已经造成。

如前文所述设计师会因所处设计公司性质及设计部门的规模大小不同，存有分工负责的任务不同的状况发生，特别是对于产品涉及门类较全的男装品牌公司来说，会依据产品类型将设计人员进行分组，成立针织组、西服组、夹克组、衬衫组、饰品组等，对于设计主管来说需要有明确的产品架构思路、合理的设计流程节点安排、良好地设计思维和方法等，更需要具有全局性的、系统性的把控能力，并能够对男装设计流程进行较好地控制和管理，才能将设计结果把控在合理的预想方向和合理的误差范围内。

（七）整合设计能力

男装设计师的整合能力主要包括设计资源的整合能力、设计人才的整合能力、设计产品的整合能力。

设计资源的整合包括物质资源和信息资源，物质资源包括设计师必要的工作空间、家具与设备等，所谓工欲善其事必先利其器，在自己和条件允许的情况下，一个宜人的工作环境无疑会工作效率带来更大促进，设计师的物质资源整合能力表现在能够通过设计尽量改善工作环境，创造良好的工作空间，这一点还包括设计师参与工作空间的分割、利用、装饰设计上。信息资源整合能力包括设计师收集市场信息、社会信息、时尚信息、客户信息、技术信息等信息资源，并有对这些信息资源进行有效整合运用的能力。信息资源是设计师进行产品企划与具体设计不可或缺的重要生产力，要成为一名优秀的男装设计师不仅要掌握信息资源的收集途径和整理方法，还应该具有利用这些有效信息进行市场走向预测的能力，用于指导新一季产品设计当中。

设计人才的整合能力是指在如上文提及拥有多门类男装产品的品牌公司，需要设计主管能具有很好的设计人才整合能力来协调各组设计师的设计能力，充分发掘各设计师最擅长的男装设计门类，并合理安排工作任务，做到人尽其才，才尽其用。

男装设计师所应具备的整合能力最重要的是在于对产品设计整合能力，包括对品牌产品的全系产品的整合实际操作能力和拓展力度，能够适时发现全盘货品设计中存在的缺陷，并能够在经过系统分析问题后，采取适合的方法解决问题。这种整合能力需要体现在对目标市场定位、品牌定位之初，到后期的产品企划和设计制作、行销推广的全流程中，才能确保品牌拓展和产品研发立于不败之地。

（八）团队沟通能力

俗话说，“一个和尚挑水喝，两个和尚抬水喝，三个和尚没水喝。一只蚂蚁来搬米，搬来搬去搬不起，两只蚂蚁来搬米，身体晃来又晃去，三只蚂蚁来搬米，轻轻抬着进洞里。”上面这两种说法有截然不同的结果。“三个和尚”是一个团体，可是他们没水喝是因为互相推诿、不讲协作；“三只蚂蚁来搬米”之所以能“轻轻抬着进洞里”，正是团结协作的结果。

当今社会，随着知识经济时代的到来，各种知识、技术不断推陈出新，竞争日趋紧张激烈，社会需求越来越多样化，使人们在工作学习中所面临的情况和环境极其复杂。在很多情况下，单靠个人能力已很难完全处理各种错综复杂的问题并采取切实高效的行动。所有这些都需要人们组成团体，并要求组织成员之间进一步相互依赖、相互关联、共同合作，建立合作团队来解决错综复杂的问题，并进行必要的行动协调，开发团队应变能力和持续的创新能力，依靠团队合作的力量创造奇迹。团队不仅强调个人的工作成果，更强调团队的整体业绩。团队所依赖的不仅是集体讨论和决策以及信息共享和标准强化，它强调通过成员的共同贡献，能够得到实实在在的集体成果，这个集体成果超过成员个人业绩的总和，即团队大于各部分之和。

小溪只能泛起破碎的浪花，海纳百川才能激发惊涛骇浪，个人与团队关系就如小溪与大海。每个人都要将自己融入集体，才能充分发挥个人的作用。作为一个男装设计师，要想顺利的、出色的完成服装产品设计开发任务，使自己设计的服装产生良好的经济效益和社会效益，离不开方方面面相关人员的紧密配合和合作。例如，设计方案的制定和完善需要与公司决策或企划部门进行商榷；男装市场消费需求信息的获得需要与消费者以及客户进行交流；销售信息的及时获得离不开营销人员的帮助；各种服装材料的来源提供离不开采购部门的合作；生产制作工艺的改良离不开技术人员的配合；产品的缝制离不开工人的辛勤劳动；产品的质量离不开质检部门的把关；产品的包装和宣传离不开平面设计师的协作；市场的促销离不开公关人员的付出。因此，作为设计师必须树立起团队合作意识，要学会与人沟通、交流和合作。在完成产品设计项目从开始到结束的整个过程中，需要沟通多方面人员，对相关的影响因素作大量分析，充分做到理性与感性的交流。设计师在平时的工作过程中应注意多加锻炼和培养，并努力使之成为一种工作习惯，这对完成产品设计工作会十分有益(图2-9)。

图2-9 团队协作与沟通

三、男装企业与设计师

我们知道男装企业因业务属性和规模不同而存在着很多不同的发展形式，不同类型男装企业与设计师的相互依存关系也因男装企业的不同性质而有着细微的差别。以下将从企业属性

与设计师、品牌属性与设计师、产品属性与设计师三个方面分析不同性质的男装企业对产品设计和设计师岗位需求的不同。

(一) 企业属性与设计师

男装企业根据产权主体的构成、所有制形制、产品类型及生产规模可划分为多种不同类型，同类型的服装企业，其经营管理模式及特点也不尽相同。按照企业所有制分类男装企业可以分为公有制企业、私营企业、三资企业、集团企业等；按照企业形态分类可以分为公司制服装企业、设计工作室、服装营销公司等；按照生产原料分类可以分为梭织服装企业、针织服装企业、毛皮服装企业等；按照经营方式分类可以分为自产自销型、品牌代理型、销售贸易型、生产加工型、特许经营型等；按照企业规模分类可以分为大型服装企业、中型服装企业、小型服装企业。因企业属性不同，设计师所处环境地位也不同，对于设计师的岗位需求也不同。

如大型服装企业通常集产、供、销、贸于一体，具有雄厚的资本实力、强大的市场开发能力与品牌经营能力，对于设计师的专业素质要求自然非常严格，需要设计师具有较长的知名服装公司就职经历，并实际参与过具体项目的研发操作，拥有良好的品牌运作经历和经验，能够独当一面，可以胜任某个品牌的全部运作流程等。具体工作职责包括负责部门内部管理；组建产品设计团队；并拟定人才梯队培养计划；分配新品设计、开发任务，协调人员关系；制定产品设计策略和计划。根据企业和品牌的整体发展战略，确定年度产品发展目标、策略和市场计划；组织市场调研，分析服装设计潮流和流行趋势；与市场部门、销售部门和客户进行需求沟通，准确掌握客户需求。还包括外部联系相关事宜，如参与组织年度订货会，设计展会风格；负责与供应商、加工商进行谈判，签订面辅料订货合同和委托加工合同；协调部门的内外关系查相关招聘岗位要求等等。

而中小型服装企业的经营模式往往是生产加工型，其优势通常表现在具有较高生产加工技术专长，用于生产的成本投入一般比较精打细算，这包括设计人才的薪金投入和产出的精打细算，企业所有者通常都会希望能够在很小投入的范围内，设计师可以为企业带来较大的经济利益，甚至是品牌社会效益。而对设计师的岗位要求则是会更加具体，也会更加宏观，事无巨细，都需要设计师全程参与，这一点对于设计师来说既是机遇，亦是挑战。要想做好，既需要设计师拥有扎实的专业功底和市场运作能力，也需要设计师全心投入和非常敬业。

(二) 品牌属性与设计师

男装品牌按照不同的划分标准可以划分为多种类型的品牌形式和相应的属性，如按照产品风格分类，可以分为休闲风格品牌、运动风格品牌、前卫风格品牌、乡村风格品牌、民族风格品牌、时尚风格品牌、经典风格品牌、中性风格品牌、商务风格品牌等；以消费者年龄分类，可分为青少年男装品牌、青年男装品牌、中年男装品牌、老年男装品牌；以产品价格档次分类，主要分为高端男装品牌、中档男装品牌、低端男装品牌三种类型，如果再加以细分高端品牌中还可以独立出奢侈品牌，当然了定义一个男装品牌是否具有奢侈品牌的特征不仅仅是从价格角度来衡量，还应该包括消费者的高端生活方式、品牌产品的稀有程度、所用材料的稀缺性、服务档次等角度来衡量；以销售方式分类，可以分为线上、线下，以及线上线下两者结合的形式，具体包括各种线上网络直销，线下专柜、店中店、SPA 自有品牌专业零售店，以及各种区域加盟、代理、批发等形式。

不同的品牌属性特征下对男装设计师的岗位职责要求不同，作为男装设计师首先必须明确所服务的男装品牌属性，了解品牌的品牌理念、目标人群、价位水平、区域市场、销售方式、服务水平等，才可以在设计工作中根据相关品牌的属性进行有目的的、有针对性地职业行为。其次，男装品牌公司也须根据自身品牌的特征，选择适合的设计师为企业服务。我们知道设计师因过往的工作经历经验积累，以及个人的兴趣爱好、研究特长并不是每个设计师都是相同的，也就是说并不是每个设计师都能够熟悉所有风格类型、所有品牌属性的男装品牌，虽然很多时候不同品牌属性的男装品牌及相应产品在产品开发流程、周期、运作方式等方面存在着一定的相似之处，但是不同品牌属性的男装产品在具体操作时还是会存在着许多不同之处的。例如爱登堡男装所招聘的设计师类型和卡宾所招聘的设计师类型肯定是不同的，因为两者的品牌属性、产品风格、消费对象、消费者的生活方式等方面存在着很大的差异。因此作为男装品牌公司在挑选设计师的时候通常都会根据自身的品牌特点选择相适应的设计师，这样才能利于在工作中做到唯才是用、人尽其才。

（三）产品属性与设计师

与上文提及的企业属性、品牌属性一样，男装产品按照不同分类方法进行分类也会存在着多种不同的产品形式和相应的属性，如按照销售方式和渠道分类，可以分为内销产品、外销产品；按照产品类别或功能分类，可分为礼服、日常服、职业服、运动服、舞台服等，还可以按照加工原料分为针织、梭织、皮装、羽绒等，还可以分为丝绸服装、呢料服装等，按照着装部分或者形态分类可以内衣、外套、牛仔服、裤装等。不同产品类型在设计研发中的产品属性要求各不相同，需要设计师具有相关工作经验才可驾轻就熟。

例如内销男装品牌公司与外销男装品牌公司因产品销售对象的生活方式、价值观念、消费水准、体格特征，对于服装材料、服装色彩方面的喜好特征不同，以及产品研发流程、工作方式等方面的不同，对设计师的岗位要求也不同。内销产品的设计师岗位要求一般包括了解国内某类型及某区域男装市场的消费需求，有一定的市场判断及行业趋势分析能力，能够确立新产品设计理念，提出产品创意，参与产品策划负责公司各品牌的定位、形象、风格的制定，组织各季产品的研发，并参与组织生产；参与市场调研和制定产品开发计划；如果是设计总监需要精通所服务品牌全部产品类别的服装设计，设计师则需要精通某一类服装单品的设计工作；了解服装原辅料属性和制作专业知识；具有优秀的时尚潮流捕捉能力；具有良好的沟通、判断、社交能力；具有一定的分析能力、计划能力、应变能力等。

而外销男装品牌通常包含有两层含义，一是指将本国或本地区生产的男装产品销往国外市场，企业拥有自主知识产权，设计师具有自主研发权利；二是指企业为境外品牌贴牌代加工（OEM），产品不以企业或公司的名义进行销售，企业或者品牌不具备完全的研发权利，设计师通常需要在所代工品牌的产品规划框架指导下，对产品款类、款式、面辅料、颜色进行具体设计，根据具体设计方案完成图稿制作，指导、参与服装样品的制作；收集各种有价值的信息和资料，除了需要具备良好的专业基础素质外，还需要具备良好的外语听、写、看、说能力。

从产品类别对设计师的要求角度来说，不同产品属性对设计师的岗位要求也是不一样的，如毛衫设计师需要了解毛衫市场的竞争状况、消费水平、流行趋势、最新材料和工艺等，皮装设计师要求设计师熟悉皮革服装市场、皮革材料特征、制作方法、常用和最新工艺手法、流行资讯、消费方式及最新加工方式等。

第四节 男装终端消费市场

任何一个商品都必须通过终端市场进行销售,如果生产企业终端市场工作做不好,那么销售通道就会脱节,甚至中断,其产品就无法实现良好的销售。对于男装品牌来说终端市场是产品销售渠道的末端,是产品与消费者亲密接触的端口,品牌通过终端输出产品,消费者通过终端接触产品、了解品牌,终端市场连接着消费者与品牌及各级代理商、批发商、经销商。良好的终端消费市场可以在提升产品品牌形象和品牌附加值的同时,形成良好的购买氛围,提高顾客的购买欲望。可以说,在品牌经营中,除了品牌建设和产品研发,谁撑控终端谁就是赢家。

一、男装终端消费市场的基本构架

在经历了产品竞争、形象竞争之后,近年来,越来越多的男装品牌开始意识到赢在终端的重要意义,终端消费市场竞争正在成为男装品牌竞争的另一个重要构成因素,终端消费市场无论是对于大品牌男装还是小品牌男装来说都非常重要,终端消费市场发展状况直接影响到品牌的盈利水平和美誉度,关系到品牌的经济效益和社会效益。

男装终端消费市场因顾客需求层次的差异,男装终端市场也存在着多种不同形式,其基本构成体系包括百货大楼专柜、街区繁华路段专卖店、大型连锁超级市场服装分区、小商品市场批发分区、专业服装批发市场、服饰城专柜(摊)、品牌折扣店等。近年来,随着消费者生活方式的转变,男装终端消费市场结构也产生了相应的变化,一些新的终端市场形势陆续出现,诸如男装生活馆、一站式自助选购旗舰店,以及网上商城、邮购、代购等新型终端和消费方式。这些不同形式的男装终端消费市场的形成与市场所处社会环境、经济环境、地理位置,以及消费者的消费层次、消费理念、经济收入、穿衣文化、社会流行等因素有着密切的关系。例如美国消费市场、亚洲消费市场、欧洲消费市场、非洲消费市场等因地域文化、消费理念、气候特征、政治导向、民族习惯、宗教信仰、文化传统以及社会发展水平等客观条件的影响,以及消费者着装理念、消费层次、经济收入、年龄层次、教育程度、审美趣味、消费目的等主观因素差异,导致以上不同地区终端市场需求存在着明显的差异,在产品消费结构,男装产品面料、色彩、厚薄、穿戴方式等方面存在着明显的消费偏好和地域特色。

即使在同一个地区,因消费者构成群体存在着多种层次差异,有着不用的生活平台和生活空间,各类消费人群的生活方式也存在着多样化的特征,消费者社会地位、文化水平、经济收入、消费习惯、审美观念、个性特征、职业特征、购买习惯等不同,对待穿衣行为的认识理念也不尽相同,形成不同消费层次,各消费层次中具有相同消费理念、消费审美、消费价值观的消费者形成相同的集群。相同集群的消费者在购买男装产品时,在产品材质、价位、功能、穿戴方式、色彩等方面存在大致相同的或者近似的消费取向,在市场消费行为中便构成了一类消费市场,不同消费取向的消费者集群构成了多种不同类型的消费市场。

二、不同男装消费市场的基本特征

在男装消费领域,因消费者不同消费层次、消费目的、消费心理、消费动机、消费能力、消费环境、消费条件等方面的制约,形成了不同的男装消费市场,如上文所列各级男装消费终端基本类型。各消费市场在消费环境、服务水平、产品质量、价格档次、货品结构等方面均存在着差异，这种消费市场的不同差异除了体现在这些显性方面以外，还包括不同消费终端在消费者消费过程中带来的不同心理体验，包括优越感、满足感、成就感、自卑感等。需要指出的是，不同层次消费者的购物体验及产生的心理反映存在着差异，这种心理反映的差异一般来说没有对错之分，虽然一定程度上会因消费者的经济收入差异而产生影响，很多情况下，只是个人消费理念或者消费需求、消费个性的差异决定的。例如，有的消费者觉得在高端商场消费便拥有优越感、满足感，而在批发市场淘货会有些许自卑感，而有的消费者则觉得在批发市场或者某个犄角旮旯的外贸小店淘到一件适合自己的男装款式觉得异常的兴奋，充满自豪感，这种自我满足的心理往往能够持续很久，却有着对进入高档消费场所的国际大牌男装店存在着一定的排斥心理，有着举步维艰的经历。

各级男装消费市场构成了男装消费终端的基本架构，在男装消费中有着不同的表现特征，所服务的消费对象也不同。根据消费终端存在状态，可以划分为有形店铺和无形店铺两种形式，就目前男装消费状况来说，一般来说，有形店铺中的大型商场专柜、专卖店的消费对象多为高端和中高端消费人群为主，而品牌折扣店、批发市场、超级市场服装专区的消费对象多以中档和低价位消费人群为主。无形店铺中的网上商场、邮购、电视购物多以中档和低价位消费人群为主，而代购消费模式则多是高端和中端消费者所采取的一种男装消费新型方式（表2-2）。

表2-2　不同男装消费市场的基本特征

男装消费市场类型	男装消费市场特征描述
经济发达地区大型城市的高档商业街区、黄金地段的商场专柜和品牌专卖店	是所在城市的主要男装消费窗口之一，代表了这个城市的消费潮流，商场硬件设施优良、地理位置优越、交通便捷，管理规范良好、系统、规范，具有规模效应、集聚效应，男装品牌繁多，风格分类齐全，包括国内外顶级男装品牌一应俱全，店铺设施一流，服务水平优良，服装价位高昂，在消费者眼里属于高端男装消费场所，在此消费往往有着代表身份的象征。
繁华路段的直销店、加盟店	位于城市最繁华的商业地段，多数知名男装品牌均会选择在此类市场设立品牌销售终端，是品牌销售的重要通路，店铺注重品牌形象推广，店铺硬件设施、产品质量、服务水平均有着较高要求，服装产品价格较高，一般来说有着统一的定价。是多数中档、中高档男装消费经常惠顾的男装消费场所。
男装服饰城、专业批发市场	自由贸易式市场，多为地摊式、小型门面式，所售男装多为2线、3线男装品牌和无品牌服装，也有1线男装品牌的库存产品、高仿品在此销售。服装产品档次一般、价位低廉，通常可以现场议价，价格弹性和水分较大，常常能够吸引较多中低收入者来此购买。
品牌折扣店	折扣是指品牌买方按照原价给予买方一定百分比的减让。品牌折扣店分为以销售自有品牌的自有品牌折扣店和以销售不同品牌的多种品牌集群折扣店。一般销售品种、销售面积、店铺装修、销售服务有限，多为过季产品、断码产品、色款不全产品，因物有所值成为中高档、中档消费者的“淘宝”之处。
超级市场服装专区	顾客自选式的综合类大型零售商场，销售产品涵盖生活、生产的多种类型产品，服装专区作为日用品销售的一部分主要销售大众类型的服装产品，多销售2线、3线产品，一些有着较好口碑的地方性品牌库存产品也常在此销售，因购物便捷、价格适中成为中低端消费者购买服装的主要场所之一。

（续　表）

男装消费市场类型	男装消费市场特征描述
网上商城、邮购、电视购物	是信息时代、新生代消费群体热衷的几种主要服装购买消费形式，对消费者来说，购买服装受时间、地点的限制较少，能够在短时间内获得大量商品信息便于类比，从订货到收货足不出户，既省时又省力。对于商家来说，减少了实体店铺的租金、管理等费用，经营场地和规模较少受到限制，库存压力较小。是包括国际名牌在内的众多服装品牌销售终端的一个重要组成部分。
境外或原产地代购	通过他人或者中介机构从境外或者品牌原产地代购，通常来说通过代购形式获得的产品具有价廉物美、款式新颖等特点，境外产品往往会因关税原因低于境内价格，原产地产品通常具有款式设计最新、品牌血统最正等噱头吸引消费者趋之若鹜。

作为男装品牌在选择消费市场时，除了要考虑自身品牌和目标市场同类品牌的档次、消费者定位、消费者购买能力等因素外，还需要细致分析研判所选定的目标市场和销售渠道与本品牌的形象定位和发展方向是否能够和谐一致，能否对良好品牌形象、品牌格调的累积有所增益。服装品牌形象与服装渠道形象的不一致，是品牌服装的渠道建设和形象建设的谬误。当然，具有较高的品牌形象的服装，进入较低档次的销售渠道，同时辅以较实惠的价格，无疑会吸引较多讲求实惠的消费者购买，从而达到走量提升销售额的目的。但是，这样长期混迹于鱼龙混杂的杂牌或无牌服装销售市场，会极大地损伤品牌辛辛苦苦在心目中塑造起来的品牌良好高端形象，从而不利于服装品牌的更高发展。

三、男装消费市场与男性消费群

（一）生活平台分析

平台一词含有多种解释，主要包含有四层含义：①生产和施工过程中，为操作方便而设置的工作台；②泛指进行某项工作所需要的环境或条件；③指计算机硬件或软件的操作环境；④建筑类：供使用者生活或工作的开放式的水平建筑空间或建筑体，及供居住者进行室外活动的顶层屋面或住宅底层地面伸出室外的部分。而在物质文明和精神文明高度发达的今天，平台一词有了它更为广泛的内涵。它是一个舞台，是人们进行交流、交易、学习且具有很强互动性质的舞台。如信息平台、建筑平台等等。而生活平台（accommodation platform）的最基本解释为：为人员提供起居及生活设施的平台。

本文这里引入的男装消费者生活平台分析可以理解为对男装消费者所处的生活环境、生活层面的分析界定。男装消费者由于各自的生活背景、家庭背景、职业背景、个人修养、个人情趣、教育程度、社交范围等因素的不用形成了各自不同的生活平台。拥有相似经历、背景、习性、审美水平、消费习惯的同一类人群容易形成相似的行动半径与区域，并形成与生活平台相适应的消费需求。因各生活平台消费者的经济收入、消费价值、生活方式等方面存在的差异性，形成了不同的消费需求，作为男装设计师需要在把握本品牌产品风格属性、了解市场消费结构与动向的基础上，经过大量详实的调研，分析目标消费群体所属的生活平台层面或位置，量化相关数据，包括各种消费指数、平台半径、平台层面，以及相邻近平台的同化、渗透趋势和能力，分析目标消费群体所处平台的生活状态、精神面貌、职业特征和相对应的服装消费需求，从而把握消费市场的需求特征与规律，为产品研发提供有价值的资讯。

以下是以生活质量、社会地位、经济收入、教育程度、职业背景、个人修为、个人情趣、社交范围等指标作为依据进行的生活平台分类表格，各平台类型的命名也只是为了说明平台类型之间的差别，并不表示所处平台的消费者在身份、人格、精神、修养等方面存在高低之分。要指出的是各生活平台分层的消费群体并不是恒久不变的，随着个人生活环境、生活指标、价值观念、经济收入等指标的转变，有可能会进入上升或下降趋势中，此类表格只能作为一种大略的参考指标，设计师在实际运用中重要之处是通过此类表格发现相关规律，用于产品研发的信息预判之中（表2-3）。

表2-3 男装消费者生活平台分层表

平台名称	平台类型	平台备注
A层平台	高等平台	拥有较好的教育背景和经济收入，生活指标高，对穿衣等消费需求有着较高的档次需求，平时较多生活场合需要穿戴高端品牌服装产品。
B层平台	中高等平台	属于中高等收入者，相关指标仅次于A层生活平台的消费者，对待着装的要求较为讲究，一般多选用名牌男装产品。
C层平台	中等平台	属于中等收入者，职业收入不高，生活平台生活场景单一，一般较少出入高档生活场景，对于着装的要求不高，以一般价位服装消费为主。
D层平台	低等平台	此类消费者一般收入较少，甚至不稳定，对于着装的档次需求一般，常以低价位服装为主要消费选择。

（二）生活空间分析

狭义的生活空间是指一种以家庭为对象的居住活动为中心的建筑环境，与人们的生活联系密切，是人们基本生活要素之一。随着时代的发展，人们生活方式呈现多样性、多元性、多变性，生活空间范围亦不再单一指代以家庭为对象的居住活动为中心的建筑环境，可以广义地理解为组成人们生产、生活场景的不同空间块面，涵盖了人们学习、工作、生活、休闲、社交等多方面、多时间段、多环境的时空范畴。人们的生活空间概念与范畴，往往会随着时代的发展而不断转变，在呈现动态的变化过程中，并存有一定的规律。整体变化趋势上为：随着社会经济与时代的不断发展，人们的生活空间由单一、低级演变到现在的多样、高级。

随着经济与时代的发展男性消费者生活空间已大大扩展，对于上班族男性白领来说生活空间不再是单一的上班、下班的工作场所与家庭环境，对于在校读书的学生来说其生活空间也不再是单一的上课、下课，教室与寝室的两点一线，随着社会生活的需要，男性会越来越多地走出原有的生活空间，白领族逐渐脱离上班与下班的两点一线单一生活，学生族逐渐脱离上课与下课的两点一线单一生活，男性更多地融入社会，生活空间大大扩展。在进行男装产品开发时设计师需要针对消费人群进行消费者的生活空间分析，分析消费者主流生活以及主流生活以外的生活空间与生活方式，并总结规律力求发现消费者新的生活方式趋向，为产品设计提供参考，因为生活空间及生活方式是服装消费的依附空间和形式，例如当某个男性白领消费者走出原有生活空间，参与其他生活空间是必会造成对服装消费类型和数量的增加，以适应所处生活空间的着装风格、礼仪及舒适性等方面的需求。这些新的生活方式和生活空间对着装的需求包括社交生活空间对着装的需求，娱乐生活空间对着装的需求，假日生活空间对着装的需求，休闲生活空间对着装的需求、旅行生活空间对着装的需求，健身生活空间对着装的需求，等等。分析消费者

不同生活空间构成，利于在男装产品开发中对消费者需求的产品结构做出及时而准确的调整，例如在产品结构中关于外穿休闲衬衣的配比结构中，可以根据消费者的生活平台与生活空间对外穿休闲衬衣的需求数量、款式风格、面料性能、结构设计、色彩取向等做出正确的分析，从而在新品开发结构中给出科学的结构配比。

（三）衣生活样式分析

社会生活是以一定的社会关系为纽带，由社会的经济、政治、文化、心理、环境诸因素综合作用，形成一系列极为复杂的、多层次的社会现象。内容主要表现为个人、家庭及其他社会群体在物质和精神方面的消费性活动，包括吃、穿、住、用、行、文娱、体育、社交、学习、恋爱、婚姻、风俗习惯、典礼仪式等广泛领域。其中涵盖了多种不同状态的生活空间，不同生活空间的不同生活样式派生出不同的消费诉求，对于着装来说，不同生活场景的着装需求也截然不同。对于不同衣生活样式的分析，了解不同层面的消费需求，是做好设计开发的前提。

服装本身是具有表情的，与着装者的容貌、神情、言谈、举止、姿态等构成的一种综合美，具有语言表达能力，在有形和无形的语言中表达出着装者的文化修养、审美情趣和精神境界。在时尚与文化的交互行进中，衣装逐渐演化成与个人生活态度密切相关的一种生活方式，选择什么样的着装，不仅关乎个人品位、个人气质、个人审美，而且是特定群体身份认同的外在标识。生活中人们用着装巧妙低调地表达自己独特的心态和身份，表达自身对周围环境的感受，用衣装含蓄地表现自己对他人和所处场合的态度，已经成为现代人的一种礼仪习惯。

衣如其人，对于一位注重自身形象的品位男士来说，衣装就是他的一张鲜活“名片”。男士用各种风格、形态、结构及搭配组合方式的男装形象地表现自身对于生活的理解。用精致、经典的时尚语言表现男性的冷峻、睿智、高雅、随和、坦荡、恢弘的内在气质，创造着一种举止适体、充满自信、有涵养而又不失浪漫的经典男性气质。无论是商务谈判中的成熟稳重，休闲时光中的情趣盎然，还是正式场合的端庄儒雅，都能通过恰到好处的服饰组合契合不同的场所和氛围，个性鲜明地凸现成熟男性气质。生活中男性通过无数个衣生活细节体现出自身的服饰文化素养，借助服装表达出的自然率真、纯粹真诚的自我。

四、消费市场分析与男装产品开发设计

市场分析是对市场规模、位置、性质、特点、市场容量及吸引范围等调查资料所进行的经济分析。是指通过市场调查和供求预测，根据项目产品的市场环境、竞争力和竞争者，分析、判断项目投产后所生产的产品在限定时间内是否有市场，以及采取怎样的营销战略来实现销售目标。

按照惯例，在男装产品开发设计前需要做一系列的前期准备工作，包括人员准备、产品结构制定、信息收集分析、面辅料等材料收集等。其中信息收集分析包括对流行信息的收集整理、对消费市场的信息收集整理、对竞争品牌的信息收集整理等。男装消费市场分析包括对消费市场宏观社会环境、经济环境的分析，和消费者结构、比例的分析，目标消费者购买行为和购买决策分析，目标消费者购买模式和影响因素，男装营销方式的发展状况分析，目标消费者购买频率和购买习惯分析，目标消费者的职业特征和穿衣风格喜好分析，竞争品牌的发展状况和动向比较等。

消费市场分析环节中较为重要的一点是对目标消费者消费信心指数的研究，根据过往和当前社会政治、经济环境状况、经济数据研究当前和未来消费者消费信心指数进行调查研究。拆分词条消费者信心（Consumer Confidence），也称为消费者情绪（Consumer Sentiment），是指消费者根据国家或地区的经济发展形势，对就业、收入、物价、利率等问题的综合判断后得出的一种看法和预期。在许多国家，消费者信心的测度被认为是消费总量的必要补充。消费者信心指数（Consumer Confidence Index, CCI）是反映消费者消费信心强弱的指标，是综合反映并量化消费者对当前经济形势评价和对经济前景、收入水平、收入预期以及消费心理状态的主观感受，是预测经济走势和消费趋势的一个先行指标，是监测经济周期变化不可缺少的依据。消费信心指数由消费者满意指数和消费者预期指数构成，主要是为了了解消费者对经济环境的信心强弱度，反映消费者对经济的看法以及购买意向。该研究中既包括消费者对经济现状和就业市场的评价，还包括对未来经济和就业市场的预期，消费者的满意指数和消费者预期指数分别由一些二级指标构成：对收入、生活质量、宏观经济、消费支出、就业状况、购买耐用消费品和储蓄的满意程度与未来一年的预期及未来两年在购买住房及装修、购买汽车和未来6个月股市变化的预期。20世纪40年代，美国密西根大学的调查研究中心为了研究消费需求对经济周期的影响，首先编制了消费者信心指数，随后欧洲一些国家也先后开始建立和编制消费者信心指数。1997年12月，中国国家统计局景气监测中心开始编制中国消费者信心指数。北京作为全国的首都，在广泛借鉴国内外经验的基础上，于2002年初，在省市一级率先建立了消费者信心指数调查制度。现今在美国，由美国经济咨商会（The Conference Board）的消费者研究中心委托全国家庭看法公司每月对全美约5000个家庭进行调查后，得出统计数据。在经济循环中，消费者信心指数被视为经济强弱的同时指标，与目前的景气状况有高度相关性。

根据研究所得消费者信心指数在某种程度上，也会直接影响到消费者对服装等消费品的购买数量及频率，因此，在进行男装产品开发设计前期，企划团队既需要做好微观的消费市场目标顾客需求变化分析，也需要做好宏观的消费市场所处社会政治、经济环境状况分析。这样在进行产品开发设计时，对于产品结构的合理配置便有了充分的研究基础，这种在研究消费者购买行为影响因素的基础上进行的产品设计，有着更明确的针对性。我们知道，消费者购买行为受到诸多因素的影响，包括个人和社会的经济状况、个人消费标准、消费习惯、消费心理、个人心理年龄、职业特征、产品价格、产品设计、行销手段、品牌影响力、世界或地区流行风格等，包括了来自社会经济环境，消费者个体因素，产品设计与品牌市场知名度、美誉度等方面的影响。唯有综合此类市场因素进行深入调研分析，才能使得产品设计更加指向消费者消费需求，从中了解市场需求方向及数量，并估算未来市场容量及产品竞争能力。根据目标市场特点、人口分布、经济收入、消费习惯、行政区划、畅销品牌等，确定不同地区、不同消费者的男装需要状况，以及物流配置和销售策略，在产品结构、上货波段、销售通路等方面做到充分准备，形成科学合理的产品开发制度。

正确的市场分析必须掌握以下两点：①客观性。强调调研活动必须运用科学的方法，符合科学的要求，以求市场分析活动中的各种偏差极小化，保证所获信息的真实性；②系统性。市场分析是一个计划严密的系统过程，应该按照预定的计划和要求去收集、分析和解释有关资料。通过市场分析，可以更好地认识男装市场的商品供应和需求的比例关系，采取正确的经营战略，安排好合理的商品地区分配，满足不同市场的需要比例，并研究本品牌商品的潜在销售量，开拓

潜在市场,提高企业经营活动的经济效益和社会效益。

本章小结

对现代男装产业的结构特征、运作特征及发展现状的了解,有助于设计师掌握男装产业的发展环境与未来趋势,了解不同企业属性、品牌属性、产品属性男装品牌对男装设计师的职业要求,对设计师选择适合自身专业特长和发展目标的男装品牌有所帮助。本章从产业宏观发展的角度,对男装产业结构现状和设计师职业要求、终端市场消费进行了分析阐述,目的在于强调男装设计师做好适销对路产品设计的前提是对于产业的充分了解,如果不了解产业发展现状及需求特征,将无法使产品设计完全符合产业消费需求特征。

思考与练习

1. 现代男装产业的特征及发展趋势?
2. 结合具体案例分析不同类别的男装企业及品牌对设计师有那些不要的要求?

男装设计类型 第三章

关于男装设计类型的划分，不同设计师和理论家均有着不用观点和相应的类型划分标准。近年来，越来越多的设计师和理论家倾向于按照男装设计作品的最终用途和表现形式的不同，将男装设计类型主要分为大类型：艺术化男装、概念化男装、成衣化男装。从设计对象最终用途来说，艺术化男装则是倾向于表达设计师的创意思维，或者是为了表达某个设计主题而进行的男装艺术化创意设计。概念化男装则是倾向于表现某种新材料、新工艺、新理念的，具有实验性、研究性特征的男装设计。成衣化男装设计成衣则是指按照某种规格系列、批量化生产，用于销售的男装设计，其设计用途和设计对象是用于销售转化为商品的男装产品，成衣化男装设计，更强调的产品设计。

第一节 艺术化男装设计

艺术化男装是三种男装类型中最具原创性和欣赏性的男装，表现了艺术的精神，虽然从使用功能看大多数不能直接在日常的生活中适用于人们的穿戴。但是，艺术化男装设计所表达出来的设计师的审美意识、审美才情，在给人们带来艺术的享受，并在一定程度上提高了人们的审美意识，在开拓崭新的设计形式和内容的同时，也会对概念化男装设计，特别是成衣化男装设计带来有关设计灵感与设计流行的导向。

一、艺术化男装的定义

艺术化服装往往被认为是创意服装。当然艺术化的服装不能脱离创意性，艺术化服装除了具有创意性之外，更在于其具有的艺术审美性，创意的男装设计如果脱离了艺术的审美便不能成为艺术化的男装设计，一味地求新求怪也不能称之为艺术化男装设计。

因此，在日常生活中，人们会把一些突出服装艺术性作为第一要旨的男装设计作品定义为艺术化的男装，即艺术化男装不是把服装的实用性作为第一考虑要素，也不是未来要推出在市场上的服装，是把艺术性和体现设计师的设计创意理念作为核心的服装。艺术化的男装能够充分体现了设计师的原创精神，在体现设计师个人主观意向和个性审美的同时，使得设计师的潜能得到充分的展现。

从男装本身来看，艺术化的男装如大赛用的服装、文艺表演用的服装、节庆礼仪用的服装是以表现服装的艺术性作为主要宗旨，弱化其实用性能，设计重点侧重于表达艺术创意给人们带来的视觉震撼；从服装的表现形式看，除服装本体以外它还具有为经典的艺术理念所认同的其他表达方式，典型如时装画、时装插图、时装摄影，服装与电影的日益交融也可以算是服装艺术说的有力证明。因为其一般不做批量生产，不用考虑材料价钱的高低和工艺手段的繁简，只要能表达设计师的理念、风格就可以将它实现。

二、艺术化男装的设计目的

艺术化男装具有很强的艺术感和创新感，是设计在不考虑成本的前提下，充分发挥设计师的主观能动性和创造性，把美的、特别的、另类的服装展现在我们面前，开拓了新的男装设计理念，打破了习惯性的男装设计思维，用创新的思想和独特的视角去设计，也充分发掘了设计师的潜能。

从功能上看，虽然大多数艺术化男装不能直接服务于日常生活，让大众消费者所穿着，但通过这类艺术化的男装，不仅能充分表达出设计者的审美意识，在审美情趣上为人们带来艺术的审美享受，还能在着装观念上给予人们新的导向。在服装设计业内，艺术化男装设计常常是服装设计大赛，以及品牌服装设计师为了表达某种设计个人设计理念或者是为某一主题活动而设计的。以表达创意为目的的设计大赛和设计师表达个人设计理念的男装设计，其设计目的均是为了表达男装的艺术创意理念，而为了某个主题活动而设计的男装作品，其设计目的除了要展现设计师的艺术才华外，更重要的是需要契合主办方的活动目的。

三、艺术化男装的设计特征

艺术化男装在设计创作思维的萌发到作品的完成过程中，均是把男装艺术的审美性作为首要目的，设计师的主观性和创造性显得尤为重要。其设计作品通常不以实际销售为首要目的，多数情况下市通过展览、秀场、表演等娱乐形式来呈现给大众的。艺术化男装的设计特征主要表现为审美性、娱乐性、创新性三个方面。

（一）审美性

服装作为人类文明的产物，是人类物质需要和精神需要所导致的，天生具有实用性和审美性的双重属性，所以离不开艺术的某些特征。一方面，服装的主要美学功能就是突出人体的美。真正的服装美是体型和服装恰当契合的产物，服装要对形体的缺陷起到弥补和修正的作用，这也是服装设计的目的之一。设计师在设计中既要注重其实用性又要注重其审美性。服装设计的最终目的是达到心理和生理上的双重舒适。另一方面，人们会用艺术的审美标准衡量服装的精神内容。设计师的审美性既要表达自己的精神心态，又能在潜移默化中影响着普通大众的审美观，产生一种新的观念、新的思想和新的形式，给予大众引导性。

值得注意的是当设计师运用造型手段去设计美观的外在形式，使人获得美的享受的同时，还要注意在不同的时期人们对美的认识和欣赏的程度和角度会有所不同，因此，进行艺术化男装设计的时候设计师需要注意观赏者所处的大的社会背景、生活环境、潮流意识等，艺术化男装设计创作需要与当时的流行趋势相结合，不能孤立的设计。

（二）娱乐性

艺术化男装，如男装大赛的服装、文艺表演服和节庆礼仪服，是在特殊场合所穿的服装，由于其重在服装在表演者身上进行舞台表演中的效果，基本不用于生产和销售，与实际成衣服装有很大的不同。表演本身就具有娱乐大众的作用，而服装本身也具有了从表演者的演出中应具有的娱乐性。在设计中，应考虑当时的表演场合的环境，灯光、舞台等表演条件对服装演出的效果，使服装与表演者的表演相一致，突出服装具有的彰显力，把服装的娱乐性加入到艺术化男装设计的特点中（图3-1）。

图3-1 艺术化男装具有娱乐性的特征

（三）创新性

设计本身就是一种创新性的工作。同样，创新也是服装设计的生命，没有创新就没有所谓的服装设计。创新力是设计师的灵魂，是证明自己设计才华的一种手段，是设计师的本职。艺术化的服装更强调创新意识，不仅是为了视觉、生活、社会的要求，更多的是在设计中不被任何条件所限制，面料的创造、再组合、再创造都是必要的手段，使作品符合自己的概念和构想。要敢于尝试新工艺、新方法、新材料，作品才能具有强烈的个人风格和特征。艺术化男装设计的创新方面很广泛，除了面料上的新处理、新组合之外，在造型上的形态、结构上的创造，色彩中新的搭配、组合、变化，以及穿戴方式的变化等，都可以是创新设计的范畴。另外，在设计服装中给予人们的新思想和新思路也是一种创新。

四、艺术化男装的设计内容

艺术化服装有自己的分类，根据其设计目的的不同，艺术化男装主要分为：文艺表演型男装、服装大赛型男装和节庆仪式型男装。

（一）文艺表演型男装

文艺表演型男装是指在舞台或广场上进行表演，如舞蹈、唱歌、相声、小品、杂技、曲艺等文艺演艺用的服装。文艺表演如中秋晚会、元旦、春节晚会、体育盛会的开幕式、博览会的开幕式、周年庆典等，有明确的节日和表演主题。文艺表演的服装是表演者的包装，无论是哪种表演形式，在于演员与观众的互动，而服装是能起到让观众一目了然，第一时间得知演员身份的作用。在这类服装的设计上，从廓型、色彩、材料力求与主题相符合，起到演员和观众沟通和烘托气氛的桥梁作用，令演员更好的把活动的主题精神，依靠其表演活动的形式，传达给观众。

由于观众大多是远距离的观看，在设计上要注重服装的整体效果以及在舞台上所呈现的视觉效果。服装的表演性大于实用性，不注重材料的品质和工艺的精良，服装的局部和细节设计不是设计要点，注重服装廓形的效果和结构的处理。文艺表演型男装在服装材料上要求能够渲染演出的气氛和效果，注重闪烁效果和明亮程度，凸现视觉冲击力，在灯光下给观众以强烈的视觉力度。如化纤类面料、镭射面料、添加了大量银色、金色、黑白等珠光色亮片的面料，在舞台灯光的映照下，折射出七彩光芒色彩。色彩上多采用有黑色、白色、金色、银色、红色、黄色、蓝色、绿色等，趋向于整体的块面化。另外还要考虑舞台灯光的设定，与舞台的灯光布景、乐曲音响相结合，达到最吸引人目光的视觉效果，起到为表演者的魅力形象装扮的作用（图3-2、3-3）。

图3-2　文艺演唱服装

图3-3　文艺舞蹈表演服装

（二）服装大赛型男装

服装大赛型男装是用于男装大赛的服装。近年来，男装大赛日益增多，水平和要求也较高。我国有规模的男装大赛有“中华杯”男装设计大赛、“益鑫泰”男装设计大赛、国际服装院校师生服装设计大赛男装设计大赛等。此类大赛为年轻的设计师提供良好的机会，也为以后的发展铺平道路，锻炼实际的设计能力。对服装企业来说也起到储备新鲜设计师，提高企业认可度和知名度的作用。

图3-4 男装设计大赛作品

进行服装大赛型男装设计，在参加比赛之前除了要弄清比赛的宗旨之外，对于比赛的主题、性质和参赛服装的要求都需要了解清楚。一般来说，男装大赛是以创新为评判标准的，侧重于审美和创新，通常要求 4 ~ 8 套服装为系列，考验设计师的整体把握和对自我表现的能力。通过服装表现充分展示设计师的创新意识和整体把握能力，考量设计师运用材质、图案、工艺、整体搭配等方面的综合实力（图 3-4）。

服装大赛型男装设计先要找到新颖的设计主题，如果没有新颖奇特的主题可从以往的设计主题中去寻找新的设计灵感，运用新的形式来表现。从设计元素来看，服装大赛型男装在廓形上主要表现在夸张的服装造型，外轮廓的形式和体积感。另外，由于一般的服用材料和常规材料作出的作品不能达到激烈的视觉效果，一般会辅以新颖的服装材料，如纸张、海绵、竹片、塑料、花朵、钢丝等，但在设计时要注意保证服装的适体性，便于人体活动和安全。可以通过服用面料和非服用面料相结合的方式，以及对非服用面料进行处理来解决。在色彩上，服装大赛型男装以视觉效果和时代感为首要，以及整体系列的色彩搭配和处理。除了廓形的造型、面料、色彩，服饰配件的运用也很重要，一个系列的服装通过相似的服饰配件使得整体感更强烈，舞台冲击力更大，如帽子、领带、包袋、鞋子的设计。还要在设计中结合服装在 T 台中的表现，模特的气质与服装气质相符合，服装在 T 台上演艺的形式感（图 3-5）。

图3-5 服装大赛型男装系列感能增强舞台效果

另外，除了注意设计元素的把握要点以外，如果能在保证创新的情况下，从文化内涵上去挖掘作品，使得设计的比赛服装从形式上到内容上都有了灵魂，对于设计者来说也是能否获奖的重要因素。

（三）节庆仪式型男装

礼仪行为是社会人际交往的重要行为，包含了深厚的文化内涵。在重大节庆场合中，节庆礼仪男装通过精美的服装，规范的礼仪，表达了节庆礼仪规范，也是对自身价值的体现和起码的礼貌。节庆仪式型男装是指在正式的节庆和礼仪场合男士们所穿着的服装，主要包括晚礼服、婚礼服（注：男装礼服本文将在第四章男装单品设计中作具体讲解）、仪仗服、唐装等。

仪仗服是指在隆重的庆典仪式中仪仗行列多穿着的礼服，从服装的款式、面料和制作的水平以及装饰上的搭配体现新的水准。仪仗服与军卫队服略有相同，前者比后者更带有节日欢快热烈的气氛，后者强调威武庄严。仪仗服的造型挺拔、修身略有夸张。门襟多为单排扣或双排扣。在局部如帽子、衣袖、肩章、袖口、口袋、门襟处设有不同色彩的滚边。色彩以鲜亮的暖色调为主，配合金、银、黑白等色调。面料上有高档呢、制服呢、华达呢、哔叽、直贡呢等，夏季会采用一些轻薄面料。工艺上多用镶拼、滚条等手法。装饰有各种帽子，如大盖帽、无沿帽、贝雷帽等，以及绶带、肩章、缨穗、领章、勋章、腰带、靴子等配饰，配饰的材料有丝绸、羽毛、裘皮、编织带、皮革、丝绸、金属等，以突出整体的搭配性和豪华性（图3-6）。

图3-6 英国皇家卫队服

另外，需要指出的是随着中式服装的流行，唐装逐渐成为部分男士在节庆场合中的着装选择。作为传统与现代结合品，唐装的设计需要既具有传统中式服装的文化韵味，又要在各方面进行相应的改良，设计出时尚感。一般来说，唐装廓形为H型，上衣前中心开口，立式领型；有对襟和暗襟；扣子由纽结和纽袢两部份组成，盘扣的样式稍有变化；连袖结构，以平面裁剪为主；领口、门襟均有镶边；衣片上有插袋、嵌袋、月亮袋、贴袋等；后背为有背缝和无背缝两种，在前后片侧缝处有开衩；缝制工艺采用传统手工为主；面料主要使用真丝或暗花绸缎（图3-7）。

图3-7 唐装的现代设计

五、艺术化男装的设计步骤

(一)确立主题

设计主题是服装设计的灵魂,是对将要进行设计的艺术化男装作一个统领性方向的概括,主题的确立为后期具体设计起到方向的指引作用,是服装设计的中心思想统括,是设计作品成功的重要环节之一。在具体设计案例中,可能在设计之初尚不能确立清晰的主题,设计师可以任凭主观的理性思路和感性的灵感乍现,来确定设计的起初方案,而如果确立了主题后设计师更容易针对主题目标来缩小和划定较为具体设计范围,使思维变得清晰和明确。主题的范围可以是广泛的,可以是一个设计意向,也可以是一种服装类型,从和谐社会到激情奥运,从民族风情到环保反战,从运动休闲服到晚礼服等等,主题的创意无限,对于设计师有着诱发和启迪的作用。

(二)素材收集

素材是设计艺术中不可或缺的设计来源,设计师通过对不同素材的感受、体悟、创造形成具有独特个性的设计作品。同样,艺术化男装设计也必须要借鉴和吸收各种不同素材来作为设计创作灵感来源。有了丰富的素材,才能激发灵感、开拓思路,并结合流行趋势进行设计,才能设计好的作品。素材的收集一般有以下几个方面。

地域素材——服装设计中以地域特征作为构思主题的例子也是很多的。有的用地名,有的用特定场合,有的用景象,有的用当地少数民族。如:热带情调,都市节奏,巴黎之夜,江南水乡,云南风情,秋日香山,等等,都是以某一特定地域的情或景来启发构思的,由于每一地区的风土人情,民族服饰,自然景色都会有一种特有的情感,可以拓展设计师的思路,也可以给人以一新鲜、奇妙的美感。需要指出的是,在汲取异国异地特色时也必面考虑到销售地区的风俗习惯及接受程度,以及作品所必须具有的时代感。

自然素材——大自然是最美的画卷,设计师以大自然中的万物生灵、花草树木、山川河流等为灵感,进行设计创作。仿生设计就是运用最多的以自然为素材的设计,将生物(飞禽,走兽,水族,昆虫)、植物(花,草,树,果)等用于服装的整体造型或某一局部设计,服装的仿生设计要从造

型美观，穿着合体，轻软舒适，活动方便出发。在设计中并不是每一种物体的形象都可以被模仿来设计服装，而是需要适当运用艺术的手法加以提炼。

文化艺术素材——文化艺术的综合素质是考量设计师综合素质的指标之一，世界上诸多设计大师都具有非常高综合的文化艺术素养，不但精通服装设计创作，同样在其他艺术门类中具有很高的天赋，常常在设计创作中感悟不同文化艺术所带来的视觉和心灵的震撼，设计出具有丰富艺术内涵的服装设计作品。譬如绘画作品、音乐、电影、文学作品、建筑艺术等等，都是很好的素材来源，都可以为设计师带来取之不尽的设计素材。

传统文化素材——艺术创作与设计艺术都离不开传统文化的根基，虽然随着时代的发展，包括服装设计在内的现代艺术设计的诸多设计理念均发生了变化，但是学习和借鉴传统文化是每一位服装设计师不可或缺的知识构成之一。在服装设计领域有很多善于从传统文化中汲取营养，进行设计创作的优秀服装设计师。在创作中常常以传统文化中的历史事件、经典人物或者具有传统特色的纹样为题材，吸取灵感。

民族文化素材——世界各族人民的不同生活习俗、宗教信仰、审美意识、文化艺术均代表着本民族的个性与传统。设计师以世界各地的风土人情、民族服装、民族文化、民族图案、民族装饰等为背景，从中吸取精彩特色之处进行设计创作。民族化的设计在世界时装舞台是一个恒久的话题，总是会频繁出现在服装设计舞台。需要指出的是，在设计中不可完全模仿或照搬民族服装的图案、款式或者形制。而是需要结合当今社会大众文化的审美观念，辩证地加以运用(图 3-8)。

图 3-8　APEC 领导人身穿秘鲁传统民族服装合影

社会信息素材——设计师以社会环境、政治环境、经济环境、社会动态为素材，对社会中的人或事件进行感悟，经过思维加工创作。比如一些服装设计作品中所反映出的反战争和环保题材，是设计师在以服装的形式来呼吁人们反对战争，反对浪费自然资源，珍惜我们的地球环境，保护自然环境。再如我国 2008 年举办奥运会促使了运动风格的服装大量出现，设计师正是把握住了运动会带来延伸影响，在奥运会带来的全民运动风潮下，适时地推出了运动风男装，赢得了市场认可。

（三）灵感构思

灵感思维是人们对事物的一种顿悟性的思维活动。从心理学角度讲，人脑的全部思维活动为有意识活动和无意识活动（又称潜意识）。形象思维用表象去思考，抽象思维用概念去思考，两者都是在经过感性思维和理性思维的程序之后，转入不直接接受意识支配的一种高级思维活动。因此，其感觉、知觉、表象、想象是灵感来源的必不可少的意识阶段，它是无意识阶段的基础和前提，换句话说，灵感来源于长期观察和思考，所谓"长期积累，偶然得之"。

灵感构思是设计过程中最为重要的环节，灵感构思的好坏直接影响到设计作品的好坏，好的构思会形成创意完好的艺术化男装设计作品，而缺乏创意的，拙劣的灵感构思，无疑会形成平庸，甚至是让设计对象难以接受的艺术化男装设计作品。在进行艺术化男装设计灵感构思过程中，设计师不防采用多种不同的方法来进行设计灵感的构思，可以通过不断地查阅资料、不断地勾画草稿方案、不断地在人台进行比划、缠绕、折叠、裁剪等设计，或者在难以进行下去的时候干脆放开设计，走出去，去接触其他事物，也许在这带着潜在的思考状态过程中，会因为所接触或者感悟的某些其他事情忽然间得到了灵感的启发，收获意想不到的灵感启迪。这时候就需要设计师能够迅速、准确地抓住机会，把握灵感，并加以发掘整理应用于设计方案中。

（四）拓展深化

有了设计灵感后，需要根据灵感线索进行素材的整理，确立若干个设计方向，并在此基础上进行拓展深化，将灵感结合设计主题进行深入设计。将设计素材归结出能够反映设计主题设计元素进行艺术化男装单品或者系列的延展设计，应用设计的形式法则将提炼的设计元素运用在设计方案中，既要考虑形式美感，还需要考虑着装对象的个人气质、知识背景、穿衣喜好，以及着装将要出席的场所的氛围、风格、性质等，同时考虑所采用制作服装的面辅料、工艺手法、搭配方式，是不是能够完全地反映出设计灵感所启发的设计构思；考虑设计元素和表现方法从平面图稿转化成立体服装成品的时候所产生的差异；整个设计过程中设计师需要不断地辩证地思考设计方案是不是能够完美体现当初确定的设计主题。

（五）图稿确立

设计图稿是设计构思的图形化表现，是将构思好的服装款式设计用绘画的形式表现出来。通常是以服装效果图、款式图、局部示意图等形式表现，必要的时候配置一定的说明文字和面辅料小样。服装效果图：表达服装设计构思及体现穿着效果的模拟图，着重体现服装的款式、色彩、材料、图案的着装效果及与人体的比例，主要用于设计思想的艺术表现和展示宣传。服装款式图：为了结构制图、裁剪制作等后道工序能够明确设计师的设计意图，方便协作交流，设计师有时需随效果图另附款式图，以表达款式造型及各部位加工缝制要求等，一般为单线稿，要求比例造型表达准确，工艺要求标注齐全。局部示意图：为了充分解释服装效果图、结构图所表达服装款式效果结构组成、加工时的缝合形态、缝迹类型以及成型后的着装状态、穿着方法等所绘制的一种解释说明图。以便于设计、裁剪、制作、顾客之间的沟通和衔接。主要分为展示图和分解图两类，展示图表示服装部位的展开示意图，用来解释造型效果的内部形态、缝制方法等；分解图用来分解设计内外部的结构关系、搭配组合方式、扣系方法、穿戴方法等。

（六）实施制作

上文阐述的通过图形作为载体表达的艺术化男装设计方案，所表现的只是设计构思、面料

花型及穿着效果等的模拟效果图。而许多款式设计的实际效果与模拟效果图还是存在着较大区别的，因为效果图虽然是按照一定比例缩小绘制的，在进行实体放大时，一些分割比例、局部设计的比例都会形成相应的差异变化，为了达到最完美的实物效果，一般比较谨慎的方法是，通过采用坯布的实物比例试制来确定设计构思。通过试制考量款式设计比例、裁剪结构，以及面辅料的适合性之后，便进入实际制作的阶段，将设计方案以完善的工艺方式通过成品实物表现出来。

第二节 概念化男装设计

概念化男装有别于艺术化男装，艺术化男装的本质是道具，而概念化男装本质是服装，具有服装的适体性但它却又区别于在市场销售的成衣，一般不实行大批量投产制作销售，是针对现有社会价值观、审美观的挑战，以个性化和非商业化作为设计原则，传播品牌的新的设计理念和设计成果。

一、概念化男装的定义

概念化男装处在创意、试验阶段，因为不是大批量生产的成衣，不用更多地考虑服装的生产成本，它摆脱一般的男装生产水平方面的束缚，具有前瞻性的设计，是设计师研究具有新的功能、新的理念的服装。概念化男装也代表了一个男装品牌的实力和未来的发展方向，体现了在服装、纺织上新的科技成果。

在功能上，概念化男装是设计师主要以探索和研究新的服装款式形式和新的功能为目的，是具有研究性的服装。在使用上，概念化男装大多不是进行大批量生产加工投入市场的服装，而是为了特殊功用和目的进行设计研究的服装。

二、概念化男装的设计目的

第一，由于概念化男装并不会大批量进行生产加工投入市场，大多用作品牌的引导、宣传和提升，以提高品牌的市场认可度。大多是以个性的、商业性的目的为原则，向人们展示品牌和品牌设计师新颖、独特、超前的构思，体现品牌和设计师的活力和创新精神，并对时尚潮流起到一定的指引作用。在品牌拓展中，利用具有前卫的、鲜活的和冲击力的概念化服装设计作品，进行新品的探索和试验，是各大品牌借以展示设计观念和设计实力的重要方式之一。

第二，概念化男装在企业中一般用于服装品牌的新品发布会中，或者在商店的橱窗展示，通过这种途径，一方面可以通过新品概念的展示了解消费者的接受程度，为后期的正式投产做好调研；另一方面也是为了向消费者显示本男装品牌的新的成果，传播品牌理念，从而提高自身形象，代表着未来服装潮流的发展方向，因此概念化设计作品的展示作用和意义大于实际的销售价值和穿戴功能，是能引领品牌未来的发展趋势的服装。

第三，概念化男装很多时候是为了表达某种概念或者体现某种功能而设计，设计作品充满了探索和研究，通常会附着新的纺织、服装科研技术于其中。如发光服装和隐形服装的设计。利用新的科技研制出创新的服装产品，它并不是日常生活中可以穿着的服装，为了在特殊的环境和目的进行研制的服装（图3-9）。

图3-9　抽象化、概念化、艺术化的2010年PETROU秋季男装设计作品

三、概念化男装的设计特征

（一）象征性

概念化男装从使用的角度来说本身带有象征性，当服装产品在展会、橱窗、T台秀场上被展示的那一刻就表明了其具有的象征性设计特征，通过服装象征着品牌的理念和品牌的精神。通过以上的方式传达给目标消费人群，作为品牌正式产品的先导者与消费者进行直接的交流，同时在概念设计的传达中得到反馈信息，为品牌进一步的发展打下基础。在设计概念化男装过程中，要考虑将品牌理念和品牌精神贯穿于服装设计中，通过设计元素表现制作服装，就使得概念化服装具有了象征型。譬如设计展示型的概念化男装，需要在设计中赋予新的设计理念、新的材料或者新的工艺，用以表达品牌新的设计思维和设计理念。

（二）前卫性

概念化男装是服装设计师的具有创新的设计理念，是含有领先时尚潮流和技术的，在设计上具有前卫性。通过设计师的创造力设计出前卫的服装，充分体现了设计师的价值和能力。由于概念化男装不是在市场上销售的服装，从这个角度上来说，设计师能够更好地根据自己的设计理念和设计目的进行设计，更好地发挥创造力，利用新的科学成果和新技术来进行服装设计创作。如服装新材料、新的加工工艺和制作方式等的开发，应用到概念化的男装设计中，使前卫性更明显。在设计中不受市场和成本的约束，赋予服装异型的廓形、新潮的面料以及独特的裁剪，通过各种元素的综合设计，营造出前卫服装的整体氛围。在动态模特穿衣搭配或者平面拍摄时还需要模特与之契合的动态与气质来增强服装的整体感觉（图3-10）。

图 3-10 前卫男装设计作品

（三）指代性

概念化男装在展示和炒作的过程中，能使人们感受到新的设计观念、设计思想和设计形式，对于提升人们的审美观和审美能力都起到很好的导向作用，也指代了新的流行趋势的发展和服装品牌的未来走向。当这些新鲜前卫的产品被大众渐渐接受，就会产生新的流行，也为社会效益和经济效益起到积极的影响，促进整个男装市场的新陈代谢。从具体设计来说，概念化男装本身作为一种标志、一种符号指代产品和企业品牌的内涵，是产品和品牌的缩影，通过服装的风格、款式、色彩、材料等表现出产品的特质。

四、概念化男装的设计内容

概念化男装根据其定义、目的和设计特征可分为研究型男装、展示型男装和炒作型男装这三种主要类型。

（一）研究型男装

研究型男装以研究新的面料、新的技术、新的功能为目的进行设计的男装，设计过程中一般都需要多次、长时间的研究设计，反复论证，将最新的纺织技术和服装设计与制造技术融入到服装中。研究型男装没有固定的廓形要求，细节和面料的处理需要根据设计目标来加以处理，在材料上经常采用一些新研制的纺织材料和科研技术相融合的服装面辅料。如发光服装、隐形服装、电子服装等（图 3-11）。廓形、细节、面料、色彩的设计都要符合研究的目的和功能作用。譬如

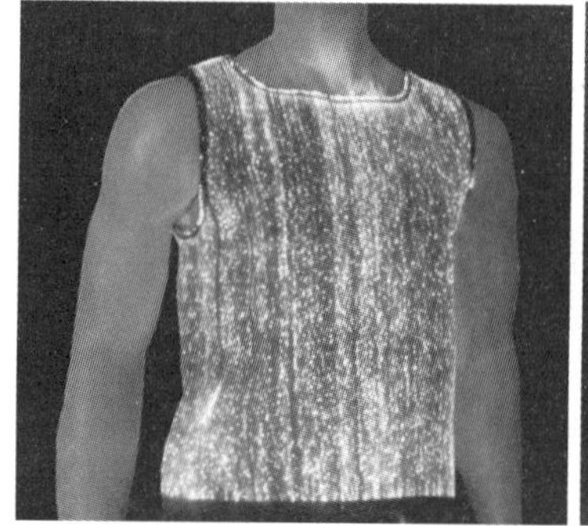

图 3-11 发光服

发光服的设计，为了突出服装的发光面料，廓形上一般避免设计过于夸张的外形，简洁的外形更能映衬发光功能的主体效果。又如美国科学家设计研究的一种“隐形军服”。款式上与一般的军服没有太大的不同，却能够犹如变色龙的皮肤一般可随着环境的变化而变化，使士兵与周围环境融为一体，达到隐形的效果。它是在制作军服的特种纤维中大量掺入利用纳米技术制造的微型发光粒子，正是这种粒子可以感知周边环境的颜色并作出相应的调整，使军服变成与周围环境一致的隐蔽色。

（二）展示型男装

展示型男装是服装企业为了宣传，提升企业和品牌形象而设计的男装。展示型男装在设计中要注意服装要与所展示的产品特点、产品风格相符合，并能通过展示服装来体现企业产品特质，指代产品本身。如车模服装的设计（图3-12、3-13）。在设计中要把握车模服装的作用是为了展示新车的特点，服装的款式、服装的材料、服装的色彩都应于新车风格和特点相统一，才能够做到服装与车融为一体的效果。如果所展示的车型类型属于运动型跑车，展示服装也需要进行相应的风格契合设计；如果是一款商务型车，在服装的设计上应符合商务车的气质，以契合商务车的个性气质和整体氛围。除了款式设计方面需要把握细节以外，在色彩设计也需要与所展示的产品的色彩相协调，虽然是作为展示服装，需要具有一定的跳跃性，但是也不能过于夺目，而掩盖了展示的主体。

图3-12　运动型车模服装

图3-13　商务型车模服装

（三）炒作型男装

概念型男装中有种为了服装企业进行炒作、提高品牌知名度和认可度，吸引消费者眼球的服装设计即炒作型男装。这种服装不以直接销售盈利为目的，是为了让人们留下深刻的印象，传递流行趋势、传达品牌信息而设计的与众不同、富有个性的服装。用于服装企业进行服装宣传和新闻曝

光,在消费者心里树立品牌形象(图3-14)。

炒作型男装通常设计风格前卫、奇特,一般不用于市场上销售,多用于在T台走秀,或者用于橱窗的展示和新闻宣传,所以服用性能不高,以品牌的设计理念和品牌风格为设计宗旨,不但需要契合某一炒作宣传主题,还需要符合当今的流行趋势,不可过于超前和落后。在造型、色彩、面料等方面尽可能体现品牌的风格。在廓形上进行夸张或新的廓形设计;材料选用非服用材料或服用材料和非服用材料的结合;在色彩上选用具有色彩明度高,具有视觉冲击效果的色彩,如红色、黄色、金色、银色、白色等;因为是即时穿着的服装,所以通常此类服装的细节和工艺品质不做太高要求。

图3-14 色彩绚丽的炒作型男装

五、概念化男装的设计步骤

(一)开发概念

概念化男装的首先需要进行概念的开发,好的概念是成功的一半。这个阶段需要进行思维的发散,寻找突出的开发概念和新的设计理念。设计师需要运用发散思维来进行概念的寻找和开发,摆脱原有的思维定势,扩大视线范围,有意识的去变换角度从而获得更多的,具有全新视角和特色的概念。

在开发过程中,从一点去广泛收集相关素材,自由发挥和联想,找到最佳的概念。而创新、新颖的概念不是简单的模仿,需要在原有传统概念的基础上进行创新和升华,这一点需要设计师经过长期实践和总结所形成,使概念从模糊的境界一点点走向清晰。单纯地进行前卫、奇特的概念开发而没有深层的内涵是没有意义的概念,设计师的文化修养、生活阅历、知识结构等决定概念的结果。需要注意的是,在进行开发概念时,选择何种内容作为即将开发的设计,不能只凭设计师的个人喜好来决定,而必须是围绕设计目的和服用功能而展开。

设计概念一般通过概念板的形式来进行阐释,概念板可以是一张或者多张组合,常常采用图文结合的方式来诠释。通过图文的内容框定设计概念的范围,明确设计的风格和类型,并从中获取设计元素、色彩和材料。

(二)设计立意

设计立意,即是确定设计主题,确定设计表达的主要内容、构思等,是把前期阶段的开发概念通过具体的服装设计元素配合、解释和表现概念的过程,把原本抽象的概念变为具体的设计产品。在这一阶段需要确定服装的风格和主题、服装的款式、材料、色彩以及配饰等。

设计立意的表现一般通过设计效果图来表现,在具体的款式设计、标准色彩设计、面料组合设计中确立服装开发的设计立意。不同类型的概念化男装的设计立意侧重点不同,对于研究型概念化男装来说,在确立其设计立意时需要侧重于产品的科学技术概念,包括新材料、新工艺、新结构的设计立意。而展示型、炒作型概念化男装的设计立意多需要侧重于款式造型的外部廓型和内部结构，以及面辅料的搭配设计上，强调吸引眼球的视觉效果。在色彩选择方面，研究型男装除非是以新色彩研发为重点的展示服装，通常都不会过于侧重表现张扬的色彩效果，而展示型、炒作型服装则需要通过夺目的色彩效果来强化展示效果。有了这些设计立意的框定，对于后期的产品具体设计，便会有了明确的方向。

（三）技术支持

技术支持是实现概念化男装的功能和造型的根本条件，也是构成服装设计功能和造型的要素。再好的设计立意如果没有技术的支持只能是纸上谈兵，技术上的支持是完成样衣研究的前提和关键一步。相同或相似的服装，如果使用不同的材料和加工手法，做出的服装在服用性能和风格上也会不同。从缝制技术角度来说，不同的缝制方式能产生不同的外观效果，甚至是特别的肌理效果。设计师可以借助“缝纫效果”作为设计语言来尝试新的造型效果和肌理效果，在男装制作中，根据所用服装材料风格选择不同的缝制工艺，所成型服装则会产生不同的视觉效果，特别是缝型设计与缝线的粗细、材质、颜色，相同的面料通过不同的缝型设计组合，不同粗细、不同风格特征、不同颜色缝纫线的运用，则会产生截然不同的工艺装饰效果；同样，不同风格的面料，通过相同缝型选择与缝纫线及其他辅助工艺的运用，也可以产出某种呼应效果。不同的服装工艺效果可以呈现服装不同风格的视觉效果，这就要求设计师不但要熟知款式设计，还需要对服装加工工艺了如指掌，才能在设计运用中得心应手。

新的技术随着社会科技的进步而不断的发展，对服装的功能、造型、材料、制作工艺等都能带来巨大的变化，也会带领新的审美观念的提升。充分利用新的技术来表现设计立意，不仅能够让设计得到完美的展现，更能起到意想不到的效果。对于男装设计师来说，要时刻关注新技术的发展，不断学习和了解新技术的功能和特点，才能更好地将新技术创造、创新地运用到设计作品中。

（四）样衣研究

在完成以上阶段工作的基础上，进入到关键的一步，样衣的制作和研究。在这一阶段需要设计师将设计思维由感性转为理性阶段，将设计方案从抽象化、平面化的图纸转化为具体化、立体化服装实物。需要认真考虑设计方案的服装款式、材料性能、配饰组合以及制作工艺要求等因素的在转换为样衣实物时候的具体实现方法和整体效果等。譬如对细节上的考究，领型的变化、口袋的形式、饰品的增减、细节对整体的影响等，都需要设计师反复的思考和反复的比较，研究出最理想的表现结果。需要注意的是，细节的把握对样衣的整体效果也起到重要的作用。在样衣制作中为了表达概念男装设计的整体设计理念，强调大的廓型张力，而忽视了局部的细节表现，或者是为了突出细节的变化而影响了整体概括力，都是不适合的，在样衣制作中需要设计师整体、均衡地对待设计方案表现效果，根据实际情况适时加以调整。

对样衣的严谨研究和完美化追求能体现设计师的工作态度和专业精神，从思维细节到样衣整体效果的综合研究把握能力，亦是反映设计的概念到产品实物转化的综合能力和专业实力，而这一切均会在服装设计方案的样衣研究中表现出来。

（五）深化概念

在样衣完成之后，设计师需要根据样衣的实际完成效果对最初的设计概念做比较研究，了解设计概念从设计立意到工艺技术配置、最后到完成样衣过程中的差距，对于设计步骤完成过程中的各个环节进行进一步的深化研究。因为设计师在经历了以上设计步骤的不同阶段过程后，对最初的概念也得到了很深的体会，会对于当初的设计立意有了不同思想认识，在此基础上

把之前设想中的不妥和不足之处加以更正，使最初的概念更完整、更深入。设计师对于前期设计概念的回顾和深化研究并不是单纯的设计结果总结，更重要的是通过对当初设计概念、设计立意的辩证思考对今后的设计研究无论是设计思维训练、设计眼光判断，还是实际动手能力均是一个很好地总结和分析过程，对于今后的设计研究起到很好的积累作用。

第三节　成衣化男装设计

成衣化男装是直接在市场上销售的服装，设计师的主要工作目的之一便是把自己设计的服装通过批量生产转化为产品，再经过销售环节转化为商品，为企业赚取经济利润和社会效益。因此，成衣化男装具有很强的商业型和实用性。由于成衣化服装最终的目的是在消费者手中变为消费品，这要求设计师要根据流行状况和市场需求进行构思，还要考虑到大众的审美和经济成本等因素的制约。

一、成衣化男装的定义

成衣化男装是相对于艺术化男装来说的，符合成衣的定义。成衣是近代在服装工业中出现的一个专业概念，它是指服装企业按照一定的号型标准工业化批量生产的成品服装。一般在裁缝店里定做的服装和专用于表演的服装等不属于成衣范畴。通常在商场、成衣商店内出售的服装大多都是成衣。成衣作为工业产品，符合批量生产的经济原则，生产机械化，产品规模系列化，质量标准化，包装统一化，并附有品牌、面料成分、号型、洗涤保养说明等标识。

服装流行一直是上流社会的专利，无论是哥特时期、拜占庭时期、文艺复兴时期、巴洛克时期还是洛可可时期，服装成为少数人地位和身份的标志。随着18世纪英国工业革命的爆发，一些与纺织业有关的机械发明和化学工业的发展与进步，纺织业开始发展起来，缝纫机、有机化学和化学染料的问世，使得工业革命产业化，服装从原来传统方式向规模化、规格化和高度分工转变。相对于高级定制来说，成衣化面向中档或中低档消费层，采用普通低价的面料和简单的加工工艺制作，使成衣售价更低廉，普及面更广。在生产中尽量减少复杂的工序，是生产的大批量化得以实现，是典型的成衣化生产。在设计过程中设计师需要全面地把握市场，需要根据企业品牌的市场定位、风格特征、发展方向、流行趋势及消费人群的需求，将艺术与实用相结合，设计出既能满足消费者需求，又能满足企业利润追逐的男装成衣款式。

二、成衣化男装的设计目的

法国著名设计师克里斯汀·拉克鲁瓦(Christian Lacroix，1951～)曾说过“时装是艺术，而成衣才是产业”。当巴黎高级时装走向萧条的时候，一些高级时装店不得不把触角伸至其他相关领域，皮尔·卡丹是其中最善于经营的一位。1962年，皮尔·卡丹第一个涉足高级时装的禁区——高级成衣业。卡丹与巴黎奥·普兰登百货公司订立合约，从高级时装展中选出作品进行成衣生产，加上卡丹的标牌与百货公司的标牌，然后推出销售，而且百货公司必须设置卡丹专柜。卡丹专柜服饰的价格，大约是高级时装的 1/6，虽然面料品质相对较差，但比起普通成衣要好得多。尽管这样做招来同业者“伤害高级时装品味”的责难，甚至有人主张把他从高级时装协会中除名，但卡丹有自己的立场：与其让高级时装被大肆仿冒，不如建立自己的高级成衣市场，这样既能控制产品质量，又可获得大量生产带来的巨大利润。60 年代末，高级时装萧条没落，果然应验了卡丹的策略。实际上是为面临危机的高级时装开辟了一条生路，为高级时装的继续维持发展提供了经济的后盾。此后，其他的设计师如伊夫·圣·洛朗（Yves Saint Laurent，1936 ~ 2008）也开设了专柜销售成衣。

随着工业化生产的加速发展，服装的批量生产方式出现，大工业时代产生了标准化经济，批量生产降低了成本，致使定制生产方式受到较大的冲击，很长一段时间以来，人们已经习惯了成衣批量化的生活。成衣化让更多的中低产阶级和低收入者的人们穿上流行的服装。获得了消费者的认可和接受。成衣化服装的目的性明确，就是为了满足人们的需求而被生产出来，直接为使用者服务的，具有明确的目的性和实用性。成衣化男装同样具有这样的特征和设计目的，成衣化男装需要根据流行状况和市场需求进行设计，并且能够处理好需求、经济与审美三者之间的关系，从而满足了更多男士消费者的穿衣需求。

三、成衣化男装的设计特征

成衣化男装作为一种用于目的和用途的服装，其设计思维和工作流程与艺术化男装和概念化男装有着较大的差别。成衣化男装直接用于市场销售，服装要通过批量生产转化为产品，销售转为商品，最后达到消费者的手中，决定了服装需要具有功能性、经济性和审美性的设计特征。

（一）功能性

成衣作为一种产品，作为商品而言，必须有功能性。对于女装来说，装饰性很多时候是大于功能性的，而男性则反之，对于服装的功能性放在首要考虑的位置。产品的性能、构造、精度和可靠性，面料是否防水、防静电等，是重要的特征。通常需要服装能够满足的基本功能包括吸湿排汗、防风保暖、抗菌防臭等，而对于一些特殊作业服装则会有着更高的功能需求，主要包括防水、防静电、抗污、抗 UV 等功能性需要。注重产品功能性设计的成衣品牌案例有很多：例如 Trek&Travel（德国普德国际时装集团）生产的一件男装，里里外外共有十个口袋，并在吊牌上明确了它们的分工，如放手机的、放信用卡的、放登机牌的、放钱包的……口袋还可以脱卸，穿上这件漂亮又实用的衣服去出差会十分方便。

再如著名男装品牌杰尼亚（ZEGNA），产品对品质与信誉的要求几近苛刻。杰尼亚的西装，穿过后放回衣柜用衣架挂上 6 天，西装上的褶皱就会自然拉平，看上去就和刚刚熨烫过的一样。这种精良的面料和制作工艺，可能只有杰尼亚品牌羊毛西装才能够做到（图 3-15）。

图 3-15 杰尼亚男装的成功在于其人性化的设计

大多运动装人性化的设计表现在服装的功能上。如欧洲户外运动专家SALEWA(沙乐华)的专业冲锋衣可以作为功能性运动装的代表,产品所采用的"GORE-TEX"面料与"XCR-2"面料是最先进的面料,"GORE-TEX"是美国面料生产厂家戈尔(GORE)公司生产的一种涂层,学名叫做"膨化聚四氟乙烯"。衣服上同时还有防水透气性能极优的网眼结构内衬、双拉链设计、防风门襟、下摆内侧的防风衬、可调节的帽子、腋下的通风口等新概念的功能设计(图3-16)。

图3-16 SALEWA的专业"冲锋衣"其人性化设计为看似简单的外套增添了魅力

耐克(Nike)于2008年推出了一款以将日本传统的民族服饰和服(kimono)为蓝本再结合高科技制作而成的夹克。这款夹克以高科技的"3-Layer"面料来制作,"3-Layer"面料是一种把"GORE-TEX"如三文治般夹于面布和里布之间的面料,更为耐磨,但穿着硬挺。具有良好的防水、防风性和优秀的透气性。这款夹克非常适合骑车时穿,在帽子与领口的设计可以有效减少风阻,受到了很多"骑行族"的欢迎(图3-17)。

图3-17 NIKE公司出品的适合骑车的夹克,创新的面料和人性化的领口设计受到骑行族的欢迎

(二) 经济性

成衣服装企业想要在市场上获得效益,在市场激烈的竞争中独占鳌头,需要重视经济性。企业的消费者目标不同,经济性的要求也不同。对于高档次服装,面对的消费群体是高收入的群体,他们对服装的经济性要求相对不高,更加重视品牌,代表着一种高品质的生活状态。对于

中档次和低档次的服装来说，消费者更加重视经济性，重视产品的性价比，要求产品物美价廉，既要能够满足自身对产品的款式设计、面料功能、着装审美等方面的需求，同时又要求产品价格不过于高昂。对于设计师来说，在设计之前，应该从消费者的消费实力出发，了解目标群体的生活方式、经济收入、消费需求档次等，在产品设计中必须注意控制成本，设计出适合产品目标群体消费能力，符合目标群体的消费结构、消费心理的产品。而不是无视目标群体的消费支持能力和对于产品价格的敏感度，不进行事先的市场研究分析，盲目投入生产，势必会造成产品的大量库存积压，必将对企业和品牌带来损失。

（三）审美性

服装作为一种产品，不光需要满足人们穿衣生活的基本功能需要，更需要能够具有一定的审美价值。尤其是在经济水平大力发展，人们社会生活质量日益提高的今天，消费者对于穿衣生活的需要，已经从功能需要为主逐渐朝着审美需求为主的方向转化，要求服装产品能够在符合服装基本的功能性的同时，满足人们的审美要求。这一点在市场销售中，可以很明显的反映出，能够符合和引导消费者审美取向的服装则能够更好地吸引消费者，更能够被消费者所认同，并能够促使消费者产生购买的欲望，促进实际消费。因此，设计师要在男装产品设计中融入艺术审美，及时掌握流行动态，把握消费者的审美需求，结合品牌产品定位，融入设计师基于市场研究和设计经验的审美理念，使得产品既能符合目标消费者的普遍要求，又能在一定程度上通过创新来提高产品的审美品位，并能够引领消费者的审美取向，促进产品的更好销售。

四、成衣化男装的设计内容

成衣化男装从市场销售类型的角度来看，可以分为零售型男装成衣和制服型男装成衣。

（一）零售型男装

零售型男装是指直接在市场上进行销售的服装，经过销售环节转化为商品。零售型男装是面向消费者大众的服装，所以具有很强的商业型和实用性。设计师需要根据当前，以及今后一段时间的流行状况和市场需求进行设计构思，考虑消费者的审美和消费水平等综合因素，所以在一定程度上对产品设计规划增加了难度，也是对零售型男装设计师的挑战，在有创新意识的基础上还要考虑其他条件。销售情况是零售型男装最终检验设计师设计水平和专业素养的标准之一，剔除市场环境状况和品牌运作、营销通路建设水平等因素，销售情况的好坏与设计师是否了解市场、了解流行趋势、了解消费者都是密不可分的。

具体从设计上来说，零售型男装在设计上表现在风格、款式、色彩和材料。零售型男装的设计风格分类较多，有经典风格、前卫风格、都市风格、运动风格、休闲风格、中性风格、简约风格、复古风格，以及一些另类的男装风格，包括民族风格、欧普风格、甲壳虫乐队风格、嘻哈风格、波西米亚风格、朋克风格、嬉皮风格等。一般来说，零售型男装的基本种类为礼服、西装、衬衫、马甲、夹克、裤子、T恤、毛衣、外套、内衣等。着重于完美、整体的轮廓造型，简洁合体的结构比例，较精致的制作工艺，设计上不能过于复杂，因为设计师每增加一条结构线都有可能增加制作的时间，从而影响加工成本的构成。零售型男装的色彩使用较广泛，以不同的风格为依据选择。材料以优质、实用为主，根据不同材料本身的状态和加工完成后的效果进行选择应用，主要包括棉类、麻类、化纤类等（图3-18）。

图 3-18 注重商业性的零售型男装(CANALI2013 春夏作品)

另外,设计师除了需要对每个单品进行款式选择,色彩的合适性、感度把握的准确度等之外,还要对零售型男装的系列化成品着装外观效果进行整合,包括面料效果整合,如面料与特殊工艺的匹配、面料与线条感度整合等;造型效果整合,如轮廓感度整合、领型整合、袖型与流行度整合等;色彩效果整合如用色合理度、加色考量等进行综合的考虑进行设计(图 3-19)。

图 3-19 注重系列感的零售型男装(CANALI2013 春夏作品)

(二)制服型男装

制服型男装是指以功能性为主,注重职业性质、职业特点、职业环境的一类服装。如军队、警察、银行、铁路、消防、学生等职业性的工作制服,以及服务类行业人员所着的代表行业形象和特征的统一制服,如宾馆、饭店、专卖店等职业范围较为固定的制服。

制服型男装设计应符合该行业的精神和行业特点，体现企业形象。在进行此类服装的设计之前要做好详细的调查研究，了解工作性质、工作环境、工作场所的装修风格等。之后，进行大致的风格设定，就不同的岗位、性别和职位进行针对性的设计。在总的风格之下进行不同岗位的设计，如酒店制服就分为大堂经理、前台接待、大堂副理、门童、行李员、PA服、客房服、中餐厅服、西餐厅服等。具有对外统一、对内区别的特点，要求整体系列化（图3-20）。

图3-20　酒店门童服

制服型男装款式和结构的处理要恰到好处，穿着合体舒适，便于工作。除了特殊的工装外，制服型男装款式一般大多为西服套装、燕尾服、大衣、马甲、衬衣、西裤等。整体的细节设计和装饰避免过于繁琐，要考虑生产制作的便捷性和经济性。色彩要求与工作环境相结合，一般常使用的色彩有黑色、红色、灰色、白色、绿色、藏青色等。职业制服型男装的色彩具有标志性，与款式配合设计，以及运用色彩的语言来表达行业的标志。如提到护士就会自然联想到"白衣天使"，邮政局制服的色彩一般都是绿色系为主，电信局制服色彩一般为蓝色系等。

制服型男装的面料夏装主要为府绸、涤纶和棉、棉麻的混纺、卡其等；春秋装主要为毛哔叽、托丝锦、板司呢、全毛华达呢等；冬装主要为制服呢、粗花呢、麦尔登、涤棉卡其和涂层锦纶塔夫绸等。另外，在特殊作业环境下工作所穿的制服型服装，在款式设计和面料功能上均需要具有防护性，如消防、医疗、地矿业等特殊行业所选的面料需要对人体有特殊的防护功能，如仿尘、抗静电、防辐射、防菌、防油污等特殊面料。为了在穿着上更舒适和环保，一些新型面料如大豆蛋白纤维、竹纤维、木浆纤维等天然的新材料也开始运用于春夏季的制服中。随着纺织科技的发展，制服面料的功能性也越来越多，制服的实用性和舒适性也在提高。工艺装饰上强调标志性和岗位的分工，如在领口、袖口、门襟、底摆、帽缘处使用不同材料进行滚条、镶拼、缎带来体现制服的职业性和象征性。在胸口、袋口、后背、帽徽上常以刺绣或印制企业的徽标图案或字体的方法来进行装饰，既美化了服饰形象，又具有标志作用。

五、成衣化男装的设计步骤

（一）市场调研

市场调研是成衣化男装设计的重要环节，主要包括市场环境的调研，消费者的调研，同类产品的竞争对手分析调研三个环节。运用科学的方法把握分析市场营销的相关内容，为服装的设计和市场营销提供直接数据。

市场环境的调研——从宏观上分析产品市场的周边大环境，寻找产品市场的问题和机遇，为服装市场的战略策划提供理论依据。市场环境调研的方法有实地调研、个性调研、问答卷的形式，企业根据自身产品的特点和消费市场进行针对性的调查。

消费者的调研——调查消费者群体对产品的审美需求、购买动机、购买方式以及对产品优劣的评价和建议等。询问消费者对于投放市场产品的造型、色彩、面料、工艺、包装、销售手段等的意见。对于市场产品销售地点、销售人员的素质、服务态度等的调查。了解消费者对产品各种属性的重视程度和对产品的理想形象。

同类产品的调研——主要针对同类产品同类定位的具有竞争性品牌的调查,不管是国际还是国内的品牌,将本季的服装与往季的同类服装相互比较。了解企业的产品在市场上与同类产品的竞争位置。这种横向和纵向的比较有利于设计师从中把握自己产品的优势和劣势,知己知彼才能扬长避短,更好的确立产品的定位(图3-21)。

图3-21 同类产品的相同设计元素应用调研

(二)设计构思

设计构思的形成就是对构成设计的各个因素进行综合比较和挑选,找出对设计构思有利的因素,确定设计的切入点,从而制定出初步的设计方案。设计构思是实施整体方案的首要步骤,在设计过程中要发散思维,创造新的设计思维点,在总结前人成功经验的基础上进行升华,从另一个角度来说,服装的流行也是对过去服装的重新理解和认识,并从中寻找出新的设计思维点。设计时设计师需要进行各种信息的搜寻和组织,例如可以从书刊杂志、电视电影、绘画作品、音乐作品、建筑艺术等方面找到灵感。在各种流行趋势资料的收集和分析中,对款式、面料和色彩的流行资料进行归纳和研判,找出适合自己产品的有用资讯,在此基础上加以重新设计。除了对于书面资讯的收集与整理,需要进行一定范围的市场和生活空间的实地采风调研,了解目标人群的消费状况、生活方式、市场环境等,从中得到反馈信息,并以此为根据作出新的预测,调整产品结构,进行新的构思,设计出适合于目标市场的成衣化男装产品。

(三)设计表现

设计的表现不仅仅是我们通常理解的画设计效果图,它是一种从平面到立体,从整体到局部的形象思维能力。设计师对设计构思的表现是否具体和到位,直接影响后期成衣的制作。成衣化男装的设计表现主要分为设计效果图、设计款式图、设计结构图三种。一般,设计效果图表现成衣着装的整体效果,服装在人身上的大体比例关系,包括表现服装的造型、款式、色彩、材料、肌理、装饰、工艺等,适当辅以动态和相关配饰品的表达。一般注重表现正面效果,但如果设计的重点在背面,也可以着重表现背面效果。

成衣产品设计中与设计效果图匹配的还有款式图。设计款式图需要表达出服装款式设计整体及各个关键部位结构线、装饰线裁剪与工艺制作要点。通常款式设计图要求画出服装的平面形态，必要的时候也需要表现出服装的立体着装形态，包括具体的部位详细比例，服装内结构设计或特别的细节设计。款式图一般用手绘或者电脑软件来制作。手绘款式图是传统的方法，相对于电脑表现来说作品的线条表现具有更好地动感和表现力，但是作品的修改和色彩、面料效果模拟没有电脑绘制款式在后期处理上的便捷，所以现在许多成衣公司都要求用电脑软件，以便于设计文档的储存、修改、模拟效果，以及下单应用。常用软件有 Illustrator、CorelDraw 等（图 3-22）。

图 3-22　男装效果图与款式图

（四）样品试制

样品试制是指样衣师根据设计师的款式图，进行实际的面料和辅料的剪裁，根据款式设计所需的工艺流程完成样衣的制作。在样品的制作过程中，设计师需要与样衣裁剪样板师、缝制工艺师进行相互沟通，让对方充分了解产品设计相关信息，同时，样板师、工艺师也需要与设计总监和设计师进行一定的沟通，了解设计师的设计想法，这样更能够很好地保持产品风格与设计相符。样衣的功能一般包括试样生产、了解设计效果、制作效果，和为后期制作生产流水线作参考的样板标准，因此样衣制作需要尺寸标准规范，部位结构准确合理，整体工艺制作要精细考究。样衣完成后，公司的试衣模特进行试衣，观察样衣的不足之处，并对不足之处进行修改。依据实际需要，这个过程可能要经过不止一次的修改，才可以达到最终满意的效果。一般情况下，同一款式需制作 5 件左右的样衣，反复修改并最终定款。只有这样才能保证后面批量成衣的产品质量。

（五）工业样板

服装的工业样板是建立在批量测量人体并加以归纳总结得到的系列数据基础上的裁剪方法。该类型的裁剪最大限度地保持了群体体态的共同性与差异性的对立统一。在服装企业生产过程中，每个规格的衣片要靠一套标准样板来作为裁剪的依据。这些成系列的标准样板就是工业裁剪样板。工业样板是为了适合工业生产，制作出的工业用的纸样，然后再根据所需大小号数进行推板放号。现在大多数大型企业用电脑来推板，并画出重复的纸样，再由技术人员按照此图进行核对和修正。服装工业化生产通常都是批量生产，从经济角度考虑，厂家自然希望

用最少的规格覆盖最多的人体。但是,规格过少意味着抹杀群体的差异性,因而要设置较多数量的规格,制成对应的规格表。工业样板的大部分规格都是归纳过的,是针对群体而设的,对于消费群体来说具有一定普遍适用性和覆盖率,对于消费个体来说并不能完全符合需求。

成衣化男装设计步骤中工业样板制作完成后,便进入排列生产环节,在排料中需要把握"完整、合理、节约"的排料基本原则。传统生产加工模式中排料环节多由手工完成,现今较多的规模化企业均利用计算机辅助制造系统(CAM)来完成裁片的排料和切割,具有节省布料、缩短工作周期、提高生产效率、确保服装品质和减轻劳动强度等功效。

(六) 批量生产

在进行了以上的工序后,按生产计划进行批量生产。生产的流程一般包括剪裁——缝制——整理——整烫——检查——包装。剪裁工艺是批量生产的第一道工序,主要是把面料、里料、衬料按纸样要求剪裁为衣片并进行标记、分类、编号。再进入缝制环节,将衣片缝制组合成服装。完成缝制后,需要对服装进行整理和整烫工艺处理,通过熨烫塑造和保证服装的外观效果。检查是通过一定的质量检验措施,检验产品在剪裁、缝制、成品以及出厂等过程中的质量问题,比如断针检验、残次检验等,是保证产品达到质量规格的重要一步,再将检验合格的产品进行包装,根据不同的材料、款式和要求对产品进行包装和储藏以及运输。

本章小结

本章主要围绕男装的设计类型进行了详尽的阐述,从男装设计类型的主要分类入手,对男装设计类型主要类型:艺术化男装、概念化男装、成衣化男装的定义以及设计目的、设计特征、设计流程进行了讲解。为读者理清了这三类主要男装类型的设计方法和设计流程,对于男装产品设计开发,正确判断产品类型、掌握产品特征和把握设计流程以及相应的开发流程有着较好的帮助。

思考与练习

1. 自我拟定主题进行艺术化男装系列设计创作?
2. 以某男装品牌为参考,模拟设计下一季秋冬产品?

第四章 男装单品设计

服装单品设计是指以某种品类或者年龄段、主体材料、民族、功能、季节等性质划分的服装类型作为设计范畴，为某个单体对象或者团体对象设计的单品类服装。服装单品是构成品牌服装产品的必要基本元素，无论是以单品类服装产品为主体的单品牌服装品牌，还是以多品类、系列化服装产品构成产品组合的综合类服装品牌，如果从构成其品牌服装产品的基本单位角度来说，服装单品是构成两者的基本单位。因此，可以说服装单品的设计风貌在某种程度上直接反应着所属品牌的产品设计风格，以及品牌定位、品牌理念等，是服装品牌产品设计的具体付诸对象。

第一节 男装单品的设计原则

男装单品作为服装产品设计范畴中的一个门类，在设计时除了要把握服装设计的一般原则外，更需要注重考虑男装单品的自身属性。服装设计的5W·1P原则，分别表示对象(Who)、时间(when)、地点(Where)、目的(Why)、设计什么(What)、价格(Price)，从设计主体的着装季节和着装时间、着装场合、着装目的和用途等方面，考虑服装设计具体内容和形式，以及所用材料与加工工艺的可行性，注重生产管理，合理控制成本与时间节点，控制设计与制作等方面的各种成本构成因素，并注重材料、色彩、造型、流行的协调统一。男装单品设计需要从男装消费者的性别特征、年龄、职业、收支状况、生活方式等方面分析目标受众的价值取向、审美观念，以及消费心理和消费习惯等，进行综合分析、调研，才能将男装单品的设计做到定位准确、方案合理，设计结果科学合理，不会因为盲目设计造成诸多的资源浪费，给企业造成经济损失的负担，或造成品牌在消费者心目中留下不良印象。

一、男装单品

(一) 男装单品的含义

如前文所述，男装单品是指以某种服装品类或者年龄段、主体材料、民族、功能、季节等性质划分的男装类型。

从以上对于男装单品的含义界定中，可以总结出男装单品定义中包含有按照不同划分标准得到的男装分类范畴，例如按照年龄分类，男装单品可以分为婴儿男装(0~1岁左右男童使用的服装。尽管在日常生活中此时的男童婴儿装与女童婴儿装并没有太大区别)、幼儿男装(2~5岁左右男童使用的服装)、儿童男装(6~11岁左右男童使用的服装)、少年男装(12~17岁左右年轻男性穿着的服装)、少年男装(12~17岁左右年轻男性穿着的服装)、青年男装(18~30岁左右年轻男性穿着的服装)、中年男装(31~50岁左右年轻男性穿着的服装)、老年男装(51岁以上男性穿着的服装)。再如从气候与季节的角度来分类，男装单品可以分为春秋装(主要是指在春秋季节穿着的服装。如套装、单衣、风衣等)、冬装(指在冬季穿着的服装。如滑雪衫、羽绒服、大衣等)、夏装(是指在夏季穿着的服装。如短袖衬衫、短裤、背心等)。

需要指出的是，以上例举的部分男装单品分类方法所涵盖的男装单品，只是部分通常意义或者说是约定俗成的男装分类方法所涉及的相关男装单品，我们知道随着人们生活环境的不断改善，以及男装服用材料的不断推陈出新，加之男装裁剪制作工艺的逐渐成熟，致使我们有时候难以评判某种男装单品究竟是隶属哪种男装分类标准中，而此类男装单品亦是同时具有几种以上的分类属性所涵盖的属性特征，因此对于此类男装单品的概念界定沿用某一种分类方法是很难做到准确无误，需要有几种以上的分类方法来从不同侧重点综合加以界定，方能将其概念表述的相对完整。只有这样在设计此类男装单品时才能全面、细致、准确地理解各种形式的设计指令，才能得出令人满意的设计结果。

(二) 男装单品设计的含义

男装单品设计是指以某种服装品类或者年龄段、主体材料、民族、功能、季节等性质划分的男装类型作为设计范畴，为某个单体对象或者团体对象设计的男装单品类服装设计。大多是针对男士群体进行单品男装设计，在设计时首先应从设计的目标受众来着手，研究目标受众的个体与群体特征，分析其主流的生活方式，以及价值取向、审美观念、消费心理和消费习惯等，这样才能使所设计的男装单品更加符合市场需求特性，具有更高的市场价值。

对于男装设计来说，除了幼小男装设计以外，大部分男装设计的突出作用之一即是要展现着装者所具有的男性美，要求设计产品能够展现穿着者的特点和气质，要表现出男性的豪迈和刚健。在进行男装单品设计时需要从款式风格、廓型特征、面料风格、面料档次、色彩属性、细节设计、结构设计等方面来进行协调考量，通过这些男装单品设计所涉及的相关要素的整体协调，形成一种综合的表现力，来展现男装之美。

二、男装单品面料设计的原则

面料是服装设计的物质载体，同样的对于男装单品设计来说，面料是男装单品设计时产品定位、款式风格、流行信息、品牌理念等相关设计信息的承载物体，亦是男装单品其他设计要素的设计媒介。同时面料也是反映男装单品品质的一个重要指标，对于男装品牌来说面料是评判其服装产品档次高低的重要依据，也是丰富款式造型的重要手段。

面料的色彩、纹样、肌理、后处理等都是面料设计的关键，在进行男装单品设计时，通过对面料的再加工，以及与辅料的合理配伍设计也会创造出非凡的男装单品款式来。我们知道在男装设计中，一般来说，什么服装选用哪一种面料，或哪种面料适合做哪种类型的服装，已经形成了约定俗成的定式，但有时也会有一些打破常规的大胆设计，往往会创造出非凡的男装单品来。设计师一般应用对比思维和反向思维的方式，打破视觉常规，以出奇制胜的手法将不同性格、肌理的材料搭配起来，给顾客以震撼的感觉，从中领略到设计师独到的设计内涵。这些通过精致而细腻的手工对材料进行设计、制作使其富有生命力，或对原有材料能动地进行二次设计，赋予新的设计美感，无论是在视觉还是触觉上都能够给定制顾客带来焕然一新的感觉。更有一些高档男装品牌根据顾客的着装理念和穿衣要求推出定制面料设计的业务，服装企业通过定制、定织、定染、再造、改造等方式，为顾客提供定制面料的男装单品设计，当然了，顾客为此会需要付出高昂的费用。并且，这种从面料着手进行改造设计的方式，而非款式外形与内部结构线的变化设计所成就的男装单品是其他同类竞争品牌难以相仿的，因为改造面料的相对成本和技术难度会稍高于单纯的款式结构变化所需要付出的代价。因此，很多服装品牌把面料设计作为本品牌技术革新的切入点，以此来彰显品牌的产品研发创新能力，不断提高品牌产品的市场竞争力。

通常，国际上的趋势预测都是从对色彩和纱线的预测开始的，在进行款式设计前最先考虑的就是选用材料的色彩和质地，国际上每年都有专门的面料博览会和纤维、纱线展发布新的面料流行趋势信息。相同款式的服装由于面料的不同会区分出不同的档次，呈现出不同的流行度，其价格和受欢迎程度也会大不相同。针对男装来说，面料的流行主要体现在面料的成分、质地、织造、手感、及新技术所赋予面料的功能等方面。总体看来，当今国际男装面料的流行趋势是朝着天然化、轻薄化、功能化、环保化、肌理化等方面发展。

作为男装设计师应该熟练掌握不同面料的性能、质感及造型特色，在进行产品设计时才能灵活自如地运用面料为设计服务。服装面料从外观、手感、质量、织造工艺、肌理组织等角度来看一般分为光泽型面料、无光泽面料、厚重硬挺型面料、轻薄柔软型面料、平整型面料、立体感面料、弹性面料等。在进行单品设计中除了遵循季节、气候、订单要求等因素外，更重要的是在设

计中需要依据消费者的个体特性来进行差别对待。由于个体的差异,以及各种服装面料的不同表面风格、手感特征等,往往会导致同一种面料在不同体型的着装者身上呈现不同的贴体效果、风格面貌等等,呈现出的个人着装风度与气质也完全不同。因此在男装设计中需要针对消费着的个体身材高矮、胖瘦、比例以及个人精神面貌、气质等因素进行合理的选择(图4-1)。

图4-1 XX品牌男装单品设计的面料企划

三、男装单品色彩设计的原则

在多数人的印象中,男装色彩总体上给人以灰暗的感觉。时至今日,还有观点认为黑、灰、蓝等凝重的色彩似乎就是男装的主色调,男装无需色彩设计。这样的观点过于片面,事实上男装也经历了巴洛克时代和20世纪60年代的美国孔雀革命时代,男装领域探索性地呈现出一系列糖果般丰润鲜亮的色彩,水蓝、茄紫、粉红、浅酒红、嫩黄、绯红、绿、橙等等,伴随着各式闪亮的珠片、图案、绣花等装饰,传统观念上沉闷的男装色彩越来越向亮丽、丰富的方向发展(图4-2)。

图4-2 绚丽多彩的Jil Sander男装

男装单品设计中，需要按照男装单品的分类来考虑服装色彩的选用原则，比如同样是男装单品夏装与冬装的选用色彩会有所区别，夏季单品因为季节环境的原因在色彩选择上有着更大的空间余地，消费者的色彩接受范围和程度也相对更大。在进行男装单品设计中需要从视觉因素、心理因素，以及色彩的整体协调等角度来进行考量。服装色彩的视觉心理感受与人们的情绪、意识、以及对色彩的认识紧密关联，不同的色彩给人的主观心理感受各异，但是，人们对于色彩的本身固有情感的体会却是趋同的。色彩具有冷暖和进退感，如红、橙、黄让人联想到炉火、太阳、热血，因而是有温暖感觉的，具有膨胀感；而蓝、白、则会让人联想到海洋、冰水，具有一定的寒冷感，具有收缩感。从明度角度讲，明度高的向前，明度低的后退。总的来说，暖色进，冷色退；明色进，暗色退；纯色进，灰色退。色彩还具有轻重和软硬感，明度高的色彩使人有轻薄感，明度低的色彩则有厚重感。如白、浅蓝、浅绿色有轻盈之感；黑色让人有厚重感。在男装单品设计中，应注意色彩轻重感的心理效应，如服装上白下黑给人一种沉稳、严肃之感；而上黑下白则让人觉得轻盈、灵活感。通常说来，明度高的色彩给人以软感，明度低的色彩给人以硬感。此外，色彩的软硬也与纯度有关，中纯度的颜色呈软感，高纯度和低纯度色呈硬感。色相对软硬感几乎没有影响。在设计中，可利用此特征来准确把握服装色调。在男装设计中为体现男性的刚强、稳重，宜采用硬感的色彩，这一点在男式职业装或特殊功能服装中尤为突出(图 4-3)。

图 4-3　XX 品牌男装单品设计的色彩企划

在男装单品的色彩选择运用中，还需要根据服装穿着人群和穿着季节、穿着场合、职业特征等方面考虑所选色彩的适合性，考虑设计对象的生活方式、生活类型、教育文化水平、审美标准、兴趣爱好、个体的体型肤色特征等因素来进行权衡对待。通常来说年轻人、儿童、运动服等多用鲜艳的兴奋色彩，老年人、医护人员常用沉稳的色彩。

四、男装单品款式设计的原则

相对于女装来说，男装在款式设计上的变化更为含蓄和内敛，其变化的进程也相对较为缓慢，而对于现今生活水平相对高涨的男装消费者来说，无疑是需要更多价廉物美、个性时尚的男

装款式来满足自身的穿衣搭配需要，因此这种来自于消费市场的切实需求，对从事男装设计的设计师来说既是机会和动力，亦是责任和压力。

前文所述的男装单品面料设计，男装单品色彩设计，都需要最终付诸于男装单品款式设计当中，也就是说款式设计涵盖了面料设计、色彩设计和结构设计，这三者都需要以款式造型设计来呈现。男装单品款式设计包括与服装款式相关的外轮廓设计、内部结构设计、零部件设计、细部设计、材料的配伍设计、色彩搭配设计等。需要设计师在把握品牌风格、流行趋势，以及目标人群的年龄段、消费心理、着装季节等因素进行有针对性地设计研发。并根据消费人群的消费水准，选择适合的面料、制作工艺，以适合的价格水平来满足消费者的需求。

第二节 男装单品的设计要点

男装单品按照不同的分类标准存在着很多不同称谓的男装品类，涵盖了不同年龄段、不同季节穿用、不同材料、不同民族、不同服用功能的诸多男子服装单品类型，不胜枚举。下文将以一些典型男装品类为例，介绍部分常用男装单品的具体分类与设计方法。

一、礼服的设计要点

男士礼服指的是在出席比较正式的场合或参加某些社交礼仪活动时穿着的男装，这种社交礼仪装束称为礼服。在正式的社交场合，穿着礼仪装不仅是自身价值与个人修为体现的需要，更是对他人的一种尊重。我们知道居住在地球上的各个国家和地区的不同民族，大多有着本国或者本民族的传统礼仪服饰，很难有着一个统一的样式规定，但是随着地球村的出现，礼服统一的、约定俗成的、规范化的识别符号、款式结构，以及与之相适应的着装礼仪越来越趋向于统一，成为一种社交语言，在不同国家、地区、民族间交往中形成了一种着装的礼仪规范(图4-4)。

图4-4 社交的礼仪装束

作为通用的礼仪着装，礼服着装有着规范化的语言格式，虽然因礼仪级别的高低不同，礼服着装格式语言的严格标准亦存在着高低之分，但是依然在着装时间、着装地点、着装场合等方面有着明确的区分，即我们通常所说的TPO原则（Time、Place、Occasion），最早提出礼服着装TPO原则的并非现代礼服发源的欧美国家，而是1963年由日本的MFU（Japan Man's Fashion Unity，日本男装协会）作为该年度的流行主题提出的，其目的是在日本公众之间尽快树立最基本的现代男装国际规范和标准（男装の定番），以提高国民整体素质。不仅给当时的日本国内男装市场的细分化趋势提供了指导，同时为迎接1964年在日本东京举行的奥运会做好准备，为国人在世界各国人士面前树立良好形象做出了规范指引。使得TPO原则在日本国内迅速推广普及，并且为欧美和国际社会所接受，成为了通用的礼服着装原则。

（一）礼服的基本廓形与结构

随着现代社会文明的发展和快节奏生活方式的需要，某些场合或某些种类的礼服正在被简化，或者被其他服装代替，只有晚礼服、婚礼服、仪仗服等还受到人们应有的重视。传统的男士晚礼服由领结、衬衫、燕尾服和长裤组成。

（二）礼服类别与设计分析

一般来说，礼仪装包括晚礼服、婚礼服、晨礼服、午后礼服、仪仗服、葬礼服、祭礼服、鸡尾酒会服、宴会服，具体到名称有燕尾服、塔士多礼服、梅斯礼服、装饰塔士多礼服等等。沿用礼服着装的TPO原则，可以将这些礼服细分品类从着装时间划分为晚间礼服和日间礼服，划分时间为夜幕降临的时刻为准，大约为18时左右，18时之前为日间礼服（Formal Day Wear），18时之后为晚间礼服（Formal Evening Wear），如燕尾服、塔士多礼服一定是18时之后穿着。具体到某个国家划分时间不同，欧美国家一般以17～18时为时间界定，增加了变通和灵活因素，如在下午到傍晚的聚会上可以提早穿上晚间礼服，使得有时候午后礼服与晚间礼服的界限趋于模糊。除了时间的划分，在穿着季节有所区别，如白色塔士多礼服和梅斯礼服多用于夏季晚间。但是在具体事件中可以区分对待，如在其他季节的婚礼中，新郎常以白色区别来宾的黑色礼服。从着装地点和着装场合角度来划分礼服类别，是以礼仪级别、社交场合、环境氛围、来宾构成等方面所决定，分为正式礼服（Most Formal Wear）、半正式礼服（Semi Formal Wear）、便装礼服（Informal Formal Wear）三种级别。需要说明的是这种级别的划分并不包含有阶级与等级的高低之意，礼服本身没有高低之分，着装者更加没有贵贱之分。礼服的级别之分只是为了规范着装识别和规范着装行为等作用。

1. 正式礼服的设计与结构

（1）晨礼服（Morning Coat）

晨礼服是男士白天正式社交场合穿用的大礼服，被视作日间第一礼服，与燕尾服属同一级别，按国际惯例只能在下午六点以前穿用，例如婚礼、丧葬、宴会等。由18世纪末的弗瑞克外套（Frock Coat）演化而来，而其前身在中世纪就出现了。晨礼服在19世纪下半叶盛行于英国，当时是英国绅士赛马时的装束，亦称骑马服。第一次世界大战以后，逐渐取代了早先直摆、双排扣的大礼服而升格为男士日间正式礼服，至50年代它只限于英国皇家赛马会和盛大婚礼等重大场合。现在很少穿用，仅限于某些特殊场合的礼仪装束，如国家级的就职典礼、授勋仪式、婚庆丧葬、日间大型古典音乐的指挥等。晨礼服属燕尾服结构，只是前片衣摆由前向后基本裁成斜线，而非弧线，领型是戗驳领或平驳领，面料是黑或灰色呢料，裤子是黑灰间隔条纹，与上装同质地，裤脚为手工挑边。胸前手巾袋露出白色麻或绢质手帕。其马甲的设计通常采用与上衣同色

的面料，夏季的晨礼服则多用白色的面料，双排六粒扣，戗驳领型，衣长至腰间。脱掉背心裤子不系腰带而是由白色吊带固定。前片无胸饰双翼饰领式白色衬衫，搭配蝉型领结，或用黑白斜纹或银灰色领带，也可饰阿斯科特领巾(ascot tie)。今天的晨礼服仍然保持着维多利亚时期的总体风格，黑色上衣配专用的灰色条纹西裤，双翼领无胸饰的白色衬衣，扎银灰色阿斯科特领巾，银灰色戗驳领双排扣专用背心和手套，三接头皮鞋、黑色大礼帽和勾柄手杖是其惯例上的经典搭配组合方式(图4-5、图4-6)。

图4-5 晨礼服的经典搭配组合方式

图4-6 晨礼服的款式构成

(2) 晚礼服(Evening Dress Coat)

晚礼服是指按国际惯例只能在下午六点以后穿着的礼服。晚礼服也分为夜间式礼服及夜间准礼服两种。夜间正式礼服是男装中的第一礼服,用于最正式的场合。但是在今天的社交生活中,通常不作为正式晚礼服使用,只作为公式化的特别礼服,如古典乐队指挥、演出服、特定的典礼、婚礼、授勋、宴会、舞会等社交活动。燕尾服作为礼服是在1789年法国大革命时期,和弗瑞克外套构成18世纪礼服外套的两种基本样式,弗瑞克外套是具有英国本土风格的外套,从最初户外穿用的常服外套发展到骑马服、再到晨礼服延续了日间活动的时间概念。燕尾服则保持了法国传统风格的外套风格,最初称为卡特林的燕尾服,在服用时间上并没有做出限制,直到1850年逐步上升为晚间正式礼服,第二次世界大战以后正式升格为晚间正式礼服,其形制在维多利亚时代固定下来延续到今天(图4-7)。

图4-7 美国前总统布什身穿燕尾服迎接英国女王访美

燕尾服作为第一晚礼服,由于特殊礼仪传统规范的制约,其结构形式、材质要求、配色、配饰,以及与其他服装的搭配形式均有严格的规范。通常在收到邀请参加宴会时,对于着装要求会在请柬中注明,请柬中注有"In White Tie"(请系白色领结)意为请着燕尾服出席。晚礼服形制保持了维多利亚时期的传统样式:缎面戗驳领黑色六钮式上衣(左右各3粒,一般不扣住,衣料是高档黑色呢料,衣下摆呈弧线状裁剪,前胸手巾袋插有白色手帕),配双条侧章黑色西裤,配双翼领、"U"型硬胸衬白色衬衫,系白色蝴蝶领结。搭配麻质白色方领三粒扣背心,白色手套,黑色大礼帽,晚装黑色漆皮皮鞋、黑色袜子和球柄手杖(图4-8)。

图4-8 燕尾服的经典搭配组合方式和款式构成

2. 半正式礼服的设计与结构

半正式礼服比正式礼服档次低,适用于晚间宴会派对、观看音乐戏剧等场合,如半正式晨礼服(亦称准礼

服）和夜间准礼服塔克西多(Tuxedo)。如今半正式礼服已升格为正式礼服，出席各类重要礼仪场合和聚会。

（1）半正式晨礼服

半正式晨礼服，亦称日间准礼服或董事套装(Director's Suit)，是适合白天非国家级正式场合穿着的一类服装。半正式晨礼服与其说是为董事会成员专设的一种礼服套装，不如说是上层社会将晨礼服大众化、职业化的产物。其基本形式类似普通西装，有单排与双排两种造型，戗驳领配双排扣，青果领配单排扣，与晨礼服的黑灰条纹裤相配。董事套装后演化为黑色套装，黑色的上装、马甲和裤子三件套由于穿着庄重高雅，适合日常商务应酬及庆典、晚宴、婚丧等多种不同场合，所以成为男人必备的着装(图4-9)。

（2）夜间准礼服

夜间准礼服在法国称为吸烟装(Smoking Jacket)，据说早期法国男士们为享受晚餐后的香烟，而在特别的吸烟室休息吸烟，当时所穿的服装就是现在所谓的塔克西多(tuxedo)的前身。西方社会的交际场合对着装要求很严格，如被邀请参加在夜间正式场合，请柬上标有"In Black Tie"（黑领结），即指定为穿夜间准礼服(Tuxedo)，如标有"In White Tie"（白领结），即是穿燕尾服之意。夜间准礼服在款式上类似现代西装，无燕尾，有双排扣与单排扣两种，但大多数是单排一个钮或两粒扣，戗驳领或青果领，领面选用缎料，前胸手巾袋露出白色手帕。裤子质料与上装相同，一般使用黑色或藏蓝呢料，但面料和色彩也可不同，裤侧缝饰有一道绢料装饰带。衬衫前片饰有褶裥并配有黑色蝴蝶领结的装饰(图4-10)。

图4-9 半正式礼服

图4-10 晚宴上的塔克西多礼服

（3）丧服

丧服在特定的环境条件下穿用，着装上以黑色面料为主，黑色套装最适合这一场合。选择黑色是为了体现其庄重性和严肃性以及对丧者家属的尊重。当穿晨礼服参加丧礼，裤子、背心宜用黑色。当穿黑色套装参加丧礼，应选用黑色或灰色的领带和手套，并且需要在左臂配带黑色丧纱。最常见的丧服形式是黑色套装配丧纱，显得严肃和正式。现代社会中着装不断简化，在出席葬礼时不一定穿着非常正式的传统丧服，一般情况下，简化为穿着深色套装，避免穿着艳丽颜色的服装以及花俏服饰品，以表示庄重和严肃。

3. 便装礼服的设计与结构

随着现代休闲化生活方式越来越多地占据现代人的生活空间，休闲逐渐成为主流的生活方式。男士对于礼服的着装要求更加趋于简化，力求在不受传统礼服繁缛礼节束缚的同时，又保持自己在国际社交生活中不失所谓绅士风度，这种社交生活中普遍的矛盾心理，促使具有通用性、综合性、变通性的黑色套装（Black Suit）成为不受着装时间限制的全天候、具有世界性通用语言的礼仪服饰。黑色套装在级别上继正式礼服（燕尾服和晨礼服）、准礼服（塔士多礼服和董事套装）之后为常礼服，有便装礼服的含义。

黑色套装根据惯例有两种提法：一是 Black Suit（黑色套装），二是 Dark Suit（深色套装）。在色彩学上黑色就是黑色，深色却宽泛得多，如深蓝、深绿、深红等等。而在礼服中，严格地讲是在男装礼服中，“黑色”并不单指黑颜色，“深色”也将大部分颜色排除在外，是指纯黑和深蓝之间的色系，而且更多的时候选择深蓝，黑色套装尤为如此。当代日本男装礼仪专家出石尚三在谈到礼仪的情景、规模、场合和服装的关系时说：“作为特别的颜色，可以举出‘深蓝色’。我们称它为黑色，是因为它蓝得太深了，深不可测，像漆黑夜空一样浓重的蓝”。

在社交活动中如果收到的请柬注有“No Dress”，直译为“非正式”，非直译为“请着便装”，这时如果缺乏对礼服级别符合知识的了解，按照主观臆断往往会陷入尴尬的境地。因为对于我国来说大部分人理解的便装为日常穿用的夹克、T 恤、休闲装之类，而请柬中出现的“No Dress”是指将正式礼服排除在外的便装礼服。其结构套装主要包含双排扣黑色套装和单排扣黑色套装，其裁剪设计和塔克西多（Tuxedo）、董事套装（Director’s Suit）同属于套装结构系统，为六开身或加省六开身裁剪。单排扣黑色套装有两种格式，即三件套和两件套。

4. 面料特性与礼服类型的匹配

一直以来男士服装的设计发展变化都是缓慢于女士服装的，这与男女两性在社会生活中所处的不同角色特征所决定的，社会对于男性及男装的认同多以成熟、稳重、内敛、简洁、大方等词为基准。同样男装礼服在款式设计及形制等方面的发展缓慢也和它保持了相当多的禁忌有关，包括着装礼仪级别与规格等方面的规则要求，为礼服设计框定了诸多范畴。就礼服设计的面料而言，在面料色彩、材质、花色、图案、工艺以及搭配方式与穿用时间等方面有着严格的规范，讲求面料特性与礼服类型的正确匹配。如燕尾服面料首选黑色，为了增加晚礼服在夜晚灯光照耀下的华丽感，驳领采用黑色的丝绸织物，使用深蓝色面料时，驳领采用深蓝色丝绸。常用的面料有礼服呢、驼丝锦等质地紧密的精纺毛织物，内部里料以高级绸缎为主里料，袖里采用白色绫缎。袖筒在肋下内侧与袖窿相连处附加两层三角垫布，以减轻腋下摩擦，同时又具有吸汗的作用。为了使胸部呈现漂亮的外观和自然的立体效果，通常在胸部加入马尾毛的马尾衬，以增加弹性并产生容量感，背部到燕尾部分采用宽幅平布或薄毛毡的衬布，以呼应前后，达到整体的挺括感。裤子采用上衣同色、同质面料，侧缝用丝绸嵌入两条侧章，领结和扣饰采用白色，领结采用麻质材料，衬衫是胸部“U”字形部分采用面料上浆硬衬工艺的白色双翼领衬衫。由于礼服涉及具体款式众多，鉴于篇幅所限，本文在此只列举燕尾服设计制作时的面料选择相关知识做简要说明（图 4-11）。

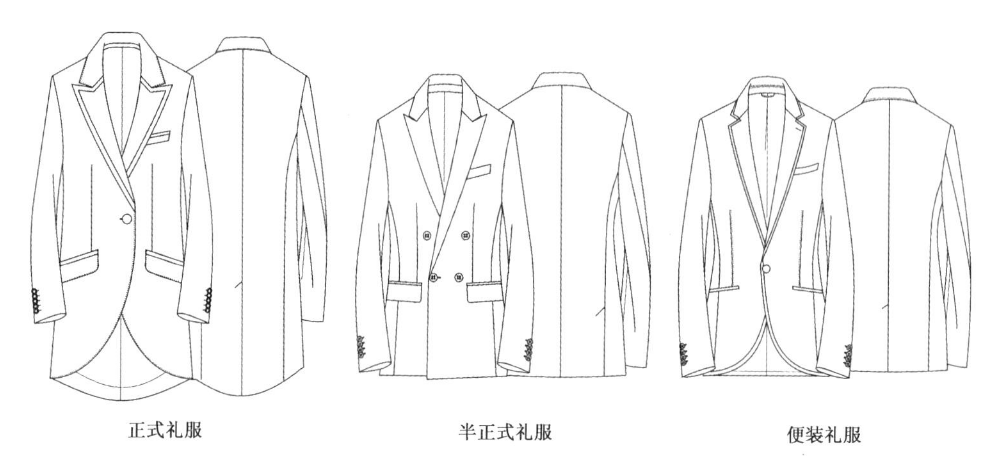

图4-11 礼服设计

二、西装的设计要点

西装又称“西服”、“洋装”。西装是一种舶来文化，在中国，人们多把有翻领和驳头，三个衣兜，衣长在臀围线以下的上衣称作西服，这显然是中国人民对于来自西方的服装的称谓。西装广义指西式服装，是相对于中式服装而言的欧系服装。狭义指西式上装或西式套装。西装通常是公司企业从业人员、政府机关从业人员在较为正式的场合男士着装的一个首选。西装之所以长盛不衰，很重要的原因是它拥有深厚的文化内涵，主流的西装文化常常被人们打上“有文化、有教养、有绅士风度、有权威感”等标签，成为男士出入礼仪场所中约定俗成的主要装束。西装一直是男性服装王国的宠物，西装革履常用来形容文质彬彬的绅士俊男。西装的主要特点是外观挺括、线条流畅、穿着舒适。若配上领带或领结后，则更显得高雅典朴。

西装的设计要点主要包括经济性、针对性、审美性。西服设计的经济性是指除了少数价格昂贵的定制西服外，多数西装设计中考虑与款式设计相关的工艺制作难度、面料档次、款式复杂程度等方面价格性能比，从款式、材料、工艺、结构等角度依靠设计来尽量降低成本，做到经济实用而又具有不凡品味。西服设计的针对性是指西服设计时需要针对客户群进行认真调研分析，除了休闲西装外，多数西装穿着的场合都是比较严谨正式的场合，对着装的礼仪与合体要求最基本的要求，需要设计师针对消费人群的体型设计适合的款式与结构、尺寸，除了对着装者的体型分析外，还需要针对着装者的着装时间、场合、季节、用途进行有针对性的设计。西服设计的审美性是指设计中除了需要融入最新国际西服时尚潮流，包括款式、细节、材料、色彩、工艺，还需要分析消费者的审美心理与社会审美习惯等，使得西装设计既能够满足消费者个人消费审美又能够符合消费者所处社会的大众审美习惯，不至于因过度追求新颖、个性、时尚的款式设计，而与社会审美脱节甚远。

（一）西装的基本廓形与结构

西装的结构源于北欧南下的日尔曼民族服装，据说当时是西欧渔民穿的，他们终年与海洋为伴，在海里谋生时着装散领、少扣、捕起鱼来才会方便。它以人体活动和体形等特点的结构分离组合为原则，形成了以打褶（省）、分片、分体的服装缝制方法，并以此确立了日后流行的服装结构模式。也有资料认为，西装源自英国王室的传统服装。它是以男士穿同一面料成套搭配的三件套装,由上衣、背心和裤子组成。在造型上延续了男士礼服的基本形式,属于日常服中的正统装束,使用场合甚为广泛,并从欧洲影响到国际社会,成为世界指导性服装,即国际服。现代的西服形成于19世纪中叶,但从其构成特点和穿着习惯上看,至少可到追溯17世纪后半叶的路易十四时代。十七世纪后半叶的路易十四时代,长衣及膝的外衣"究斯特科尔"(Justaucorps)和比其略短的"贝斯特"(Veste),以及紧身和体的半截裤"克尤罗特"(Culotte)一起登上历史舞台,构成现代三件套西服的组成形式和许多穿着习惯。究斯特科尔前门襟口子一般不扣,要扣一般只扣腰围线上下的几粒,这就是现代的单排扣西装一般不扣扣子不为失礼,两粒扣子只扣上面一粒的穿着习惯的由来(图4-12)。

图4-12 究斯特科尔的全套装束

(二)西装类别与设计分析

西装的种类各种各样,有双排扣和单排扣之分;单排扣中又有单粒扣、两粒扣、三粒扣和四粒扣之分,双排扣中有两粒扣、四粒扣、六粒扣和八粒扣之分;常用的领型有平驳领、戗驳领、青果领等,下摆有单开衩、双开衩和无开衩之分;口袋有手巾袋、单开线袋、双开线袋、巾袋、有袋盖和无袋盖之分。其整体造型要求挺拔、合体、肩部加宽、腰部收紧。色彩基调基本上是黑色,面料为精纺呢绒,局部可镶拼缎面织物。这类服装是男式服装中最讲究品质的服装之一,要充分展现出男士华贵、端庄的一面来。在西装款式的造型设计中,驳翻领的宽窄、高低、长短直接影响西装的造型风格。较宽较长驳领,最宽可达8cm左右,显得粗犷、豁达,休闲感强。而较窄较短的驳领设计,显得精致、干练,职业感强,也比较适合东方人的身材,驳领中的豁口也是西装变化中的一个方面,一般4cm左右,而串口线的高低、斜平及豁嘴的大小,可根据流行趋势而设计。

西装从设计风格上来看大致可分为经典西装、商务西装和休闲西装三大类。

1. 经典西装的设计与结构

经典西装一般是指款式和结构设计相对中庸,形式比较固定的西装款式。其常见形式是平驳领单排扣上衣,按钮扣的数目可以为单粒扣、双粒扣、三粒扣、四粒扣这几种。另一种常见形式是戗驳领双排扣式上衣,左右门襟重叠较多,重叠量大约12~14cm,钮扣则是双排并列,有双粒扣、四粒扣、六粒扣几种类别。双排扣式上衣比单排扣上衣在整个廓型挺括,因为使用垫肩,突出箱型上装的男性风格。相对而言,单排扣西装更适合亚洲人的气质,而体态比较宽厚的欧洲人则比较适合双排扣西装。传统型的西服无论是面料选择和色彩选择都十分正统,以黑、深藏蓝、黑灰等色居多。面料使用的多是毛呢混纺的常规面料或是一些高档的毛料,内里设计十分考究,备有多个不同功能的口袋。设计风格上相对而言比较保守,只在细部进行些变化,如兜型、领型和外轮廓造型(图4-13)。

图 4-13 经典西装

2. **商务西装的设计与结构**

商务西装是男性在上班或商务社交活动中穿用的西服，此类西服在设计、制作及穿用规范级别上没有正式礼服西装那样具有规范性，需要遵循着装惯例，但是在款式设计、结构造型、材料选择、色彩搭配及工艺处理方式等方面还是相对于下文的休闲西装来说，较为考究，因为在上班及商务社交活动中，必要的着装品质与着装礼仪无论是在提高自身修养，还是尊重对方等方面都是非常有益的，成为商务男士进入现代社会的入场券，在商务活动中有着越来越重要的作用。

鉴于商务西装在商务活动中需要具有正装或礼服之类的功用，在面料选择方面一般选择色调沉稳的单色或暗条纹毛料，色彩首推藏青、深蓝，此外还可以选择灰色和棕色。黑色的商务西装也可考虑，但是只适合于更庄严而肃穆的礼仪性活动时穿着。色彩过于鲜艳或者具有发光发亮的西装面料，不适宜在商务西装设计中应用。商务西装推崇成熟、稳重，通常所用面料为无图案为好，格子呢之类具有明显格纹图案面料一般会显得相对较为休闲，通常只在非正式场合商界男士才可以穿用。商务西装款式主要分为两件套和三件套，在参加较高层次的商务活动时，以穿着三件套西装为适宜选择，以便更好地体现着装者的礼仪及风度（图 4-14）。

图 4-14 商务套装

3. 休闲西装的设计与结构

休闲西装的出现源于20世纪70年代，随着西方工业化程度的不断提高，人们的工作效率和生活节奏不断加快，逐渐厌倦了机器文明和钢筋水泥的包围，对于回归自然、回归人性的渴望逐渐趋强，而人们又无法摆脱自身所要面对的生活和工作环境，只能在生活方式、穿衣搭配等方面给予适当的心理弥补，于是类似西服之类的正装也开始出现休闲化的设计趋势，即是常说的西便装的出现并且盛行。作为便装的休闲西服在设计上有了很大的设计发挥空间，融入了休闲生活理念和流行趋势，在保持西服的基本特征的情况下，在局部造型设计、细节设计、工艺设计、色彩设计、面料组合、搭配方式等方面都给予了更大的设计发挥空间，获得全新的西装设计制作理念和方式。随着消费理念、穿衣理念以及社会审美标准的转变，休闲西服的制作方式也在传统基础上做出了改变，由加硬衬加垫肩的全挂里设计制作方式向着加薄衬无垫肩的半挂里和无挂里的趋势转变，呈现轻柔舒适型发展。

并涌现出多种不同风格的休闲西装，如加入运动风格元素的运动休闲西服，在传统西服的基础上加以变化设计，更突出男性的曲线，并且强调舒适性与时尚性的结合。一方面根据各种运动动作的需要调整宽松度和功能方面的辅助设计，提供更多的活动空间，使穿着者感觉舒适。另一方面则更突出男人的性感和身材，符合现代人的审美需要。而款式外形、色彩搭配、面料组合到细节处理都有更有突破、令人耳目一新感觉的前卫风格西装，则是将西装的休闲理念演绎的更加锋芒毕露，在款式设计上，驳领造型设计丰富而多变，贴袋、缉线的设计比较活泼。面料使用上也突破传统，尝试多种不同风格材料的运用。100%纯羊毛面料、柔软精致的全棉粗斜纹、小帆布休闲织物华丽柔美的丝绒面料、绚丽多彩的花式纱粗花呢、有质感的灯芯绒、洗水处理过的卡其布、粘纤混纺、动物皮和高科技的防皱保型面料等都在这类西服上有所运用。色彩方面，也不再是黑与白统领天下，冰山灰、深秋棕、卡其灰及白与黑的撞色，给予了西服新的生命。米色、驼色、咖啡、渐次加重的源自土地色系的暖黄，将西服渲染得粗犷而又不乏温暖。黄、翠绿、姜黄、天蓝、玫瑰红、桔红、大红、酱紫等色彩倾情浪漫（图4-15）。

图4-15　休闲西装

4. 面料特性与西装类型的匹配

一般来说，男式西装的面料，以毛料为首选。三件套和两件套的西装，适合选用全毛精纺、驼丝绵、牙签呢、贡呢、花呢、哔叽呢、华达呢等，单件西装休闲感稍强，面料选择范围比较广，除了毛料类面料，如华达呢、花呢、麦尔登、海军呢、粗花呢等，还广泛采用其他比较新颖的材质，比如仿毛、毛涤、兔毛、亚麻等织物，也有休闲西装用到了法兰绒、灯芯绒、棉麻织物等等更加休闲随意的面料。

西装套装在正式的场合下，着装形式有着程式化的规范特征。一般在较正式的场合下，男式西服以稳重、朴素的色系为主，如黑色、深蓝色、藏青色、驼色等。同时，西装的整体色彩搭配和选择也有内在的规律性。如西服外套为黑色或者深蓝藏青色系，领带和衬衫的搭配如下：搭配白色衬衫和藏青色斜条纹领带，表现出庄重的仪表，适合于各种较正式的场合穿戴；搭配白底蓝色条纹衬衫和较鲜艳色调的领带，表达健康、明朗的气质，适合温暖的春夏季节；搭配浅粉色衬衫和深灰色领带，是一种高雅的穿着。总之，西装的色彩和搭配有着一定程式化特点，不过，在非正式场合，运动休闲西装的色彩搭配比较自由多变，不受这些框架所限（图 4-16）。

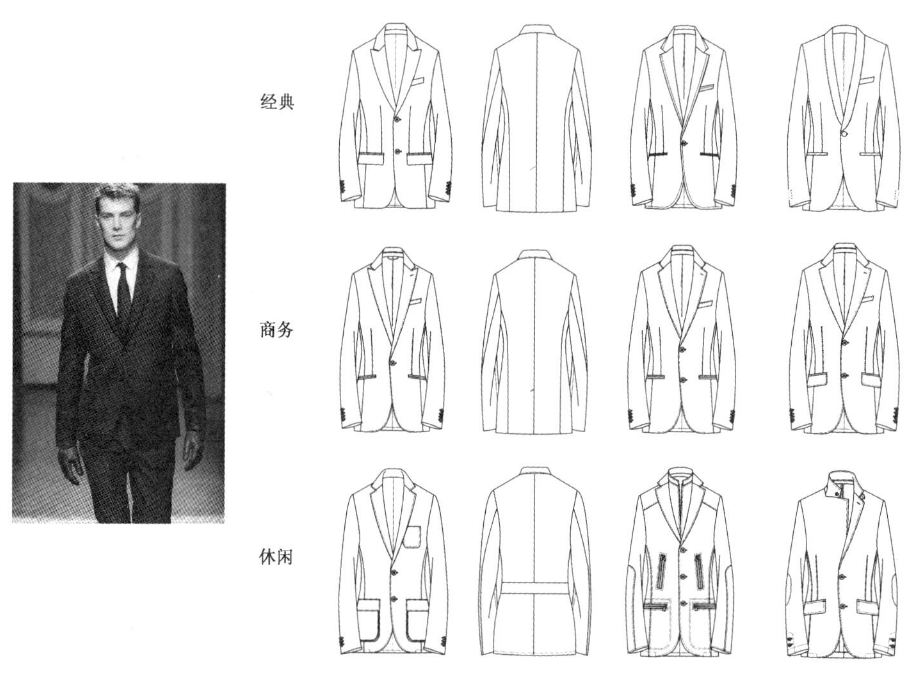

图 4-16 西服设计

三、衬衫的设计要点

衬衫（shirt）穿在内外上衣之间、也可单独穿用的上衣。据资料显示衬衫在中西方人们穿衣生活中有着较为久远的存在历史，在长期的历史过程中其形制在不断演变着，并有着与之相适应的称谓。在中国周代已有衬衫，称中衣，后称中单。汉代称近身的衫为厕牏（cè yú ）。宋代已用衬衫之名，如在《水浒传》之《林教头风雪山神》中，林冲“把身上的雪都抖了，把上盖（上身的外衣）白布衫脱将下来”便是一例。在西方，公元前 16 世纪古埃及第 18 王朝已有衬衫，是无领、袖的束腰衣。14 世纪诺曼底人穿的衬衫有领和袖头。16 世纪欧洲盛行在衬衫的领和前胸绣花，或在领口、袖口、胸前装饰花边，不仅如此，16 世纪的英国还严令，只有贵族才能穿那种前襟具有褶裥设计的衬衫(类似婚纱照中男人的礼服衬衫),这些褶裥设计主要是用来遮掩纽扣,因为当时的人觉得有纽扣的衣服很蠢。18 世纪末,英国人穿硬高领衬衫。维多利亚女王时期,高领衬衫被淘汰,形成现代的立翻领西式衬衫。在衬衫与外套之间的关系也存在着一个由内到外的渐变过程,一直到欧洲文艺复兴初期,衬衫还被当作内衣看待。如果一个有身份的男人居然把衬衣露在外面,那简直难以想象。但是,对于文艺复兴时期热衷于在肩部、胸部和胳膊下面饰以花边的人来说,要想掩盖住里面穿的白色亚麻衬衣实在太难了。到了 1530 年,人们开始接受在颈部和腕部显露衬衣,同时,将衣服用窄带子束紧,并认为这样穿戴很时髦。19 世纪后期,让衬衫完全显露出来的穿法得到了人们的认可。清末民初之际,由于欧风东渐,人们便开始穿西装,西式衬衫也引入我国,并把衬衫穿在西服的里边作为衬衣。衬衫最初多为男用,20 世纪 50 年代渐被女子采用,现已成为常用服装之一。

(一) 衬衫的基本廓型与结构

有人把香水比作女人的第二件衣裳,而对于的男人来说,衬衫就是男人的第一层肌肤。就现代男士特别是商务白领人士来说,衬衫俨然已成为衣橱必备服饰之一,视季节不同既可以单穿又能与外套搭配,既能在办公室穿,也可以穿去参加派对,只要选对款式与风格,即能很好通过这一简单的服装单品塑造出适合又完美自我形象来。无论是作为外套的衬底穿着还是与裤装的搭配穿着,均可以随意搭配不同的组合形式,除了出席较为正式的商务或者参加礼仪活动需要视场合精心选择外,一般来说均不会出现太大的不妥之处。当然了如果在穿着衬衫能够给予相适应的服饰搭配与自我形象设计,对男性着装着与所穿着服饰来说都是非常有益的,至少可以相互提升品位。

衬衫的角色,从贴身内衣到中衣再到外衣的演化,逐渐确立了衬衫的基本形制与结构特征,其穿用方式方法也随着搭配方式的不同基本确立。例如在现代男士西服套装中与马甲和西服外套搭配穿着,并将领子和袖口从上衣露出,衬衫袖口需长于西装外套袖口 1 厘米左右,并成为一种固定的服饰礼仪与文化组成部分。

(二) 衬衫类别与设计分析

现今为满足不同消费者的衬衫穿用需求,衬衫款式设计可谓花样繁多、琳琅满目。按照不同分类方式存在着很多衬衫类型,按照领型分类的衬衫命名有标准领、异色领、暗扣领、敞角领、钮扣领、长尖领。标准领指长度和敞开的角度均少有“极端”,基本均为中规中矩的领子;异色领指衬衫衣身和领子配色各异,比如条纹衣身陪素色领子,有时候袖口也进行色彩或材料呼应设计;暗扣领指左右领尖上缝有提钮,领带从提钮上穿过,领部扣紧的衬衫领;敞角领的左右领子的角度在 128 度至 180 度之间,又称“温莎领”;钮扣领的领尖以钮扣固定于衣身的衬衫领,是典型美国风格的衬衫;长尖领与同标准领的衬衫相比,领尖较长,多用作具有古典风格的礼服衬衫。按照所用衣料及图案等分类的衬衫命名有粗竖条纹、铅笔条纹、交替条纹等很多种。粗竖条纹指等间距粗竖条纹花案,最细的条纹为半毫米左右;铅笔条纹指线条很细,仿佛用铅笔划出;交替竖条纹指两种竖条纹相互交错,白底红、蓝两色交错较常见;塔特萨尔花格指两种细条纹横竖交叉的花案,白底红、黑两色的条纹较常见;多色方格指原为苏格兰人的传统衣料图案,其特征为横竖两方使用相同数量的染色棉线织成,多用作休闲衬衫的料子;佩兹利花纹指以涡旋为主题将其扩散的图案。按面料分类有纯羊毛衬衫、棉涤衬衫、涤棉衬衫、毛混纺衬衫等。而按照穿着用途或者穿着场合的不同可以分为经典衬衫、礼服衬衫和休闲衬衫三种。

1. 经典衬衫的设计与结构

经典衬衫是指相对传统的衬衫款式类型,用款式设计及局部造型等都较为中庸,并无过多出格之处,也将此类衬衫称为普通衬衫。款式设计中规中矩,视产品档次而异采用不同档次的材料材质、花纹图案和局部细节设计来区分品质,基本上大多数经典衬衫都具有很好的可搭配性,能够较为轻松地与其他男装单品搭配穿着,尤其是素色衬衫当中的白色衬衫,可以说是百搭单品,可以在多个季节与其他单品搭配穿着,"以一敌百"打造多变而又经典的男士着装风格。而经典衬衫所具有的这种少有张扬中规中矩的特质,非常符合多数男士的内在性格特质,可以说无论怎样穿都不会出格,如果搭配得当反而很能出彩,因此经典衬衫普通而不平庸的特质深受众多男士的喜好,成为必不可少的服装单品。

经典衬衫的设计变化重点主要集中在领型、袖口克夫和门襟这三处,其基本领型是大八字领,适合打领带,也有平领和小八字领,比较偏离传统一点。袖口克夫分为直角或圆角两种。门襟多为连裁明门襟和另裁镶门襟。左胸部有一个平贴袋,贴袋外形简洁,无袋盖和钮扣(图4-17)。

图4-17 经典衬衫

2. 礼服衬衫的设计与结构

礼服衬衫是与礼服搭配的特定的衬衫,一般在较为正式的场合穿着,产品在花型上较为保守和传统,以衬托出礼服的高雅气息。除了材料的选择,礼服衬衫的设计特色主要集中在前胸壁褶和领型、袖口克夫设计。色彩上以沉稳高雅的颜色为主,在穿着时与之搭配的外套因季节之分颜色也不相同,正装礼服通常以黑色、藏蓝色、灰色、深咖啡色为主,夏季则以浅色为主,而更加正式的燕尾服可选择颜色则更少,冬季为深蓝色或黑色,夏季为白色,所搭配的衬衫几乎为标准的白色翼领,也可能是带褶裥式样礼服衬衫款式上的选择空间不大,而衬衫的品质是关键,尤其是面料和袖扣的品质最为关键。礼服衬衫主要分为晨礼服衬衫、燕尾服衬衫、塔士多礼服及黑色套装礼服衬衫三种。

(1) 晨礼服衬衫

晨礼服衬衫是双翼领平胸或普通领礼服衬衫,用领带或一种叫做 ascot tie 的加宽领带与其相配为标准设计形式,双翼的造型设计是为了搭配领带和领结使着装者更加神采飞扬。双翼领的造型是小立领,领尖呈小尖角,成为双翼,这样的领型适合外套比较硬挺的礼服。

（2）燕尾服衬衫

燕尾服衬衫也被称为硬胸衬衫，因为它的胸部和袖口都要浆硬，属燕尾服专用衬衫。其特点是双翼领，前胸由U字型树脂材料制成，前襟有6颗钮，由珍珠或贵金属制成，设计细节上的变化大多集中在前胸的U型部位，因为当它与礼服相搭配时，前胸部分是能够外露的。袖克夫采用双层翻折结构，而将四个钮孔用袖钮系合，是很具有优雅感的设计形式，也称之为“法式克夫”。燕尾服是夜间第一礼服，其衬衫与白色蝶形领结相配最为正规。

（3）塔士多礼服及黑色套装礼服衬衫

这种衬衫的前胸采用打壁褶、波形横褶的双翼领或普通企领式均可，这种漂亮的领式是此种衬衫的一大特色，并辅以黑色领结，在与夜间礼服搭配时能强烈地散发出贵族的浪漫气息（图4-18）。

图4-18　礼服衬衫

3. 休闲衬衫的设计与结构

休闲衬衫指款式宽松、细节设计随意的外穿衬衫。一般穿着比较随便，面料以全棉为主，面料的花型较为丰富，易于打理，又称为便服衬衫。较适合于年轻的男女消费群体。随着目前服装产品的休闲化趋势越来越盛，一部分中老年消费者也对休闲衬衫情有独钟，以使自己在外表上展现出活力。

休闲衬衫因在穿用方面没有太多的搭配禁忌加以约束，在设计上相对更加随意，款式设计多变在领型、廓型、颜色、花型等方面日新月异，令人眼花缭乱，消费者有了更多地选择。在整体廓型上，强调阳刚与性感，尤其是夏季衬衫，男式衬衫的魅力展露无遗。结实的肩膀，宽直的肩背造型与轻薄滑爽的面料形成反差，刚柔相济。没有肩垫衬里，衬衫紧贴真实的躯体，散发肌肉的张力，含蓄地昭示男性的阳刚与性感。部分比较前卫的解构主义设计师对其原有造型、款式进行大胆改造，把领、肩、胸、腰等部位的剪裁结构分散拆散，然后重新组合，形成一种新的结构，这种打破规则不对称的廓型开始受到时尚界瞩目。

在色彩图案方面现代男式休闲衬衫也有很大地设计突破，色彩图案的选择广泛，并具有多种风格，总的来说给人感觉活泼，洒脱，随意不羁。一方面经典白色和沉稳的素色一直是男士衬衫的特点；但是另一方面，专属于年轻一族的亮丽色彩被无限放大，粉色系等色彩很受欢迎。同时透明热潮开始蔓延，在飘逸轻薄的面料或镂空织纹所营造出来的通透效果下，充分彰显男性的健美体格和

性感魅惑。在男装图案中，几何图案是一个重要的角色，特别是色彩鲜艳的几何拼接图案。有的强调纹样，变幻着的流行条纹和彩格图案，给人视觉上很强的立体效果；有的在衣领，克夫或是门襟等小面积结构上用其他面料色彩加以强调和点缀，显出一种含蓄的时髦；有的突出大胆涂鸦的图案，动物、植物和抽象的几何图形，任何形式的图案都可以通过设计师的巧妙构思而融入其中；有的著名品牌则直接把品牌 logo 作为图案运用，凸现其品牌形象。大量丰富多变的图案通过印花、刺绣、植绒、水洗、拼接等工艺运用到了当今的男士衬衫设计上(图 4-19)。

图 4-19 休闲衬衫

4. 面料特性与衬衫类型的匹配

男衬衫十分讲究面料和色彩，需要兼顾美观与舒适，通常来说越好的衬衣，越需要上好的面料与之相匹配，而好的衬衣面料总是薄而兼具挺括飘逸的。随着纺织服装工业的迅速发展，衬衫用料也有了更多的选择，由单一的棉类材质开发出多品种的化学纤维，防缩、防皱等机能性加工也随之得以发展，价格也降低，逐渐使廉价且易于整理的衬衫能走入到平常老百姓的家中，成为大众化的服饰。这类衬衫的特性是材料更易打理，甚至终生不用熨烫。这从另一方面也揭开了衬衫品牌化及阶层细分的序幕，使用高级纯棉布料和量身定制的高级法式衬衫出现，这类衬衫注重衬衫自身的面料以及制作的工艺，辅料更加的考究，工艺更加的复杂，虽然必须予以适当的熨烫保养，但恰好可以满足中上阶层以及那些追求品质且有能力不拘于价格和保养支出的人群。这样，衬衫发展到现代就逐渐形成了大众化、品质化的两极分化。

在男士日常穿用衬衫时，对于多数商务精英人士来说，高支纱的纯棉面料是衬衣的上佳而稳妥的选择。通常男士衬衫选择全棉材料较多，一般用 80/2，100/2 或者 120/2(已经算做高支纱)等制作的衬衫便可达到绝大部分人的穿着需求，而达 140/2，200/2 的面料，虽然品质优良，但是价格也昂贵很多。麻织物因其透气吸汗的性能也常常作为男士衬衫夏秋季节用料。普通型的衬衫面料多为涤棉混纺府绸和细纺平布长丝织物，提花织物和牛津布也常被应用，另外，高科技材料如防皱免烫的棉混纺材料开始受到广泛欢迎，新型的艺术化材料如采用烂花技术的棉织物，也在时髦前卫的衬衫上一展风采。除非需要经常出席上流社会的Party,否则不需要轻易选择丝绸面料的衬衣。衬衫材料总的要求吸湿性好、舒适透气,材料比较挺括,有一定造型能力。

男士在选择衬衫时除了考虑面料性能与品质外,还需要考虑所选衬衫的面料图案、花色、肌理、光感等特性与着装环境之间的适合性。例如办公室工作人员在其工作的环境中,视工作性质而定,一般不适合穿用色彩太引人注目的衬衫。尤其是金融、保险等系统的商务男士等所穿用衬衫色彩通常是经典的白色、沉稳的深色调和含蓄温和的浅色系,体现出了男性精干、深沉、内敛的一面。除了白色,淡蓝的衬衣也是公司和政府职员的必备品,它是搭配蓝色系西装的稳妥选择。除此之外,恰到好处的淡粉、淡黄、淡紫色,干净的米色和银灰色,如今都成为流行的搭配日间正装西服的衬衣色彩。格子面料衬衫,会给人一种青春活泼的气息,也会在视觉上造成一种跳动的效果。因此,夸张的格子衬衫往往不能在极其正式的场合穿着。但是,就如同条纹衬衫一样,微小保守的细格子,大体上会没有问题。但若格子的面积过大,休闲味道就会过于浓厚,它无法传达出庄重之感。不过在平常假日休闲时刻,格子衬衫恰恰是不错的选择。而对于天气寒冷地区的男士,在穿用衬衫时切不可因为需要御寒选用较厚毛织材质衬衫来搭配西服套装穿用,因为过于厚重的衬衫会显得像在西装里面穿了件小棉袄,为了御寒,可以选择那种新型的又薄又暖的棉加羊绒的高支纱面料的衬衣;或者在西装外面加件羊绒大衣。总之,不能让你的衬衣鼓鼓囊囊的而有失礼仪(图4-20)。

图4-20 衬衫设计

四、夹克的设计要点

夹克是英文Jacket的译音，指衣长较短、胸围宽松、紧袖口克夫、紧下摆克夫式样的上衣。它是男女都能穿的短上衣的总称。夹克衫是人们现代生活中最常见的一种服装，由于它造型轻便、活泼、富有朝气，所以为广大男女青少年所喜爱。

夹克自诞生以来其造型、款式、功能以及着装状态，均随着时间的推移不断演进变化着，表现出浓郁的时代特征，15世纪的Jacket有鼓出来的袖子，但这种袖子是一种装饰，胳膊不穿过它。到16世纪，男子的下衣裙比Jacket长，用带子扎起来，在身体周围形成衣褶，进入20世纪后，男子夹克从胃部往下的扣子是打开的，袖口有装饰扣，下摆的衣褶到臀上部用扣子固定着。而这时妇女上装也像18世纪妇女骑马的猎装那样，变成合身的夹克，其后，经过各种各样的变化，一直发展到现在，夹克几乎遍及全世界各民族。不过，正如历史上所记载的那样，妇女真正开始大量穿用夹克，是随着女性解放运动的兴起和深入才逐步进入女装领域的。除了职业着装等因素以外，从服用比例上来说，男性选择夹克作为日常穿用服装的比例远大于女性消费者，可以说夹克式男性消费者的主要着装单品之一。

（一）夹克的基本廓型与结构

夹克自形成以来，款式演变可以说是千姿百态的，不同的时代，不同的政治、经济环境，不同的场合、人物、年龄、职业等，对夹克的造型都有很大影响。在世界服装史上，夹克发展到现在，已形成了一个非常庞大的家族。在现代生活中，夹克轻便舒适、易于搭配、易于打理等特点，使得夹克在日常生活中受到男女多年龄段消费人群的喜好。随着现代科学技术的飞速发展，人们物质生活的不断提高，服装面料的日新月异，夹克必将同其他类型的服装款式一样，以更加新颖的姿态活跃在世界各民族的服饰生活中。

男装夹克的基本款式造型通常是指短小轻便的上衣，其造型精干、款式丰富多变、选料面广、实用性强、穿着随和方便，是四季男装的主要品类。在日常穿着中因服用用途的需求在材料应用和结构设计中时常赋予新的设计手法，使其具有防风防雨、透气吸汗、防辐射防污染等功能，在其廓型结构上亦有了更多的选择，加之不同类型的内部分割与细部设计使其呈现出多样化的风格。常见的男装夹克廓型主要有T型、H型、V型、X型和梯型这五种。在着装效果上T型夹克造型风格较符合男性体型特点的外廓造型，具有稳健、自然的风格特点；H型夹克的外廓造型呈现直线线条，为直身造型，穿着舒适、大方；V型夹克在设计时多强调肩部宽度，使得男性肩部显得更为宽广，充满力度，更显壮实；X型男装夹克是在腰部进行收身设计的夹克类型，使得夹克具有窄小修身的着装效果，深受年轻消费者的喜好；梯型夹克造型特点为衣长稍长于常规夹克长度，穿着时下摆克夫收缩而自然隆起，在功能有收纳隆起的啤酒肚的效果，且在长度上亦可以通过调节下摆克夫搭袢或松紧的方式来调节下摆的松紧程度，从而调节衣身下摆的高度，深受消费者喜好。

（二）夹克类别与设计分析

夹克因其造型、材料、穿着目的以及功能等方面的不同可以分为多种类型。从材质上分可以分为梭织夹克、针织夹克、皮装夹克以及多材料混搭夹克；从功能或者穿着目的来分类，可以分为运动夹克、工作夹克、休闲夹克、机车夹克、飞行夹克等；因设计风格的不同可以分为经典夹克、前卫夹克等；依照穿着穿着场所或者用途分类，可以分为经典夹克、商务夹克和便装夹克等，不同类型的夹克具有不同的设计侧重点。

1. 经典夹克的设计与结构

男士经典夹克多指日常穿着的普通型夹克,造型比较简洁,长度较短,松度较大,便于活动。便式夹克作为平时一般性衣着表现出平和、随意、轻松的外观。便式夹克便式夹克在领型上的设计也更随意方便,不仅有小立领、八字领、驳折领,还有连帽式的夹克,这种连帽夹克亲切而有贴近日常生活实用性的局部设计成为了夹克设计中典型的局部设计。采用可卸式假两层双穿门襟也是夹克设计中较常用的设计手法,设计中一般采用门襟内层拉链、外层纽扣的形式在便式经典夹克上的运用,成为秋冬夹克设计常用手法。便式夹克因其本身的较方便实用的特点,被众多男士所接受,并常被许多企业用作工作服样式(图4-21)。

图4-21 经典夹克

2. 商务夹克的设计与结构

商务夹克是指出席商务活动等较为严谨场合穿用的夹克类型,在日常生活中,并不是所有人都是严格按照所出席场所的性质来穿用此类设计,相对中规中矩的夹克类型,更多的人选用所谓商务夹克与休闲夹克时,除了考虑出席场所外,还会结合自身的职业特点与穿衣风格喜好,例如一些男性消费者平时就是不苟言笑,善于表达的个性,加上个人对于穿衣文化、个人修为等方面的细节疏于关注,即使在休闲场所也会穿着较为正式。因此在商务夹克设计时需要兼顾多方面人群的需求,将商务夹克按照风格类型进行多维划分。例如,根据设计风格和穿用风格、搭配方式等方面因素,为了适合更多消费人群的多种商务场所的着装需求,可以将商务男装夹克进行进一步的细分,分为:适用于商务活动的经典商务夹克;适用于商旅活动的商旅系列夹克;还有设计风格和色彩相对轻松的休闲商务夹克和设计细节、工艺元素、色彩及材质流行的时尚商务系列(图4-22)。

3. 休闲夹克的设计与结构

休闲夹克指在保留夹克基本外形与结构的基础上赋予更加随意、自由、舒适、个性的设计风格倾向,视男性消费者的年龄段不同的着装特点及其对休闲夹克穿用喜好不同,在整体造型、所用材料、工艺方式、细节设计、色彩图案等方面给予不同程度的休闲设计,我们知道所谓的休闲是有“度”可界定,不同程度的休闲夹克适合不同年龄段消费者的需求,虽然在设计中这种“度”

图4-22 商务夹克

的把握很难以具体言语来描述，在设计中更多地需要服装设计的材料、造型、色彩等方面的整体综合语言来表达这种休闲程度。但是我们可以界定的是所谓休闲夹克是相对于中规中矩的经典夹克和商务夹克而言的，其整体设计风貌是打破常规，赋予夹克更多的随意洒脱、便捷舒适、少有拘束。在设计时多采用易于打理的面料作为主料，并可以根据所设计休闲夹克的具体风格类型辅以其他个性面料，色彩方面多选用时尚、流行的色彩主色或者辅助色。为了便于穿脱，休闲夹克多采用拉链或者四合扣的门襟和袋口闭合方式，或者采用金属工字扣等。视着装者年龄段以及款式风格设计的需求，休闲夹克相对来说常常会采用多口袋或者采用非常规尺寸的口袋设计，以增强夹克的整体休闲风貌（图4-23）。

图4-23 休闲夹克

4. 面料特性与夹克类型的匹配

面料作为夹克设计要素之一，因夹克风格类型、功能用途等方面的不同，加之夹克的轻松随意、便于搭配、自由舒适的内在特质和外观感受，使得在夹克设计时对于所用面料的取材有着较多的选择余地，在设计中除了要把握夹克本身所具有的内在特质和外观感受外，更需要针对所要设计夹克的类型分类进行有针对性的取材设计，使得所选用面料特性与夹克风格类型相互匹配，相互依托，使服装整体风貌和谐而统一。例如在设计商务夹克时，需要考虑着装者的穿衣用途、穿衣场合、年龄、职业特征等方面，需要将夹克的设计风格与商务人士的职业特征和商业活动的性质等方面结合起来考虑具体设计风格的定位，设计中除了要考虑外廓造型及内部细节设计不可过于夸张造作外，还需要考虑所用面料的特征属性，通常来说多采用质量上乘，外观挺括紧实的梭织或者皮革面料，合成材料在商务男装夹克中也是较为常用的材料之一，而毛织面料尤其是因其织造方式等原因，其整体外观多显得松散、休闲，随着织造工艺的改良毛织面料在商务夹克设计中亦有应用，应用中需要视所设计商务夹克的具体风格类型的不同而言，比如具有休闲风貌的商务夹克和经典商务夹克的选料显然是不同的，通常在经典商务夹克设计中，整装运用毛织面料作为主体材料并不多见，更多地是用于其他材料的拼接设计。

而在设计运动风格夹克时，在面料选择上除了需要把握运动夹克的运动、力量、速度、休闲等特征以外，还需要区分日常穿着的具有休闲风的运动夹克与专业运动夹克之间的用料区别，

图4-24 夹克设计

日常休闲运动夹克一般选用透气、轻便,具有弹力的针织面料作为主料,而通过细节和功能设计来塑造运动夹克的整体风格。专业运动夹克在用料上则更加需要从运动类型和性质等角度来加以考量,例如F1赛车手的运动夹克所用材料需要具有多重防护性,除了一般面料需具有的吸湿透汗功能外,为防止赛车时因撞击等事故原因造成车体起火,此类运动夹克面料需要具有防火阻燃、防高温功能,每套赛服都利用3D设计程序为车手贴身剪裁,并运用人体工程学研究成果,在肩部两侧使用一种特殊的弹性材料,赛服穿上后会特别轻松舒适,车手在转向时可以活动自如。此外,比赛服还必须兼顾安全性,所使用的都是透气性材料,并且每站比赛服的薄厚程度都会有所不同,如巴林站和马来西亚站就得针对驾驶舱内可能达到70摄氏度的高温而特别设计。生产比赛服的厂商必须经过国际汽联注册。每套赛服都有国际汽联的注册编号。而且每套赛服在使用前都必须经过国际汽联严格测试,比如经过各15次的水洗和干洗,还得通过耐火性能测试和在820~840摄氏度高温下坚持12秒钟不得变形和焚毁,其中包括赛车服的缝线,甚至广告贴,都必须符合12秒钟的保护时间的标准。而摩托车手的夹克一般多选用韧性较好的牛皮等皮革材料作为主料,除了增加防风功能外,更显得车手英姿飒爽(图4-24)。

五、风衣的设计要点

风衣一词,其实在英语世界里有着不同的细分解释:Trench Coat、Windbreaker、Duster、Hoodle,甚至是Cagoule。款式不同,穿着的场合亦有分别。当然,从时尚的角度而言,早已超逾仅仅为了抵挡寒风的功能。人们日常穿着的风衣多为Wind Breaker,一种防风雨的薄型大衣,又称风雨衣。适合于春、秋、冬季外出穿着,既可以用于遮风挡雨,又可以防尘御寒,是近年来比较流行的服装。由于造型灵活多变、健美潇洒、美观实用、携带方便、富有魅力等特点,因而深受中青年男女的喜爱,另外老年人也爱穿着。风衣自诞生以来一直成为男女服饰的主要单品之一,而使得风衣得到大力推广的重要事件之一即是战争,第一次世界大战时西部战场的军用大衣,被称为"战壕服",战后,这种大衣曾先作为女装流行,后来有了男女之别、长短之分,并发展为束腰式、直统式、连帽式等形制,领、袖、口袋以及衣身的各种切割线条也纷繁不一,风格各异,呈现多样化的风格状态。

(一)风衣的基本廓型与结构

1879年,人类历史上值得纪念的一年。这一年,在经历了约5万次试验后爱迪生终于为整个世界带来了光明。而在大西洋的另一端,正值盛年的Thomas Burberry也为服装史写下了新的一笔,他以经过秘密处理的纱线织布制造出一种不易撕裂、防水且透气的衣料,并将其命名为Gabardine(华达呢)。20世纪初,Thomas Burberry用Gabardine制作出的风衣成了第一次世界大战的英军军服。这种军用大衣的最初款式特点是前襟双排扣,领子能开关,右肩和背部附加裁片,开袋,配同色料的腰带、肩襻、袖襻,采用装饰线缝,下摆较大,便于活动,奠定了风衣款式的最基本廓型。战争的残酷是人们所不愿再去回忆,而风衣却因为这场战争被人们永远记住,进而进入普罗大众的衣装世界,演变成为时装经典。除了战争给予了风衣的发展强有力的推动外,经典影视作品也是风衣流行文化重要的传播媒介,加之包括好莱坞巨星在内的众多演艺明星的倾情演绎,塑造了众多深入人心的经典形象,促进了风衣文化的传播与流行,说不清楚从什么时候开始,风衣变成了几乎所有黑色电影中硬汉和侦探的行头。当年大红大紫的《卡萨布兰卡》(casablanca,又名《北非谍影》,1942年)就是影史上的风衣重头戏,男女主角Humphrey Bogar(享弗莱·鲍嘉,饰里克)和 Ingrid Bergman(英格丽·褒曼,饰伊尔莎)从不同的性别角度完美展现出风衣的精神内涵,亨弗莱·鲍嘉在剧中所扮演的亦正亦邪的里克已成为美国人不朽的偶像,穿着风衣在停机坪上拥抱英格丽·褒曼,然后目送心爱的女子与他人远去的一段戏,逾半世纪以来已成为电影的经典爱情镜头,Humphrey Bogar 将风衣领立起的穿法直到现在仍不断被仿效。电影《魂断蓝桥》(Waterloo Bridge,原名《滑铁卢桥》,1940 年)在讲述荡气回肠的爱情经典的同时,主演美国影星罗伯特·泰勒(Robert Taylor, 1911—1969)所演绎的青年军官形象,受到无数影迷的热捧,而其中风衣作为电影主要服饰之一,在巨星的演绎下,成为了经典的荧幕形象。提及银屏经典风衣形象不得不提的还有《黑客帝国》中的 Keanu Reeves(奇洛·里维斯),黑色风衣包裹下的那个经典形象令人难以忘怀。

(二)风衣类别与设计分析

回顾 20 世纪以来的时装风貌,流行的定义被一次又一次地改写,但植根于人心的流行却得到经久不衰的推崇,成为经典,130 年前,发源于英伦大地的风衣亦是如此。风衣以其英挺大气的廓形和舒适实用的功能成为男人衣橱中必备的单品。无论是风衣款式内涵还是风格设计,都会能够给着装者带来非凡的自信。按照不同的分类标准风衣亦存在着多种形式的款式类别,按照穿着季节分类分为:春秋风衣、冬季风衣;按照穿着用途或穿着场合分类分为:户外旅行风衣、制服风衣、商务风衣、休闲风衣;按照设计风格倾向分类分为:经典风衣、时尚风衣等。

1. 经典风衣的设计与结构

所谓经典既是指具有典范性、权威性的人或者事情,对于风衣来说提及经典风衣不得不提及服装历史潮流中最具典范与权威的款式造型,这些经典风衣款式与造型不管是在过去还是现在一直都在多数人们脑海中占据着重要的地位,不管是在影视作品还是服装历史资料中获悉的相关记忆,有时候成为了一种剪影式的廓型留在脑海中。以下为几种具有代表性的经典风衣设计介绍。

(1)Trench Coat

所谓"Trench Coat",就是一种大约长度至膝盖的外套,用防水的重型纺织棉品、府绸、毛毕达呢或皮革制成的晴雨衣,又或者是香港人口中所讲的"干湿褛"。和其他许多永不过时的款式一样,风衣(Trench Coat)的设计灵感来自军装。正如它的英文名 Trench(壕沟),顾名思义,这种样式是一战期间的英法士兵进行壕沟战时的制服。战后退役军人复员回归平民生活,将这种大衣带进普通生活,深入民间的作为风衣或雨衣的外套,而不是单单是战壕中抵寒御冷的冬季保护大衣,成为了时尚的外衣。现存正统的典型 Trench Coat 基本款式是:十粒双排纽扣、袖带、拉格伦袖(Raglan Sleeve)、肩带、腰带,下摆刚好盖过膝盖。考究的插肩风衣,通常还有可拆式内衬,在天气较暖和时即可拆下,肩膀和袖子是防皱的黄褐色聚酯衬布。

(2)Windbreaker

香港人把 Windbreaker 称作风褛。理论上 Windbreaker 是一件薄身的风衣,旨在抵御冷风和雨水,换言之先决条件是轻便而且有不透水外层面料,所以设计上通常不会太花巧,以简约的结构特征为主,融合某些有光泽的合成材料类型,而且通常还包括一个可束起有弹性的腰带,可拉好的拉链,隐藏式的帽罩。在美国和日本,"windbreaker"基本上已经是一个 genericized 的商标,就是指商标或者品牌已经成为了约定俗成的口语。譬如英语里头的"纸巾",除了叫 facial tissue 之外,很多人已习惯了用最大卫生纸制造商之一的 Kleenex 来称呼这种产品。在英国本土,更多人知道的名

称是“Cagoules”,至于其他英联邦地区英语,这种衣物还有另一个名称,叫“windcheater”。

(3) Burberry 与 Aquascutum

对于服装设计专业的学习者如果不知道 Burberry,从某种意义上说其时装知识体系可以说存在着一定的残缺。且不论 Thomas Burberry 风衣开山鼻祖的地位,在 100 多年后的今天,阔别了 Thomas Burberry 老先生偏重户外功能性的考量,Burberry 的帅印接掌者 Christopher Bailey 在继承传统的基础之余,以全新的设计思路为 Burberry 注入了时尚的血液,使得 Burberry 既有经典的内涵又有时尚的风貌,用 High Fashion 的态度掳掠了无数拥趸者的心。

而同为英伦的风衣品牌,Aquascutum 的设计更为素雅内敛,最大的特征是沿用“House Label-Club Check”杏色、蓝色和酒红色混合的格子图案,无论从剪裁、用料还是细部设计都十分讲求机能性(图 4-25)。

图 4-25 Burberry 风衣的经典款式与现代设计

2. 商务风衣的设计与结构

商务男士风衣是指设计风格趋向商务风格,为商务男士打造的适合商业活动、商业场合期间出行穿着的风衣,通常需要搭配商务风格的羊毛衫、西裤等服装穿着,其款式设计、结构造型、色彩搭配需要视内搭服装的风格特点来进行相应设计,其总体设计风格为相对严谨的商务风貌,材料选择和制作工艺也相当讲究。对于商务男士来说在秋冬季节,特别是在冬季也需要穿着西服套装出行于商务场合,虽然现今多数商务空间和交通工具均有空调等设备来调节气候,但是在户外还是需要穿着厚重服装来抵御寒冷。商务风衣的风格特点则是非常符合商务活动期间的外出穿着的单品外套类型,成为商务人士秋冬季着装搭配的必备服装首选。商务西装款式主要分为两件套和三件套,在参加较高层次的商务活动时,以穿着三件套西装为适宜选择,以便更好地体现着装者的礼仪及风度(图 4-26)。

图 4-26 商务风衣

3. 休闲风衣的设计与结构

随着消费者生活空间的多元性、多面性发展，人们不再固守某一风格的生活场景下，生活空间愈加广泛、活动场合更加多面，需要不同风格的服装来适合着装环境需求和心情变化，男士对于风衣消费需求也呈现了多样性地选择，经典或者商务风格的风衣不可能完全适合穿衣者的多个生活环境，特别是年轻消费者对于时尚理念的追求，使得设计上更加自由多变、时尚轻松的休闲风衣逐渐成为崇尚休闲自然着装理念消费者的春、秋、初冬穿衣搭配选择。这时候风衣原始的防风避雨功能也被大大弱化，融入新潮时尚元素的设计概念则是休闲风衣的重要卖点之一（图 4-27）。

图 4-27 休闲风衣

4. 面料特性与风衣类型的匹配

自风衣诞生的百余年来，风衣一直以其经典而又实用的结构设计与功能设计，经历着时间

的考验，其款式、面料有自己独特的语言，在不同时代均能够给人留下深刻的印象。如今随着纺织科技的高速发展，多种高科技含量、多品类面料的陆续应用，使得风衣呈现出许多不同风貌，并有着全新的细节和功能设计。以世界风衣系列的先驱伦敦雾为例，这个曾经在《魂断蓝桥》中扮演了经典角色的品牌近些年在保留了传统与经典的风格基础上，更强调以人为本的概念。色彩上以卡其绿为基调，以藏青、蓝、灰色、米色、咖啡色为主，非常便于与正装西服搭配，塑造出稳重、亲切却不沉闷的感觉。面料上采用了国际风行的高科技面料，以棉为主的混织面料既有棉的舒适性，又非常便于洗涤。而风衣设计最为重要的功能即是防水功能，现今具有高级防水涂层材料的应用既保持了防水功能，又增加了风衣面料的柔软性和舒适性。自 20 世纪 80 年代以来，随着涂层技术的创新应用，在风衣面料的织造过程中加入了多种最新的科研成果与工艺手法，例如在织物纤维的表面覆盖一层无色透明的薄膜，封闭面料纱线之间的空隙，具有理想的防风防雨效果。同时风衣面料的色彩也有了多样性的选择，从以明快的中浅色为主，逐渐出现了更多色系，如大红、紫红、海蓝色以及各种带花纹和条纹的面料(图 4-28)。

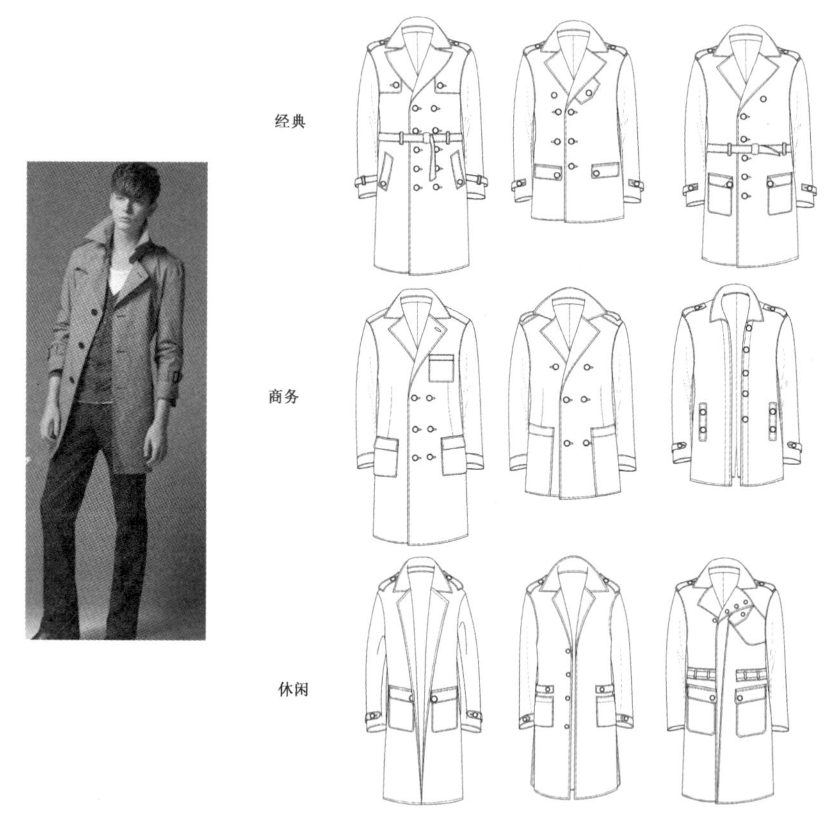

图 4-28　风衣设计

六、大衣的设计要点

男士大衣是宽松度比较大的男士外套的总称。是外穿型服装，是男士冬季或者特殊工作环境御寒的主要服装产品，通常大衣均具有防寒、防风等功能。在我国古代文学作品中早有提及“大衣”一词，在不同时代所指含义有着不同之处。①妇人的礼服，例如明代陶宗仪所著《辍耕录·贤孝》:"国朝妇人礼服,达靼曰袍,汉人曰团衫,南人曰大衣,无贵贱皆如之。"②会客穿的长衣,亦称大衣服。例如《儒林外史》第五十回:"秦中书听见凤四老爹来了,大衣也没有穿,就走出来。"③较长的西式外套,例如杨朔《潼关之夜》:"他身上穿的也是这件军用的黄色棉大衣,头上也是这顶垂着两只耳朵的灰色军帽。"④佛教徒以九至二十五条布片缝成的法衣,称"僧伽梨",译名"大衣"。例如《儿女英雄传》第五回:"那和尚尽他哀告,总不理他,怒轰轰的走进房去把外面的大衣甩了。"

西方社会的男式大衣约出现在1730年欧洲上层社会,其款式一般在腰部横向剪接,腰围合体,当时称礼服大衣或长大衣。19世纪20年代,大衣成为日常生活服装,衣长至膝盖略下,大翻领,收腰式,襟式有单排纽、双排纽。约1860年,大衣长度又变为齐膝,腰部无接缝,翻领缩小,衣领缀以丝绒或毛皮,以贴袋为主,多用粗呢面料制作。西式大衣约在19世纪中期与西装同时传入中国。

(一)大衣的基本廓型与结构

生活中常常将衣长过臀的厚型外套都笼统地称为大衣,由于其外廓常常会以剪影的方式给人以深刻的视觉印象,并且传递其风格特征、造型风貌等信息,因此大衣的廓型设计是大衣设计的重要内容之一,对大衣进行基本廓型分析可以使设计展开更具目的性。男装大衣常用廓型有T型、H型、V型、X型和梯型这五种。

(二)大衣类别与设计分析

根据大衣的用途、形态、面料等不同分类,有着不同的具体品类细分。按用途分类有:风衣、雨衣、防寒大衣、军用大衣、礼服大衣等;按形态分类有:长袖大衣、半袖形大衣、直身型大衣、卡腰大衣、宽松式大衣;按面料有呢大衣、裘皮大衣、皮革大衣、编织大衣、棉大衣、羽绒大衣等;按衣身长度分:有长、中、短3种。日常生活中经常使用的呢大衣是比较有代表性的单品。

1. 经典大衣的设计与结构

经典大衣款式当属外穿外罩圆领披风的Inverness,款式特点为外罩可脱卸披风的宽松长大衣,因罩于大衣外的圆领披风发源于苏格兰港都Inverness(茵巴奈斯)而得名,也称作披肩大衣(Cape Coat)。而源于爱尔兰北部地区Ulster的乌尔斯特大衣,也是有大斗篷作为装饰的,此类大衣样式被认为是经典大衣的代表形制。演变到今天,在男人的着装一直在减少装饰,追求实用的设计理念下,经典大衣的款式亦发生了演变,款式上的不断简化却带来了更好的材质与剪裁,设计重点摒弃了过度的外部装饰,注重内在的剪裁与工艺,以及廓型的变化。现代男式大衣大多为直形的宽腰式,H型、A型、T型成为了经典大衣的主要廓型风格,视造型的需要X型大衣款式也受到相对年轻消费者喜爱(图4-29)。

图4-29 Inverness的经典款式与现代设计

2. 商务大衣的设计与结构

商务大衣的设计风格和产品理念是针对商务男士工作、生活的空间而展开的，精简干练的线条和合体修身的剪裁，考究的面料结合精良的制作工艺所打造出来的商务大衣是现今商务男士秋冬必备的服装单品，一件适合自己的商务正装大衣足以令着装者既能达到御寒目的的同时又不会显得过于臃肿，在把握商务礼仪的同时又保持良好的时尚品位，在商务交往中保持着良好的自我形象(图4-30)。

图4-30　商务大衣

3. 休闲大衣的设计与结构

Duffle Coat(道尔夫大衣)男装大衣中具有代表性的休闲型短装休闲大衣，其基本样式为带风帽的牛角扣羊毛粗呢大衣。源自于比利时 Duffel(弗兰德地区安特卫普省境内)的渔民防寒外套，前门大大的钮扣以及两侧大而舒适的口袋外加一个可以抵御风寒的帽子，是道尔夫大衣最原始也是最具有代表性的款式，标志式的牛角纽扣细节，就是为了让那些戴着手套作业的人也能轻易扣上纽扣而设计的。在第二次世界大战时期，道尔夫大衣被用于英国海军的装束上，战后逐渐普及开来。而 Duffel 的名称更被当地人误传写作 Duffle，久而久之也就一直延用至今。同时，作为英国元帅蒙哥马利的最爱，道尔夫大衣又被称为“蒙哥马利大衣”。业界普遍认为，道尔夫大衣的经久不衰与蒙哥马利的影响力有着不可分割的关系。随着时代的发展道尔夫大衣逐渐成为年轻式休闲大衣而流行，并且融入了新的设计观念和表现形式(图4-31)。

4. 面料特性与大衣类型的匹配

大衣的穿着季节因素决定了男装大衣设计制作的面料通常都需要选择具有保暖御寒的基本功能，随着穿衣生活质量的越来越重视，男装消费者对于大衣产品的塑型保型的要求也越来越高，常用的有用厚型呢料裁制的呢大衣；用动物毛皮裁制的裘皮大衣；用棉布作面、里料，中间絮棉的棉大衣；用皮革裁制的皮革大衣；用贡呢、马裤呢、巧克丁、华达呢等面料裁制的春秋大衣

图 4-31　Duffle Coat 的经典款式与现代设计

（又称夹大衣）；在两层衣料中间絮以羽绒的羽绒大衣等。设计师在设计时选用不同的面料会对大衣的最终风格表现有很大的影响，例如运用皮革材料制作的大衣与运用棉布制作的大衣在风格外形和内在气质方面显然存在着不同的效果。

而随着人们穿衣理念的改变，特别是暖冬气候的经常性出现，人们对于面料厚实的大衣消费需求变得不太重要，尤其是在其他冬季服装保暖性更加良好的今天，大衣类型的、不经常消费的单季节服装，则更加需要在面料设计上投入大量的科研实践，注入更多的时尚元素的面料设计和既能保暖又能适当调节温度的服装材料，通过材料的设计改变增加了穿着时间和穿着频率，无疑将会取得更大的市场空间（图 4-32）。

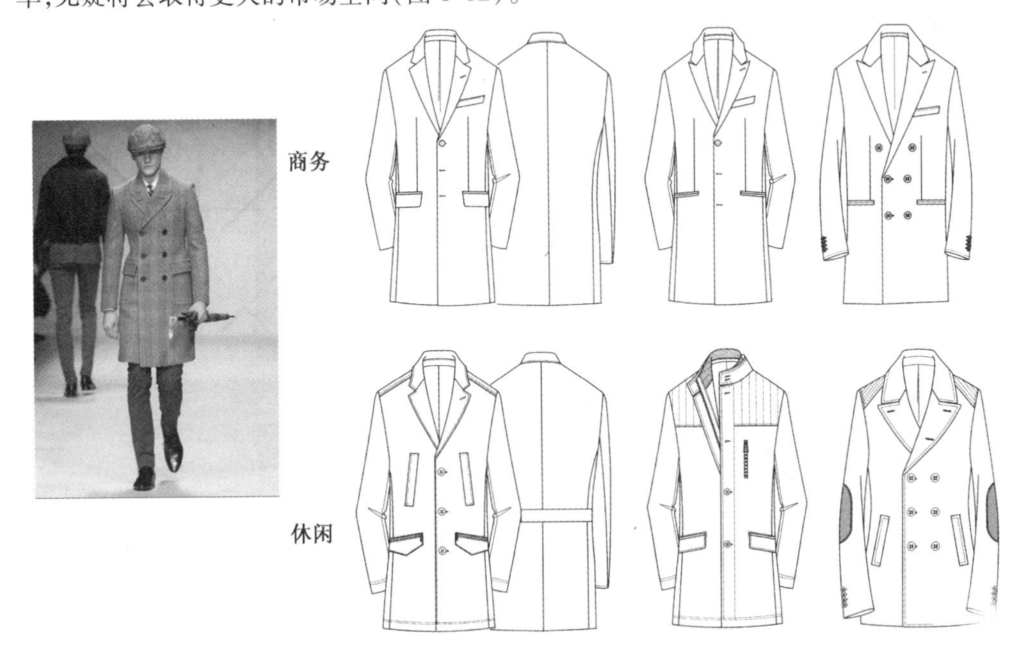

图 4-32　大衣设计

七、棉衣的设计要点

棉衣(cotton-padded clothes)是冬季男装主要产品之一,其功能以御寒保暖为主。通常在制作时会采用纡棉或者填充丝绵、羽绒等材料,由于此类材料较为蓬松,材料组织间存在相对较大的相互空隙,对热的传导、对流和辐射效果不好,在织物中间形成不易对流的与外界相隔的空气层,而空气是热的不良导体,不容易产生热交换,能够防止服用者的热量散失,使人感到温暖。

(一)棉衣的基本廓型与结构

棉衣的基本结构为面、里及夹层的设计,款式长度一般为下摆线在臀围附近的中庸长度,也有下摆线触及大腿中部的中长款,及齐腰的短款棉衣,而长度及膝和小腿肚或者至脚踝附近长度的有夹里、夹棉冬衣也可以划分为棉衣,但是习惯上一般会称作大衣或者棉大衣,兼有棉衣和大衣的双重属性。设计师在设计棉衣和羽绒衣时需要根据目标市场的气候变化特点调整其厚度和克重,以便更好地适应市场消费需求。

(二)棉衣类别与设计分析

棉衣的设计变化通常多是在满足保暖御寒等基本功能需求基础上展开设计的,依据不同的消费式样需求,以及产品设计风格、结构设计特点,按照服装样式风格分类可以将棉衣分为大衣样式、户外样式、军装样式、旅行样式、工装样式等,按照款式特点分类可以分为夹克型、棉褛型、大衣型等,按照穿着场合及设计风格可以分为经典造类型棉衣、商务类型棉衣、休闲类型棉衣等。

1. 经典棉衣的设计与结构

经典样式棉衣多是指具有大衣样式风格的棉质、羽绒或丝绵等填充材料制作的冬衣单品。领部常附有可脱卸的毛领或者帽子,有时袖口也采用翻毛设计,经典棉衣常采用夹棉或者挂毛里、裘毛外露的设计来增加棉衣的防风御寒功能。此类棉衣的衣身设计一般不采用过多地分割和附加装饰设计,为了增加实用功能和必要款式风格需求常采用贴袋和挖袋设计,依据款式需要附有拉链设计和扣袢设计等细节设计,整体设计感觉以简洁大方为好(图4-33)。

图4-33 经典棉衣

2. 商务棉衣的设计与结构

所谓商务棉衣是指棉衣设计风格、产品定位、设计理念倾向于商务人士的着装风格和穿衣需求理念，适合商务人士商旅活动中穿着的棉服产品。此类棉衣设计严谨、用色考究，产品用料相对高档、设计简洁大方富有内涵、注重品牌文化、产品结构设计考究、追求精致的工艺质量。设计师在设计此类面向商务人士消费定位的棉衣时，主要从面料风格、局部造型设计、内部结构分割、所用设计元素风格等方面来塑造商务棉衣的整体设计感觉（图4-34）。

图4-34 商务棉衣

3. 休闲棉衣的设计与结构

休闲男装棉衣包括的样式类型有很多，是消费者穿着频率和穿着人群最多的一类男装棉衣。包括各种面料风格和设计元素均具有休闲风格的棉衣；注重功能性设计，多口袋、多拉链等装饰设计的工装样式棉衣；适合户外旅行，有风帽设计、松紧带收口设计、面料具有防雨雪、防风寒功能的户外旅行样式；将肩章、袖襻、金属或树脂扣、粗犷拉链，以及防风、防雨的活页功能结构设计等军装元素和廓型风格应用于棉衣设计的军旅样式棉衣（图4-35）。

图4-35 休闲棉衣

4. 面料特性与棉衣类型的匹配

棉服产品穿着季节多为冬季或者寒冷工作环境穿着的御寒服装，在设计时除了运用不同风

格的面料和辅料、附件，辅以相适应的设计、裁剪、制作手法塑造不同的产品外观风格和着装功能外，还需要把握填充材料的厚薄程度、克重、蓬松感、回弹力等，研究不同填充料的保暖、透汗效果，大力发掘功能更加良好、价格更具优势的新型材料和替代材料，除了传统的棉花、丝绵、羽绒等材料，新型的无胶棉、仿丝绵等有保暖性好、回弹力强、蓬松感好（相同克重下比喷胶棉、软棉要厚）、耐洗、耐磨、柔软、手感好等优点成为现今男装棉服的常用材料。

设计师在进行男装棉衣设计时，除了要考虑服装设计所应该需要掌握的一般形式美法则外，还需要考虑穿衣者的年龄和生活环境等因素。对于棉衣设计来说，考虑穿着者的年龄因素，不光是为了权衡不同年龄段消费者对于穿衣面料肌理、色彩、分割等方面的风格喜好不同，更重要的是不同年龄段的男士消费者对于棉衣选择的厚度与克重有着很大的区别，因身体素质条件不同，对于寒冷的抵抗能力也不同，通常青年男性对于棉衣的选择相对于中年男性，特别是老年男性来说要轻薄许多。而对于生活在不同地理区域的男性来说，虽然是属于同一年龄层次，因居住或者工作、生活、学习的地理区域不同，存在着不同的气候气温条件，例如对于我国男装市场来说，由于南北纬度差异较大，同时东西横跨多个经度区，加之不同地形地貌特征，造成冬季南北东西温度差别较大，对于棉衣等此类冬季服装产品的厚薄要求自然不同，从市场销售的男士棉服产品可以看出南北不同区域市场对于棉衣的穿用要求存在着明显差异，秦岭——淮河一线的北方市场，特别是东三省市场多数棉衣产品在销售时多冠以“加厚、加棉、加绒”等称谓，而在南方市场除了在特别低温的年份，通常鲜有此类做法，在产品销售中常常会看见“超薄”等字样作为销售卖点（图4-36）。

图4-36 棉衣设计

八、针织男装的设计要点

针织服装是按照服装材料的织造方式区分的服装类别之一。针织服装设计除了染色以外，有许多设计要点是通过织造和编织方式、缝制加工时候的缝型设计来完成的，所以对于针织服装设计需要从认识材料和加工机型来切入。针织(Knitting)分为经编(Warp Knitting)和纬编(Weft Knitting)两大类。经编是由许多根纱在经向同时成圈并互相串套而成织物的工艺过程。纬编是由一根或几根纱在纬向依次成圈并互相串套而成织物的工艺过程。针织服装所用的机器也相应分为经编机和纬编机两大类，经编机分为拉舍尔机和特利柯脱机两大类。纬编机分类相对多样，不同的分类方法有着不同的名称和相应的工艺类型，按针床分：有单针床机和双针床机。有一个针床的针织机叫单针床机，也叫单面机。有两个针床的针织机叫双针床机，也叫双面机。按形状分：有圆机和平机两种。针床是圆型的针织机叫圆机，常称大圆机。针床是平直的针织机叫平机，也叫横机或扁机。按功能分：有单面机(或平纹机)，罗纹机，双面机(或棉毛机)，单面提花机，双面提花机，电脑提花机，自动间色机，全成型机，等等。

(一)针织男装的基本廓型与结构

随着服装市场的逐步完善和消费者穿衣消费观念的不断更新，针织服装已经越来越受到消费者的青睐，在整个服装产品消费构成类型、构成比例中占有越来越重要的地位。与其他类型的服装相比针织服装有着自身的优势和个性特色，通过设计师、工艺师的不断设计创新使的针织服装更具亲和力、洒脱感等自我特性，在居家、休闲、运动等服装类型的设计材料应用中具有独特的消费优势。随着针织工艺和后处理技术的不断进步以及新材料的不断研发推向市场，使得毛衫产品正向外衣化、系列化、时尚化、艺术化、高档化、功能化、品牌化方向发展。

针织服装款式多种多样，变化万千，但是其基本轮廓造型主要可分为三类：普通型、紧身型和宽松型。普通型针织男装是指以直身式为衣身基本造型的针织男装，服装基本廓型相对传统，强调自然地肩线和衣身围度，此类针织男装因其良好的适穿性，使其具有较好的市场空间。而因市场消费需求的多样化与个性化选择，针织男装市场也同样需求宽松的针织服装和紧身的针织男装来满足市场需求。宽松型给人以洒脱飘逸的舒适感，而紧身型针织男装则能够很好地塑造身型，是年轻消费者较多选择的服装消费类型。面对市场多样化的消费选择，针织男装设计师需要认真分析消费市场，研究针织服装的消费和设计特点，设计出更多的适销对路产品以满足不断变化的市场需求。

(二)针织男装类别与设计分析

针织服装包括用针织面料制作或用针织方法直接编织成形的服装，是以线圈为最小组成单元的服装，构成针织服装的针织物是由线圈相互穿套连接而成的织物。针织男装按照织造方法和服用用途分为针织内衣、针织外衣、针织毛衫、针织服饰配件四个主要类别。

1. 男装毛衫设计与结构

毛衫是由动物毛、植物纤维或合成纤维制作的毛线通过手工编织或由针织机器加工制作而成的一类服装品类，所称毛衣。机织毛衣通常是在平型纬编机上生产，通过放针和收针根据需要直接编织成衣片型，然后将衣片缝合成毛衣，一般不需要裁剪。而市场中也有一些毛衣产品是通过对大幅的毛织材料进行裁剪成衣片型再缝制而成的，较多地用在相对低档的产品制作工艺中。手工编结毛衣是毛衣产品的一大特色，通常使用竹制棒针或金属钩针手工编结而成，可以根据个人的喜好设计花样和收放针数控制服装的宽松程度，手工毛衫具有独特的风格特色，

深受消费者的喜好。

毛衫具有柔软、舒适、保暖的特点，是秋冬季男装的主要品类。市场中主要流行的男士毛衫品类主要包括以下品种，其分类以及命名方法主要是依据所用毛纱材料来加以区分的，以下将对这些毛衫种类及相关属性做进一步的介绍。羊毛衫本指用羊毛织制的针织衫，在生活中人们对于羊毛衫称谓已经弱化了其原本的材料分类，已成为一类产品的代名词，即用来泛指“针织毛衫”或称“毛针织品”；羊绒衫是以山羊绒为原料针织而成的服装，根据纱线类别分为粗纺针织和精纺针织两种，根据原料比例可以分为纯羊绒及羊绒混纺两种，是一种珍贵的穿着用品，国际市场称开士米衫，较羊毛衫轻，保暖性好，手感特别软糯，外销一般用纯羊绒制成，内销一般用羊绒85%，锦纶15%混纺制成，按该比例混纺，牢度比纯羊绒衫增加一倍；兔毛衫为毛衫中具有装饰性的高档品种，采用兔毛或兔毛与羊毛混纺原料制成，质地轻盈蓬松，手感柔轻滑糯，有特殊光泽，保暖性比羊毛衫好，织品表面有较长的毛绒，刚而不刺，其缺点是穿着中表面绒毛易脱落；马海毛衫以原产于安格拉的山羊毛为原料，其光泽晶莹闪亮、手感滑爽柔软有弹性、轻盈膨松、透气不起球，穿着舒适保暖耐用，是一种高品位的产品，价格较高；腈纶衫采用毛型腈纶纤维纺成纱织成，色泽鲜艳，轻盈保暖，坚牢耐穿，易洗快干，但易起毛球、易脏、弹性差；驼绒衫是毛衫中高档品种，表面绒毛稠密细腻，手感柔软，弹性、保暖性好，穿着不易起毛起球，洗涤不易收缩、变形；雪兰毛衫原以产于英国雪特兰岛的雪特兰毛为原料，混有粗硬的枪毛，手感微有刺感，雪兰毛衫丰厚膨松，自然粗犷，起球少不易缩绒，价格低，而市场上将具有这一风格的毛衫通称为雪兰毛衫，因此雪兰毛已成为粗犷风格的代名词。

随着市场消费和流行趋势的变换，毛衫设计的时装化日趋明显，设计师通过将毛衫织物与梭织物混搭设计出更多不同风格和形式的毛衣产品。将皮革材料拼接应用于男装毛衣的肩部、育克、袖口、口袋等部位增加毛衣产品的产品档次。除了以上列举的将毛衫材料与其他不同类型的服装材料结合的设计方式外，毛衫的色彩设计、新材料、款式设计、加工技术提升等，毛衫产品创新相关工作也得到了设计师和生产企业的广泛重视，使得男士毛衫市场产品种类更加繁多，男士穿衣消费有了更多地选择(图4-37)。

图4-37 男士毛衫

2. 男装针织外衣的设计与结构

随着针织服装面料织造技术、织造工艺的日渐完善,可用于针织服装设计的针织面料种类也愈加丰富,各种具有良好服用性能和着装感受的新型针织面料不断问世,男士针织服装的品种也日益增多。同时,着装方式的丰富变化也使得针织服装的外衣和内衣之间界限变得模糊,有的针织服装既可以作为打底的搭配服装,也可以作为单独的外穿服装。本文以约定俗成的观念,将能够穿着在公共社交场合,或能够在特定场合、地点穿用的针织材料服装统称为针织外衣。主要分为专业的针织运动服装和日常休闲服装两个类别。

(1) 针织运动服装

针织运动服装主要是指从事各种体育运动时所穿着的服装。针织面料具有吸湿、透气,以及良好的运动变形回弹能力,非常符合运动牵伸时需要的放松量需求,利于运动技能的发挥和创造最佳的运动成绩。使得针织服装材料被大量运用于专业运动服装设计、制作中,包括各种球类、田径、体操、游泳、花样滑冰等体育项目中。在男士针织运动服装设计中除了要考虑男性服装的审美功能外,还需要考虑运动项目类别所规定的款式形制与裁剪结构设计、色彩设计,以及标志用色和标徽设计等与服装设计之间的完美融合。

(2) 针织休闲便装

针织休闲便装是由运动服装演变而来的,在设计和形制上综合了运动服装的元素,受到近年来的休闲文化和体育热潮的推崇,以其宽松、随意、舒适、方便的特点,成为男士主要的日常服装之一。常见品种有:

T 恤衫:T-shirt 的音译,也称文化衫、汗衫。关于 T 恤的起源目前尚无公认定论,据资料记载,认为 T 恤最初是 17 世纪美国安拉波利斯码头的卸茶工人穿着的一种短袖衣,人们就从茶的英语"TEA"的首字母"T"来作为称呼。如今 T 恤已是春末、夏季、初秋男士除了衬衫以外的主要服装,以其自然、舒适、潇洒又不失庄重之感的优点而逐步替代昔日男士们穿件背心或汗衫外加一件短袖衬衫出现在社交场合,与牛仔裤或休闲裤构成全球流行、穿着人数最多的服装搭配形式。通过适合的图案、文字、徽章设计,使得 T 恤衫的消费者年龄跨度较大,适合不同年龄层次和多个职业分类人群穿着消费,有着庞大的消费市场。现今 T 恤不但已成为一种消费巨大的服装类型,更成为反映人们精神风貌和文化品位的重要载体,其作用更是超过了时装的范畴,成为人们社会生活、文化风尚的重要内容。

Polo 衫:原本称做网球衫(tennis shirt)。最初是由前 French 7-time Grand Slam 杯网球冠军 René Lacoste 于其品牌 LACOSTE 推出之有领运动衫,打网球时挥动球拍上半身会不断扭转,所以 Polo 衫的设计便以不用扎进裤子里为前提,做出了后长、前短,且侧边有一小截开口的下摆。此种下摆设计使穿着者在坐下时,也能避免一般 T-shirt 因前摆过长而皱起来的情况。Polo 一词是英文中马球的意思,而马球运动是一项贵族运动,参与者通常穿用的是源自网球衣的针织短袖运动衣,将这种运动衣演变成为大众服式,是劳尔夫·劳伦的功劳。这位生于纽约的美国设计师十分羡慕和崇拜英国贵族浪漫典雅而悠闲趣味的生活品味和方式,但他在设计上并未盲目地选择和模仿英国贵族过分严谨讲究的服饰装扮,而是捕捉到马球运动衣所体现出的生活上的高素质和气质上的不平凡,并融合了美国民族自由开放的性格,创造出汇传统的优雅与现代的时髦于一炉的 Polo 牌针织全棉恤衫。此后,凡是这种样式的上衣,无论是什么品牌,人们都称为 Polo 衫,它已成为一种永恒的经典。其基本款式为半开襟、三粒扣的针织翻领衫,袖口有罗纹收

紧,分为短袖和长袖之分。现今这种有领T恤已经成为从网球、马球、高尔夫、帆船运动衫到大众休闲运动服,更成为男士高尔夫的礼仪着装。Polo衫比无领的T恤多一份严谨认真,比衬衫又少一份拘束紧张,是春末、夏季、初秋男士重要的服装单品之一(图4-38)。

图4-38 休闲Polo衫

卫衣:诞生于20世纪30年代的纽约,当时是为冷库工作者生产的工装。但由于卫衣舒适温暖的特质逐渐受到运动员的青睐,不久又风靡于橄榄球员女友和音乐明星中。至70年代,Hip-Hop文化开始兴起。卫衣成了亚文化叛逆的象征,年青人觉得套上帽子遮住面容的同时,能将自己的灵魂与世隔绝。Vogue的撰稿人Sarah Harris将“卫衣”比作“躁动的少年”, Hip-Hop文化在90年代末成为流行文化中不可抵挡的一股力量,Tommy Hilfiger和Ralph Lauren等设计师开始在自己品牌中推出印有大学Logo的卫衣产品,继而Gucci和Versace这些high-fashion品牌也将卫衣加入产品线。卫衣兼顾时尚性与功能性,融合了舒适与时尚,成为年轻人街头运动的首选。卫衣设计要点主要集中在数字加字英文字母的LOGO设计,以及各种印花、植绒、织绣等工艺的图案设计与配色设计。男式卫衣款式有套头、开胸衫、长衫、短衫等。主要以时尚舒适、多为商务休闲、运动休闲风格。卫衣只作为日常休闲服饰,不作为男式正装。除了日常的居家和户外休闲着装外,卫衣也是各种休闲有氧运动着装的主要品类,适合于跑步、山地车、越野、健身、瑜伽等。

3. 男装针织内衣设计与结构

内衣是指贴身穿用的服装,包括背心、汗衫、短裤,以及一些贴身穿用和居家穿用的服装。通常需要具有卫生、吸汗、保暖等基本功能的内衣还具备矫形、护理等辅助功能。从设计风格或者款式特点上分类主要分为经典实用型、休闲型、运动型等主要类型。内衣面料主要分为天然纤维和化学纤维两大类,天然纤维的内衣面料主要包括棉、丝、麻、大豆蛋白纤维等。化学纤维主要包括粘胶、醋纤、铜氨、涤纶、锦纶、氨纶等。

随着人们物质生活水平的提高和科技不断进步,内衣的款式设计、着装体验、产品质量越来越受到男士的关注,内衣设计也越来越受到行业和相关品牌的重视(图4-39)。

图 4-39 张力十足的 CK 内衣大片

4. 面料特性与针织男装类型的匹配

针织男装正如其命名缘由，从构成针织服装的面料纱线及其织造方法上与梭织服装有着本质区别，因此针织服装的设计除了围绕款式和图案、花型，以及配色外，重要的设计切入角度之一便是材料的应用设计，尤其是对于男装针织服装来说，在款式设计、配色设计、图案设计方面远不如针织女装的设计空间大的情况下，则非常注重材料的匹配设计。

不同的针织男装分类均有着不同的材料要求，毛衫作为男士秋冬季节内搭保暖服装，有时也作为外穿服装单独穿用，常用的材料主要有羊毛、羊绒、羊毛混纺、棉纱、马海毛、兔毛、驼绒、腈纶以及其他混纺材料。而 T 恤、POLO 衫、卫衣、内衣的面料则以纱线的克重和支数为材料质

图 4-40 针织男装设计

量好坏的关键因素。不同规格的面料需要与所设计的服装类型相匹配，才可以更好地兼顾服装适穿性。以T恤为例，面料的克重为平方米面料重量的克数，克重一般在160克到320克之间，太薄会很透，太厚就会热。单位重量的棉花纺成一定长度的纱即为多少支，支数越高纱越细，棉花纤维也越长，质量越好。专柜级别的纯棉T恤克重一般是220克～300克重之间。而180克或200克精梳棉可满足高档个性化T恤对底衫质量的要求，透气也好，穿着舒服。而卫衣产品一般为春秋穿用服装，所用材料多为全棉材料，在下摆和袖口配以罗纹收口。市场中也采用CVC(棉涤)面料制作的卫衣，透气性差，且会产生静电，穿着非常的不舒服，还有一些甚至用化纤原料，那就更失去了卫衣的保暖、透气的特性了，而采用纯棉面料制作的卫衣在舒适度的体验上具有很好地舒适感和亲和力。为了增加全棉卫衣的舒适性需要对材料进行相应的后处理，常用的工艺为磨毛处理，最后经过柔软洗水，使得衣服进一步增加舒适度(图4-40)。

九、马甲的设计要点

马甲即无袖上衣，也称为背心。马甲成为男子正式服饰始于17世纪，当时是用缎子和丝绒做成的。原先颜色较浅(通常是白色)，后出现了上有精细的风景、花卉、动物刺绣的马甲，用金银、瓷釉作装饰扣，穿着时马甲上面几粒是扣住的。马甲是男性着装构成中较为普遍的一种搭配方式，特别是在传统的西式套装穿着组合中是不可缺少的礼仪服饰之一，并成为一种标准，而随着生活观念着装理念的改变，这种墨守成规的方式也逐渐被改变，市场消费中出现了不同形制的马甲和相应的穿着方式。

(一) 马甲的基本廓型与结构

对于礼服马甲来说因所搭配礼服级别的不同，马甲的基本廓型也有所区别，在晨礼服搭配中马甲的基本廓型分为单排的五粒扣或六粒扣，无领的简装型款式；和双排六粒扣马甲，有戗驳领或青果领的标准马甲。而在夜礼服搭配中马甲的标准款型为方领的四粒或三粒扣，而青果领三粒扣背心则是通用款，其简装型则是由此发展而成的腰部以上完全去掉的腰式背心，和卡玛绉饰带。而随着礼服便装化的发展趋势越来越受到社会的认可，在晨礼服和夜礼服的穿着搭配中，除了可以通过改变所搭配衬衣的级别外，还可以通过改变马甲的级别来改变着装的级别等级。

(二) 马甲的类别与设计分析

依据马甲的款式和着装搭配、服用功能等，马甲种类一般可分为礼服型、运动休闲型和职业专用型三种，下文将对三种主要类型的马甲的设计与结构做简要介绍。

1. 礼服马甲的设计与结构

礼服型马甲是与男士礼服、西服相配套的款式，穿在外衣里面，再加上相应的裤装构成一种标准的三件套形式，广泛适用于不同的礼仪场合。这种三件套的礼服穿法，最早出现于西方17世纪中期，到了18世纪非常盛行，最初实用装饰功能在不断发展的过程中，逐步演变成礼仪功能，色彩也从华丽花俏转向高贵素雅。

马甲作为现代男士礼仪服饰的标准配备之一，很大程度上是配合整体设计的需要，遮盖衬衫与裤子在腰间皮带的连接部位，使其整体流畅得体，同时也可适当增加层次感和节奏感。现代着装形式上，也有不配备马甲的礼服套装搭配，更加随意自然。在重大场合也可以封腰(用黑色缎料制作的三层褶裥宽腰带)代替马甲。然而由礼服、马甲、西裤的三件套组成的礼服，在人们心目中始终是礼仪服装的经典。

晨礼服马甲主要特点是双排扣六粒扣、V 型领口和倒尖领或青果领，这种领型古典优雅，弧线优美，四个对称的双线插袋，下摆到达腹部成 V 型，优美修身。它的简装形式为小八字领，单排六粒扣形式，下摆呈 W 造型，显得彬彬有礼。

燕尾服马甲的领型特点是 V 型领口或梯形领、戗驳领或青果领。一般是三粒扣，两个口袋或者干脆省略口袋，一般是 W 造型下摆。

另一种晚装礼服马甲是 U 型领口、四粒钮、两个对称的双线插袋。此外还有一种形式，正面衣片越靠近脖子越窄，直至肩线与衣领同宽，没有后片而用一种叫作卡玛腹围腰带固定穿着，卡玛腹围腰带一般用与塔克西多(tuxedo)礼服的领子面料相同(图 4-41)。

图 4-41 礼服马甲

2. 运动休闲马甲的设计与结构

运动休闲型马甲种类繁多，如钓鱼马甲、猎装马甲、牛仔马甲、防寒的羽绒马甲等。这类马甲以多口袋设计为主，军装和职业服都可以成为其灵感来源。装饰性和功能性并存的口袋，在马甲上不同的位置其形状和功能也各不相同，内层也有不少口袋。根据季节和场合的变化，内层辅料的选择和搭配也比较讲究和丰富。在色彩搭配方面，运动休闲型马甲适合面较广。面料选择也无限制，总体造型要比西装马甲宽松。可以搭配除礼服外的许多服装，也可单独穿着，是非常实用的男装单款，例如随着社会的发展和着装方式的多样化，马甲与西服、衬衣的搭配着装方式已经变得不那么必须，年轻消费者常常打破固有的着装方式，将马甲与 T 恤等服装进行搭配穿着，并成为了一种休闲时尚(图 4-42)。

图 4-42 休闲马甲

3. 职业专用马甲的设计与结构

职业专用型马甲是专门为某个职业或工种设计的专用马甲，表现在细节设计都为了特定职业的特殊需要而设计的，很讲究实用功能。面料选择上也是考虑到了职业需要，专业性强。如摄影师用的摄影马甲，前身设有6个或更多口袋，中间由通袋将上、下分为两个部分，胸袋采用箱式设计并附加皮革以防潮，下边口袋设计为拉链的嵌线袋，最下面大袋采用箱式口袋设计以增加容量。袋盖多采用尼龙搭扣设计以提高操作性，大袋侧身边缘压缝金属系环便于挂钩物品，此外，马甲的全部边缘用织带滚边加固。摄影马甲内外设计的多种类型口袋和夹层都是考虑到要放置何种类型的摄影器材和用品，防水面料的使用是保证室外进行摄影工作时胶卷和擦净纸等用品遇潮；如果是钳工电工等机械性工种，其专用马甲上一排窄长口袋是专门为他们放置专用工具而设置的，面料厚实，颜色深沉而耐脏（图4-43）。

图4-43 摄影马甲

4. 面料特性与马甲类型的匹配

面料视马甲的类型分类不同也不同，通常套装马甲的前胸制作面料需采用与西服套装、西裤同一材质的配套面料制作，多采用与套装相同的颜色，视礼服的搭配礼仪不同，也有采用银灰色同质面料制作，如晨礼服。后背则通常采用与套装里料相同的材质和颜色的里衬材料来制作。

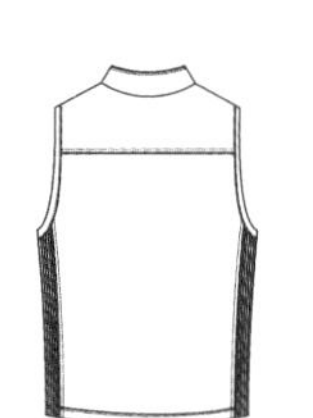

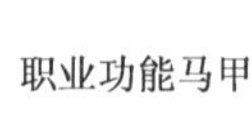

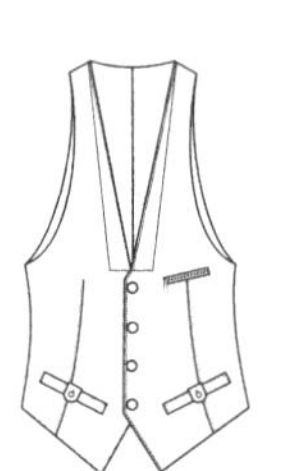

图4-44 马甲设计

而休闲马甲的面料选择范围则广泛很多，市场中常见的有色织面料制作的马甲，也有各种格纹制作的，有皮革材料制作的皮马甲，有各种混纺面料制作的马甲，也有牛仔面料制作的休闲马甲，习惯上也称为牛仔背心。职业马甲因为职业特点的功能需求，通常采用厚实、耐用风格的面料，还需要具有抗皱、耐脏、防水等功能，比如摄影马甲通常都需要面料具有防水功能，各种不同风格的面料构成了休闲马甲的不同风貌，使得男装消费市场变得更加丰富，也使得消费者的穿衣搭配有了更多的选择（图 4-44）。

十、裤装的设计要点

裤子（Pants）是指包裹双腿且有裆部结构设计的下装单品。纵观中外服装历史资料可以发现裤装在东西方服饰构成中均有着悠久的发展，并且在不同历史时期有着各自不同的结构特征和命名方式。在西方世界，早在 14 世纪的文艺复兴时期，紧身裤样式霍斯（Hose）就已经在男子服饰中出现，16～18 世纪，半截样式的布里齐兹（Breeches）成为流行款式，到了 18 世纪末法国大革命时期，现代裤装造型基本确立，不过当时只是下层社会的工人穿着，随着 19 世纪中叶体育运动的普及，这种实用方便的款式逐渐为越来越广泛的人们所接受。到了 19 世纪末期，男式长裤的各项形式渐趋稳定，并被社会加上了道德、审美等附加意义，成为男性的日常时装。

在我国古代早在春秋战国时期，人们就已经穿用裤子，其款式特征为不分男女的无腰开裆，包裹小腿的“胫衣”，写作“绔”、“袴”，在穿用时需要在外部穿有一条类似围裙的“裳”，起到遮羞作用。到了秦汉时代，裤子从“胫衣”发展到可以包裹大腿的长度，但是仍然不缝合裆部。随着战争、政治以及民间交往的频繁，与北方少数民族的文化交流也日益加深，其生活方式、服饰形制也得到了广泛地交流和传播，特别是在赵武灵王推行“胡服骑射”之后，这种文化交流得到了巨大的推动。北方少数民族便于马背生活的裆部缝合长裤，逐渐被汉族士兵和百姓所接受，称之为“裈”。此后裤装款式及相应名称历经多次演化，直到民国初期，西方现代裤装样式传入才逐渐确立了现在的形制。

（一）裤装的基本廓型与结构

现代男装中，裤子作为男装中最为主要的下装单品，在男装设计中有着非常重要的地位。男式裤子需展现男性阳刚之美，所以十分注重于整体造型而不宜有过分琐碎装饰。常规男裤最大的特点是合身、精致，以此来体现男性干练阳刚。男裤造型种类不多，但也会受流行时尚的影响，变化出一些流行时尚的新款。总的来说，裤子从整体到局部的造型组合具有三种基本形式：(1) 裤子的外轮廓有圆锥型（V 型）、喇叭型（A 型）、直筒型（H 型）三类，并与齐腰、中腰和低腰的结构对应出现。(2) 侧插袋的三种形式为直插袋、斜插袋和平插袋，裤后开袋有单嵌线、双嵌线和加袋盖的双嵌线袋三种基本袋型。(3) 裤子腰部的褶裥有双褶、单褶和无褶三种形式。

（二）裤装类别与设计分析

随着服装市场的日渐繁荣，现今男士裤装市场款式繁多，不同材料、不同季节、不同风格的裤装可谓琳琅满目，根据不同的范畴分类也是让人眼花缭乱。现代男裤作为男士下装的主要形式，种类已经十分丰富。如从长短上有长裤、九分裤、七分裤、中裤、短裤之分；从腰线穿着高度可以区分为高腰裤、低腰裤和中腰裤；从功能上有马裤、滑雪裤、运动裤、工作裤、睡裤

等之分；按照所用材料分类可分为牛仔裤、皮裤、毛料裤、真丝裤、毛线裤等；按照板型和款式分类可分为直筒裤、喇叭裤、萝卜裤、灯笼裤、铅笔裤、阔腿裤、打底裤等裤型，在部分国家和地区男士服饰中也有穿着裙裤的习俗。

下文将列举男士在生活中穿用频率最高的西装裤、休闲裤和牛仔裤这三种裤装类型，对相关裤装设计方法做进一步地阐述。

1. 西装裤的设计与结构

西装裤典雅适中，造型简洁合体。正式的西装裤，裤腿正面正中有挺缝线，从而显得裤腿挺直修长，庄重大方。男西裤一般为直筒型，有点略呈锥形，是最为常见的一种男装裤型。典型的男西裤立档较高，合身设计，裤腿为直线往下，稍稍内收，一般情况下将裤口尺寸处理成小于中裆2cm左右，视觉上呈直筒形。裤口翻边或者不翻边均可，裤长一般长及鞋面或者盖住鞋帮。有腰头设计，一般系皮带，裤前后皆有省道和活裥，两边对称侧斜插袋，臀部有对称的两后袋，一般为双嵌线，有袋盖或无袋盖，这是西裤的传统形式。穿着效果挺括有朝气。男西裤面料一般与西服上装相一致，要求面料平挺爽滑，柔软坚牢。夏季的裤料要轻薄透气，悬垂感强；冬季面料要求吸湿耐磨，保暖透气。色彩较为保守，一般与西服上装相一致。单独的男西裤色彩一般采用米黄、浅咖啡、深棕、藏青、烟灰、黑色等沉稳的深色调。夏季也可采用一些淡雅的颜色如纯白、象牙色等。西装裤可以出入正式和非正式场合，其搭配性、组合性、协调性都比较强，所以不同年龄、职业、体型的男性均可以穿着，是一种具有普遍适用性的服装。现代西装裤中也有休闲型的设计，并且逐渐模糊了与休闲裤的界限。在长度上有到大腿二分之一处的西装短裤，有颇具街头时尚感的七分、九分西装裤（图4-45）。

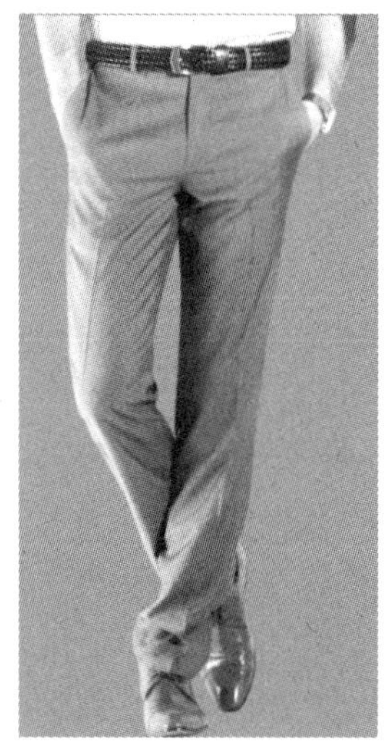
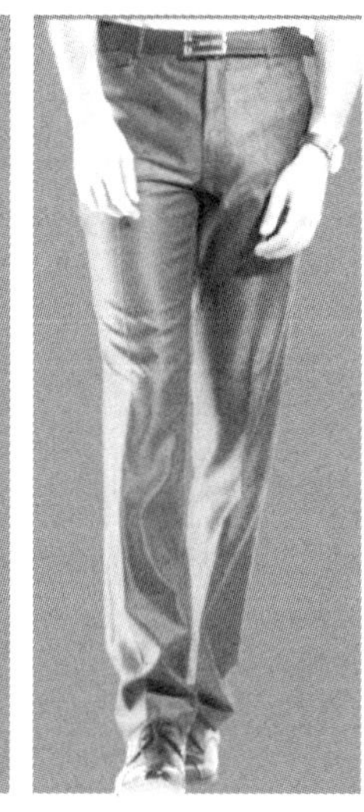

图4 45 西装裤

2. 休闲裤的设计与结构

休闲一词早已潜入了现代人的生活观念和着装理念，休闲裤是男士日常生活中穿用频率最高的裤装类型，多是指廓型宽松，设计风格自由舒适的裤装类型，常运用分割设计、多口袋设计、缉线设计，常运用拉链、抽绳、铆钉、钮扣等辅料作为设计元素。休闲裤的设计，设计手法无固定的形态，讲究随意性、舒适性和流行性，并且有着无限的灵感来源，是设计师发挥创造力和追求个性绝佳领域。从工装元素、军装元素，到充满游艺感的轻快街头风格，以及大量多变实用的工艺手法，结合面料和色彩，使休闲裤设计风格更具自由精神和时髦风尚，如卡其布水洗作旧、牛仔布与针织或皮革拼接、彰显风格的个性图案、多种个性造型的金属附件的局部设计应用等，都为休闲裤设计提供了广阔的自由空间，满足设计师在休闲裤设计中需要（图4-46）。

图 4-46　休闲裤

3. 牛仔裤的设计与结构

牛仔裤是休闲裤中最常见的一类裤装，是深受年轻人喜爱的长盛不衰的一类裤装。牛仔裤面料一般为牛仔布，是一种质地坚牢、厚实的斜纹面料，现在也很流行弹性牛仔面料，裁剪一般比较合身。这种面料水洗后会略有收缩，增厚变紧，但回弹性也较好。牛仔裤配 T 恤是典型的年轻人装扮，也可以配衬衫、休闲西服等各种上装，搭配得当时各有风采。牛仔裤虽然最开始是从工装裤演变而来的一种休闲裤，但是它舒适随意，款型时髦，已经成为休闲裤中深入人心广受欢迎的单款，男女老少们对牛仔的喜爱程度，都大大超出了人们的想象。牛仔裤从最初的功能性和实用性占主体的工装类服装，渐渐演变成今天代表时尚、活力的主导型产品，甚至可以支撑一个品牌。如世界一线品牌：Levi's、Lee、CK、Texwood、G-star 等，都以牛仔裤为主体，牛仔裤时常被冠以狂野、豪放、性感等关键词句，并被赋予品牌精神内涵，迎合了年轻人都需求。

受流行时尚的影响，牛仔裤不断地演变更新，在保持牛仔风格的基础上变化多端，纵观近几年的趋势，牛仔裤的时尚势力不减反增，荣登表现个人风格的最佳单品。如 Levi's2003 年的 TYPE1 系列走出传统牛仔裤的框架，加饰了放大的撞钉、红皮标及钮扣，加上粗

壮的双弧缉线绗缝线和纯靛蓝本布牛仔面料，这些使得牛仔裤的形象更加热烈、新潮；以超低的前腰提臀和相对抬高的后腰版型设计，极富安全感。在面料表现上出现了多样化的后处理，如洗水洗色、漂染、皱褶、拼布、刷旧、脏污、磨损等做旧手法，能展现多元的时尚风格（图 4-47）。

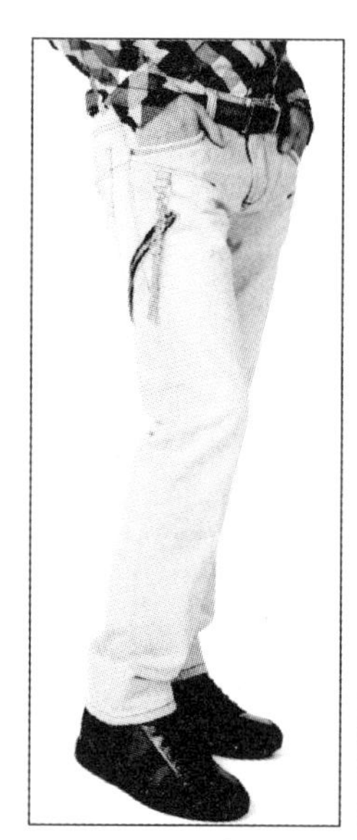
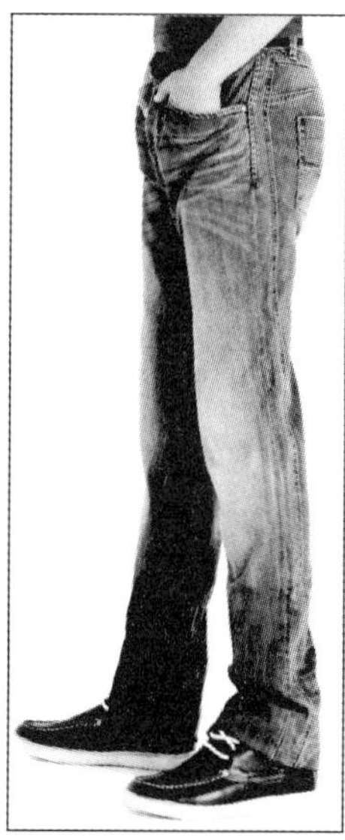

图 4-47　牛仔裤

4. 面料特性与裤装类型的匹配

男装裤子款型和种类变化不大，长期以来处于“稳中求变”的情况，但是对版型、缝制工艺、面料选择、细节处理等方面有着非常高的要求。对于男性着装来说，很多时候裤子的品质更能够体现着装品味和文化修养，裤子在整个男装服饰中有着不可忽视的地位。同时，裤子设计应注意与上装的面料、颜色、款式相协调。

男西裤面料一般与西服上装相一致，单独的男西裤也要求面料平挺爽滑，柔软坚牢。夏季的裤料要轻薄透气，悬垂感强；冬季面料要求吸湿耐磨，保暖透气。色彩较为保守，一般与西服上装相一致。单独的男西裤色彩一般采用米黄、浅咖啡、深棕、藏青、烟灰、黑色等沉稳的深色调。夏季也可采用一些淡雅的颜色如纯白、象牙色等，隐条、隐格也常被采用。男休闲裤常采用的面料有牛仔布、灯芯绒、棉麻织物等，面料类型较为丰富。颜色上也比西裤颜色要自由，受流行色的影响较多，军绿色、麻灰色等众多色调丰富了休闲裤的色彩世界。

休闲裤制作的面料选择非常丰富，依据款式设计的定位需要，可选择的面料范畴非常大，目前国内男装休闲裤主要采用棉、麻或棉加化学纤维加工而成，常用的有棉、毛、丝、麻、各种化纤以及各种混纺或交织面料。而牛仔裤面料通常需要具有耐磨、耐脏的特性，常用的有环锭纱牛仔、经纬向竹节牛仔布、溴靛蓝（市场俗称翠蓝）牛仔布和硫化黑牛仔布等。

另外常用的裤子种类包括运动裤和工装裤，在设计中也需要根据不同裤装类型的特性和功能需求，选择与之相匹配的面辅料。运动裤通常是针对某项运动而专门进行设计的一类裤型，如马裤、高尔夫裤、滑雪裤、丛林裤、运动短裤等等。面料比较注意弹性透气性和排汗能力，面料功能和款式设计细节上注意满足某项专门运动的需要而进行加强或改良，如滑雪裤需要采用面料防风防水防冻，脚口收紧设计等。工装裤是体力劳动者作业时的专门的工作用服，是紧跟着行业需求出现的品类。随着时代的发展，促使社会分工越来越细，随之产生不同的行业，也有了更多的作业服装。通常需要根据职业特点选择与之相匹配的功能面料和设计细节，例如有的工装裤需要有工具相配套的口袋设计，局部结构可调节松紧的设计，面料需要具有抗氧化、防辐射、防静电、防紫外线等功能需求（图 4-48）。

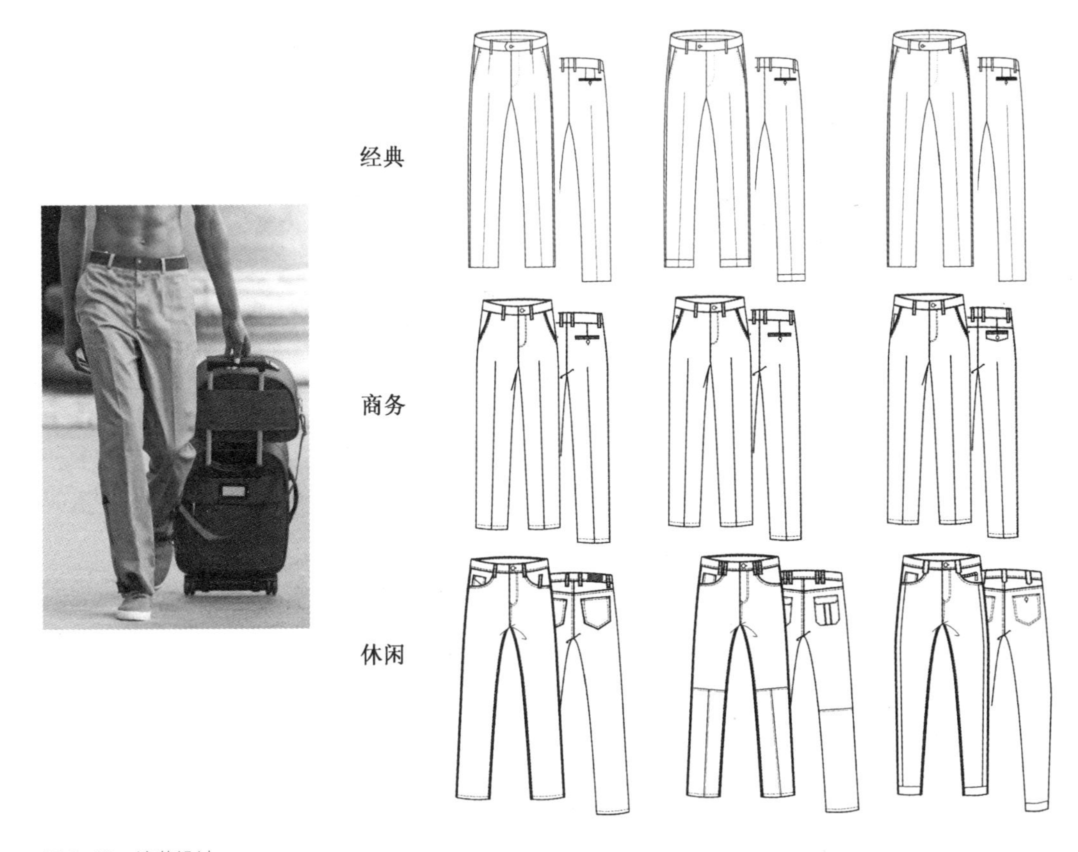

图 4-48　裤装设计

本章小结

男装单品是构成男装产品整体的子系统，是构建品牌产品整体的重要分支，对于单品的设计与控制、把握是男装设计师必须把握的重要知识和能力，这也是男装设计师在进行品牌公司

产品设计时的主要设计内容和设计对象。本章主要围绕男装单品的设计原则以及各种主要男装单品的设计要点进行了详尽的阐述。对于男装设计师如果把握单品服装类型的设计要点、如何把握产品类型属性和设计风格有着较好地参考作用。

思考与练习

1. 选择4~6种男装单品类型进行产品设计。

男装系列产品设计 | 第五章

随着产业的发展和市场的需求，系列化的产品设计以其系统化、多层次化、整体化的产品特征，以及便于穿着组合搭配、拥有整体统一的陈列展示形象、具有附带联动销售功能、利于形成强大的品牌宣传攻势等优势，越来越受到商家和品牌以及消费者的重视。纵览衣食住行用与人们生活密切相关的各个方面的多数产品设计，均已注入了系列化的产品设计理念，在某个品牌理念和应用功能的统括下，形成了具有强烈产品视觉冲击力和品牌感染力。在消费市场，不论是在超大的购物中心，还是品牌自有直营店；不论是橱窗陈列展示，还是内堂上架货品，从产品POP广告到包装设计，都以系列化的视觉形象呈现。比如家用电器系列产品、日用化妆系列产品、食品系列产品、女装系列产品、男装系列产品等。

系列化的产品设计与包装陈列展示，不仅在视觉上给消费者没的次序感，在设计上也便于充分诠释品牌理念与倡导的消费文化，在展示中利于突出产品风格特征与品牌形象。

第一节　男装系列产品的概念

伴随社会经济的发展，以及男装市场的日益繁荣与成熟，消费者对于男装产品的消费需求也日益多元化，加之消费者服饰审美水平的日益提高，对于男装消费不再满足于某种或某几类单品的单一消费需求，消费者更加注重于款式与款式之间的搭配组合，通过不同组合形式和组合方法呈现出统一而又多变的着装状态，更体现出着装者对于服饰整体搭配的理解与审美。而各男装服饰品牌在推出新品时，也是以整体的系列化产品推出的，通过搭配陈列展示，将产品的着装搭配理念和搭配方式传递给目标顾客。在世界五大时装中心的历年新品发布上，除了个别高级定制品牌以较多的单品发布产品外，绝大多数品牌的多数新品发布展示，都是以系列化的服饰产品诠释者品牌对于新一季流行的认识与理解，从而引导消费趋势，传达品牌文化理念。

一、男装系列产品

1. 男装系列产品的概念

男装系列产品指的是在若干件或若干套男装产品中，从产品设计手法、创意风格、元素组合、设计理念等方面存在着相互关联的秩序性和谐美感特征，产品呈现较为统一的视觉特征和穿着方式及穿着状态。

2. 男装系列产品的构成

随着社会经济的繁荣与市场需求的日益多样化、多元化。加之因生活观念、消费观念的不断更新变化而产生的新的、不同的生活方式需求，对男装市场的款式革新变化也起到了一定的推波助澜作用，以至于当今男装市场相对于过往时代而言，消费者对于男装产品的消费需求也变得越来越品类繁多、款式多样、形制多变，变得更加丰富多彩。男装系列产品的构成包含有春夏秋冬四季的里里外外、上上下下多种服装品类，有大衣系列、西装系列、裤子系列、内衣系列、夹克系列、服饰系列、配饰系列等等。

在商家眼里，男士着装所能囊括和触及的所有服装、服饰品类都包含在男装系列产品构成中，只要有市场需要，商家都会孜孜不倦地想尽一切办法，以不同的手法来开发男装产品，以引人注目的概念来将它推广到市场中去。因此男装系列产品的构成既有一个确定的品类范畴，又有一个不确定的品种范围。

3. 男装系列产品的特征

男装系列产品的特征为：产品在设计创意、包装组合、展示陈列等方面，都具有某种或某类相同或相似的要素，并依照一定的秩序和内在关联，构成整体而又有联系的产品。在具体系列男装产品中，这种特征表现为自成体系而又相互关联的男装单品款式、系列化的规格尺寸和系列的纸样技术，以及相同或近似的附件与配饰等组合而成的系列整体（图 5-1）。

4. 男装系列产品的作用

从设计的角度来看，系列男装产品是艺术与技术的结晶，便于设计师将新一季的产品理念通过不同系列的多个构成单品充分地加以诠释；从品牌的角度来看，系列化的男装产品是所属品牌将其要引导的品牌理念，最大化传递给受众的最好方式之一，品牌只有通过较为全面的一体化、整体化具体产品与服务，才能将其实用功能以及附加的精神功能传递给受众，以获得更多的品牌美誉度和品牌价值；从市场的角度来看，面对不断变化的消费市场实际需求，市场越发细分，面对越来越窄小的细分市场，男装品牌所坚持的单品款式，有时候会难以应对受众的多元化、多样化消费选择，盈利空间也越发窄小，而采取系列化的产品来扩展产品卖点，无疑会给品牌在强大的市场竞争中带来更多的盈利机会；从受众的角度来看，消费者对于自己信赖的品牌往往会形成固定的消费观念，消费本品牌产品逐渐成为一种习惯，通常只有该品牌逐渐难以满足其更多、更高的消费要求时，才将自己的消费习惯、消费喜好加以转移寻找新的目标，很多情况下，受众希望自己所青睐的品牌会不断推陈出新，让其不断拥有新的发现，并希望能够在消费中得到身心愉悦，尤其是大多数男装消费者，有着较为稳固的购物消费习惯，常常会热衷于类似于海澜之家这样的一站式服务理念，在数次消费中就可以得到品牌所推出的数个系列产品类别，省时、省力、省心。

图 5-1　系列化产品所具有的整体特征

二、男装系列产品设计

1. 男装系列产品设计的概念

男装系列产品设计指的是在品牌所拥有的若干个系列产品类别中，运用相同或近似的设计手法、设计元素，在相同或近似的设计理念、创意风格的统括下，进行相应的类别系列男装产品设计。在品牌理念的统括下各系列产品存在着某种内在的关联与秩序，产品呈现较为统一的风格形象与穿着方式、穿着状态。为了增加差异化的产品形象，系列产品设计中有时会采用细分的设计主题，再进行统一品牌理念下的差异化产品设计开发。

2. 男装系列产品设计的构成

男装系列产品设计是一个相对的大设计概念，包括从系列产品导入市场的前期分析，到系列产品的中期设计制造，再到系列产品的后期销售与服务，整个系列产品设计构成包括对于系列产品设计研发所做的前期市场调研、系列男装的产品设计提案规划、系列男装产品的销售通路规划、系列男装的售后服务跟进等。其中各个环节皆包含有若干个具有所属关系的细分构成部分，比如男装系列产品设计中的产品设计提案规划，就包含有系列设计的主题提案、款式提案、材料提案，以及产品架构、相关工艺手段、行销方案等设计内容。

3. 男装系列产品设计的特征

男装系列产品设计的特征为：在系列产品设计时，设计师在品牌理念和品牌愿景的指引下，结合目标市场的调研分析，对品牌所属的系列产品作系列化的设计研发。在系列产品设计中，各系列产品之间存在着相互关联的关系，多个系列产品中存在着某种或某类设计元素的延伸、扩展和衍生，形成鲜明的关联性产品风格特色，在设计元素的运用、品牌理念的表达等方面表现出较强的秩序感、和谐感、统一感等美感特征。

4. 男装系列产品设计的作用

男装系列产品设计是在品牌对目标市场充分调研的前提下，在品牌运作机制能力可承受范围内，以最大化的产品系列设计充分表达本品牌对于目标市场的预判能力、反应能力、供给能力，在男装系列产品设计中，设计师将个人设计才华、设计风格与所服务品牌相互契合，通过多个系列产品来诠释品牌所要表达的生活理念和品牌所引导的生活方式，将品牌产品与受众的生活方式统一于一个整体的品牌理念与产品风格中，而多个系列产品组合又会提供受众不同的服装服饰款式搭配组合变换的空间，形成无形的品牌磁场，将品牌受众牢牢网罗（图 5-2）。

图 5-2　设计风格统一和谐的系列男装产品设计

三、男装系列产品品类

1. 男装系列产品品类的概念

男装系列产品品类是指在品牌整体风格理念的统括下的，品牌所拥有的众多个男装产品类别。为了便于统一管理，利于整体运作，品牌所涉及的这些产品类别多为系列化的产品设计，多以统一的风格呈现，运用相同或近似的设计手法、设计元素，在相同或近似的设计理念、创意风格的统括下，进行相应的类别系列男装产品设计。品牌产品传递着统一的生活方式理念，宣扬一致的文化理念。不过也有部分品牌的进行产品类别拓展中，也采用差异化的风格特征进行设计，并运用全新的LOGO进行标识，以差别化的产品，占领更多的细分市场。

2. 男装系列产品品类的构成

随着经济的发展，市场需求不断扩大，品牌整体设计意识逐渐强化，为了充分利用优良品牌文化所蕴含的市场价值，很多品牌进行了品牌延伸，采用已有品牌作为新产品的品牌来开拓新的市场领域，形成不同的产品类别，丰富了品牌产品系列。

男装系列产品品类的构成，不但包含有如前文提及的春夏秋冬四季的里里外外、上上下下多种服装品类，有大衣系列、西装系列、裤子系列、内衣系列、夹克系列、服饰系列、配饰系列等等。还包括各种男装服饰品，如帽子、皮带、围巾、鞋靴、眼镜、箱包、首饰等相关服饰用品，更可以包括一些诸如手杖、洗浴用品、家居用品等与穿戴用品相对较为边缘化的生活用品。而有的品牌在产品类别延伸中则更有跨度较大者，如杉杉服装更是将投资触角涉及到锂电池领域。

3. 男装系列产品品类的特征

在系列化开发设计的男装产品类别中，各系列产品类别在款式造型、设计风格、材料肌理、色彩组合、细节设计等方面都有着统一的品牌风格理念，为了区别开每个品类系列的设计手法，在每一个系列的产品类别中均蕴含有各自的设计特色，而整体产品类别组合在一起又同属一个风格，给人以整体、和谐的设计感觉。系列产品类别设计中，设计师在不同的设计主题下，将产品开发的色彩、面料、款式构思等方面系统地结合起来，在统一的品牌理念下，更加紧凑地展示出一个品牌男装的多层次产品内涵，充分表达了品牌男装的设计主题、设计风格以及品牌男装的设计理念。

4. 男装系列产品品类的作用

品牌产品类别延伸已经被众多品牌所实践，例如百事饮料推出百事运动鞋，哇哈哈进军童装等等，其中有些获得了巨大的成功，不但拓展了市场，而且还提升了母品牌的市场价值。不过品牌产品品类拓展如果运作不当也有失败者，甚至损害原有品牌的市场形象。

男装系列产品品类以其整体系列化的产品系列推进市场，形成强烈的品牌张力，特别是一些高端的男装强势品牌，在产品组合上其系列设计感具有特别的整体优势，产品的形象定位和品牌特色都易于形成鲜明的特色，在市场上本品牌的系列产品占据较高的市场份额，品牌系列产品价格也具有较好的竞争力。在消费者心目中易于形成完整感、丰富感、立体感等品牌印象，形成品牌服装产品消费的趋同心理，使得服用品牌所推出的系列产品成为一种时尚行为。这种通过不断推出的系列产品品类扩张市场份额的男装品牌，在品牌运作呈良性循环趋势时，此类不断递增的产品类别量，结合优质的品牌内涵文化，更容易在消费者心目中形成消费风向标。需要注意的是，品牌在每一次的系列产品品类拓展前都需要进行缜密的市场调研分析，并施以科学的可行性方案，在实际运作中也要严格把控产品品牌延展各关键点，将系列产品类别拓展引入健康发展的轨道中，否则，盲目的系列品类拓展品牌运行状态不良的情况下，则会将品牌拖累的疲惫不堪。

品牌产品类别延伸与拓展最好的例子之一，莫过于 Pierre Cardin（皮尔·卡丹）（图 5-3），以服装起家的皮尔·卡丹曾以高贵的品质和昂贵价格成为社会上层人物身份和体面的象征。为了吸引更多的消费者，皮尔·卡丹品牌延伸到日常生活用品上，从家具到灯具，从钢笔到拖鞋，甚至包括厨巾，投资触角还触及到餐厅的经营管理中，1981 年，皮尔·卡丹以 150 万美元买下巴黎即将要破产的玛克西姆餐厅，虽然卡丹在后来的经营中出现了些许问题，在大多数市场上丧失了高档名牌的形象，也丢掉了追求独特的品牌忠诚者。后来卡丹发现了问题所在，做了一系列的品牌推广活动，坚持了自己品牌的核心文化。而 ELLE 的品牌延伸被人们称为“成功的亚洲 ELLE 模式”，20 世纪 80 年代初，ELLE 杂志社为了吸引新的客户，推出了一些带有 ELLE 标志的特制礼品，结果出人意料地受欢迎。杂志社因此委托日本当地一家服饰制造商小批量生产 ELLE 的 T 恤、手袋和鞋子，由日本分社的职员兼管。起先规模还很小，到了 80 年代末，在口碑流传之下，需求迅速增长。ELLE 公司于是成立了独立的特许专卖部门。1991 年，ELLE 品牌在亚洲其他地区也开始流行起来。

图 5-3 大气磅礴的 Pierre Cardin show

第二节 男装系列产品的设计原则

区别于单品设计，男装系列产品的在设计时更加需要把握整体的概念，任何设计元素，无论是来自造型方面的还是来自图案花色、面料肌理、款式细节等方面，在设计运用时都较之单品设计时需要考虑的更多、更全面，设计师不能只是孤立地思考一个单品的设计元素构成方法，而是需要整体地、成组地考量这些设计元素在这个系列男装产品中的运用比例和具体方式。

一、男装系列产品面料设计的原则

在男装系列产品设计中，面料同样具有重要的地位，是系列产品的设计基础和物质体现。系列产品需要通过面料的实际付诸将设计创意表达出来，面料品质同时也是男装消费者在进行购买消费时考量产品档次的一个重要标准之一，同样在网络资源异常发达的今天，款式流行已经很快被克隆，形成区域内的普及化，而很多服装品牌则是通过定制或买断面料的形式来确保本品牌产品在市场上独一无二的地位，以期达到一个较好的经济收益目的，可见面料在服装品牌市场中的重要地位。

在市场操作中，很多男装品牌在进行系列产品设计时，为了确保本品牌产品的市场占有率，提高产品销售量，除了上文提到的采取定制或买断面料的形式外，更多的男装品牌多是采取对面料进行设计加工的方法来提高产品附加值。在男装系列产品设计中，对面料进行设计加工可以理解为：一是，对面料进行二次设计加工后，再运用于产品设计创意中。企业设计师将市场所选购的服装材料通过二次设计加工的方法，改变面料的原有组织方式、色彩、肌理等状况，而后运用于男装系列产品设计中。例如，在面料设计中采用抽纱的方式改变面料原有组织方式，采用刺绣、雕花、烂花等方式改变面料外观和肌理，采用叠染、漂洗等方式改变面料的色彩效果等等。这样，系列产品所表现出来的外部风貌与其他品牌直接运用在市场中所购的同样面料设计的产品相比，显然具有不同的设计效果。同时，面料的二次设计加工也大大提高了系列产品的附加值，增加了产品的设计含量，具有较好的销售卖点；二是，在男装系列产品设计中，企业设计师通过一定设计规划，对系列产品中所用面料进行适当地组合搭配，使得系列产品呈现别样的设计组合效果，而区别于其他品牌男装产品的设计效果，从而达到突出本品牌系列产品在市场中的销售地位的目的，这也是设计的重要作用和目的。

以上所提及的男装系列产品面料设计中，无论是采用对面料二次设计加工后再运用于系列产品设计中，还是在系列产品设计中，通过面料的适当组合搭配，利用相应的设计手法而产生新的组合风貌，都需要依托一定的设计原则，才能将系列产品设计做到尽善尽美，少有瑕疵。在进行男装面料的二次加工时，除了要考虑美学原则外，还要考虑的重要指标即是加工成本与实际收益之间的比例，可以说任何企业的经营目的，最重要的是以盈利为目的，所以在进行面料二次加工中要把握成本最小化、收益最大化的原则，不可盲目创意，为了设计而设计，将面料加工的华丽至极，设计卖点大大增多，而在实际销售中却因为加工成本过大而连带产品价格过高，在销售中常常会因为缺少价格优势而逐渐被市场淘汰出局。而男装系列产品面料设计的后一种方式，采用适当的组合搭配使系列产品呈现不同设计效果，需要把握的设计原则，除了在设计时需要依托品牌理念和产品风格外，还需要把握美学原则和男装消费心理，在系列产品设计中，各设计元素并不是孤立地运用于某一个单品款式中，而是需要在系列产品中得到体现，这就需要设计师如何将这些设计元素合理地分配于系列产品中，而最终表现出的系列产品风貌，既不是设计元素的按需分发，也不是设计元素的机械堆砌，而是一种内在的和谐与统一。其中，既包含有强调与对比，也包含有对称与均衡、比例与分割、节奏与韵律，而最重要的是在品牌理念统括下的设计元素的和谐与统一。当然了，面料设计创意还需要辅以相应的男装产品结构和款式细节设计，才能将系列产品设计做得更加饱满。

二、男装系列产品色彩设计的原则

色彩设计同样是男装系列产品设计中极其重要的设计要素，无论是在卖场陈列还是具体着装搭配中，系列产品之间的色彩关系，可以说一直是品牌男装进行系列产品提案规划中一个重要的组成部分。在系列产品设计研发之初，品牌设计部门即已拟定出若干个关于新品研发的设计主题提案，其中就包含有系列产品的色彩组合设计提案。通常在色彩设计提案中，品牌设计师会以图文形式表现出系列产品色彩组合方式，以及各系列产品之间的色彩搭配比例等方面的模拟效果。再将此色彩设计提案交由相关主管部门进行讨论，结合品牌过往的系列产品市场运作经验和流行色彩趋势等信息，以及对目标市场的消费趋势调查与研判，论证系列产品设计的色彩设计提案，在色相、明度、纯度，以及在系列产品设计应用中色彩组合方式、分割搭配、应用比例等方面的配置情况，讨论通过的色彩设计提案将作为系列产品色彩设计的参考依据，在进行系列产品设计时，依此作为色彩配置的设计导向。

男装系列产品色彩设计的原则是：一是，系列产品色彩取向以及配置方式与应用比例，需要遵循品牌风格所一贯延用的色彩范畴。比如，某些男装品牌自诞生以来，无论流行色彩怎样轮转变化，都一直坚持用黑白两色来表达产品；二是，系列产品色彩取向需要以目标市场调研为基础。无视消费市场目标受众的男装色彩消费取向而闭门造车，带来的品牌经济效益甚至是社会效益损失不言而喻；三是，系列产品设计色彩取向需要关注包括流行色彩在内的流行趋势。流行趋势往往伴随新的生活方式、新的消费趋向，而新的生活方式、新的消费趋向即是新的市场空间，品牌经营者在经过详尽调研后，及时将产品触角延伸至此，将会有更多的收益空间。

以上谈及的男装系列产品色彩设计的原则中，遵循品牌一贯延用的色彩范畴和关注流行色彩趋势，看似矛盾，不可同日而语，但是针对不同的品牌运作方式和经营理念来说是不矛盾的，实际运用中，只需把握相互之间的“度”即可，一切以市场需求为判定准则。

三、男装系列产品款式设计的原则

系列男装产品款式设计是系列男装产品设计的重要组成部分，是服装内部结构设计的表现所在，具体可以包括系列服装的每个单品服装领、袖、肩、门襟、下摆以及其他局部设计造型部分。

相对于系列男装服装廓型设计来说，服装款式设计相对更具有灵活的设计空间，更能够表达服装结构功能和款式风格。从理论意义上说，一个系列男装的外部廓型可能只有一个，当然了，受不同历史时期流行风潮的影响，在一个系列男装设计中，有时候会出现几种以上廓型的糅合。而系列男装设计中的内部款式设计则可以拥有更多的技能性，在不同的设计主题引领下，结合形式美法则，会产生多样化的设计效果，增加了系列男装款式之间的形式变化，更加能够塑造系列男装的整体设计风貌，形成统一而又变化的和谐整体。

男装系列产品款式设计的原则是：一是，系列服装产品设计研发需要在品牌核心文化理念的统括下进行，产品设计风格需要能够与品牌一贯坚持的品牌形象相一致，并能够起到促进作用，以维护品牌长期以来在市场上所形成的品牌感召力，维护品牌在目标受众心里的品牌忠诚度。二是，系列男装内部款式设计风格需要与外部廓型设计风格相一致或相呼应。服装设计尤其是系列服装设计更应该注重整体设计风格的把握，强调内部款式结构设计的同时，需要关注系列男装设计的外部廓型设计，使其内外部设计力度整体跟进，达到整体风格的和谐一致，否则会显得不伦不类，对于相对沉稳的男装设计来说，这种设计结果无疑是失败的。三是，系列服装内部款式中的局部设计细节之间需要相互关联，主次分明。系列服装设计尤其需要注重系列之中个体之间的相互呼应，设计细节之间的局部与整体呼应，设计元素之间的相互穿插。在设计时既要权衡处理每个局部之间的相互和谐统一，又要做到主次分明、轻重有序。使得系列作品款式设计既有丰富设计内涵，又不至于凌乱繁复。

第三节　男装系列产品的创意概念

中国纺织工业协会、中国服装协会会长杜钰洲曾经指出:“创意既是科技进步的先导,又是品牌建设的先导。时尚文化通过物质产品来实现,物质产品要承载文化创意。我们转变产业发展方式,调整产业结构,最需要加强的就是创造性。”在此概念的指引下,中国纺织工业协会于2007年首办时尚创意空间活动,迈出了在打造整个产业链时尚创新能力道路上的重要一步。尽管近年来,中国纺织服装业的发展面临诸多困难,但“面对困难,创意将为我们雪中送炭”。对此,杜钰洲会长认为:“困难只是前进中的困难,我们将通过持续发展中国企业的创造力,加快产业提升和结构调整,最终克服这些困难一路前行。”以服装这个产业链终端产品为引擎,中国纺织服装业的快车正行驶在创意产业的跑道上。

由此可见创意对于服装产业来说的重要性,创意在服装产业发展中是提高科技贡献率、品牌贡献率,转变增长方式的重要手段与方式。对于男装品牌来说在行业中立足的基础是市场,赖以生存的手段就是不断创新的服装产品,创新是服装品牌的核心价值。可以说品牌是否有创意和有何种程度上的创意水平,是决定品牌能否进一步发展的关键因素。

一、创意概念的来源

创意是一种精神,是一种能量,它不仅是服装品牌赖以生存的设计力量的基础性要素之一,更是品牌价值的核心体现。与其他类型服装类似,男装设计创意表现主要取决于设计师的个人审美情趣、专业素养和创造性思维能力,在实际设计案例中,设计师的设计创意还需要关注市场需求动向,关注社会经济发展状况、生产技术以及面辅料革新等方面的综合因素,使得系列男装产品创意同市场需求相适应,与受众需求相一致,从而能够带来切实的市场消费,实现真正的设计价值。

设计师的设计创意能力取决于设计师的创造性思维能力,创造性思维能力是艺术设计创造力的核心,创造性思维是以独特性和新颖性为目标的思维活动,它是指以解决问题为前提,用独特新颖的思维方法,创造出有社会价值的新观点、新理论、新知识和新方法等的心理过程。在实际案例操作中,设计师的创造性思维心理活动则是需要以实际的创意概念来作为表现形式的,才能形成具体产品系列的主题概念方案,才能便于更一步的具体细化设计和深入设计,那么男装系列产品创意概念的来源有哪些?这些创意素材如何捕捉、重组与整合呢?下文将就此类问题做进一步的具体分析。

(一)创意概念的素材来源

服装设计是艺术与技术想结合的产物,是一个复杂的思维过程,以感知、记忆、思考、联想、分析、归纳、演绎为基础心理活动,以综合性、创造性、创新性为特征的高级心理活动与实践活动过程。创新是品牌发展的源动力,亦是服装设计过程及其结果目的和意义所在。而良好的创意概念是服装设计过程的精彩开端,一个良好的开端,无疑为后期的具体设计流程打下良好的进阶基础。

罗丹有句名言:“美是到处都有的。对于我们的眼睛,不是缺少美,而是发现美。”可见对于设计师来说在设计创作中可以借鉴的生活之美随处可见,只是缺少发现。因此可以说艺术设计中的创意灵感往往与日常生活息息相关。灵感出现在人的设计思维中，却是来源于客观现实世界，任何灵感不可能是无源之水、无本之木，而是生活中的万事万物在人的思维中长期积累的产物。可以说来源于生活中的万事万物都可以作为服装创意概念的素材来源，然而多数这些创意概念素材绝不是表面地呈现，也不是兴手拈来就可以为我所用的，需要进行一定的归纳与整合，才能应用于具有方案设计中，而作为一名优秀的男装设计师应该以其专业的艺术设计修养、优良的审美鉴赏能力、敏锐的洞察力，以及敦实的专业设计基础知识对这些源自生活的创意素材进行有意识、有目的、有计划、能动的逐一甄选，方能为我所用。

1. 历史积淀中的创意概念

服装作为一种社会文化形态，作为人类生活主体要素——衣、食、住、行之首，服装同时具有物质和精神的双重属性，是当代社会文化发展中物质文化和精神文化建设的重要组成部分。在人类服饰文化长期的发展历程中，每一个历史时期的社会制度、经济基础、科学技术、文化艺术、美学思潮、审美意识等都深深地影响着这一时期的服装形制、服装审美等，甚至对于后世的服装文化发展也具有一定影响作用。同时，服装作为一个国家和民族文明的象征，体现了社会经济、文化、科技、艺术等方面的发展水平。可以说服装是一种被物化了的社会文化载体，是人与人、人与自然、人与社会进行沟通交流的重要媒介。服饰文化作为各民族历史文化积淀的一个分支部分，在不同历史时期均有着恒久的体现，具有深刻的时代印迹。一直以来历史服装资料都是学习和研究服装设计、服装文化的重要途径之一，在对历史资料与服装实物的不断研习中，许多设计师都可以发掘出全新的设计创意闪光点。长期以来，这些历史服装图文资料与历史服装实物资料，积淀了世界各个国家和地区的多个民族的服饰文化精华，无论是从服装款式、染色工艺、制作手段、织造手法还是服饰形制等方面，都无疑是人类不断传承的伟大遗产。从男装设计创意理念来讲，许多过往的服装款式设计方法、方式，设计思维方法，以及色彩、图案、工艺、材料的加工、应用方法都会给带来我们深远的启示，并作为设计的灵感来源加以运用。纵观中西方历史服装资料，已经受过历史的淘汰筛选而能够留传的图文资料和服装实物都很有代表性，积累了前人丰富的实践经验和审美趣味，尤其是近代以来的服装实物，有许多值得借鉴的地方，因此也是极其珍贵的史料。设计师在挖掘设计灵感时，需要跨越时空的界限，在茫茫历史长河中，寻找灵感的启发点，赋予新的设计理念，进行全新的诠释。

需要指出的是，在历史资料中寻找服装设计灵感，不可照抄照搬、盲目引用，最终的设计目标不是要再现历史资料中所记载的服装款式，毕竟我们研究历史，不是要回到过去，因此在应用时需要辩证的运用，将历史资料中能够契合当今审美情趣、流行风潮、生活方式的只言片语进行全新地诠释（图 5-4）。

图 5-4　从男装历史资料图片中发现男装演绎变化的规律和创意灵感

2. 自然形态中的创意概念

人类所赖以生存的自然环境，与我们有着密不可分的关联，大自然所能够给予我们的除了人类生存、生活必须的自然环境和自然资源以外，在与大自然的共同演化以及不断抗争中，大自然也给予了人类更多来自精神层面的磨练，人们在不断地改造自然和利用自然的同时，也从自然界得到许多用之不竭的生活灵感。人们既惊叹于风云雷电、山川怪石带来的震撼，也倾心于澎湃大海所带来的壮美乐章，同时享受涓涓溪流所给予的优美音符。大自然的鬼斧神工曾令无数文人骚客流连忘返、叹为观止、不能自已。大自然常常难以抑制地激发了设计师强烈的创作欲望与激情，许多设计佳作因来自大自然的灵感迸发一蹴而就。

设计灵感来源于自然环境，除了上述的由自然环境事物触发的设计灵感和创作激情以外，还有一个重要的方面即是源自于自然界的仿生创作。在服装设计领域仿生自然的服装设计作品可谓不胜枚举，世界服装设计大师中也有较多运用仿生自然的手法设计服装的。男装设计灵感中取道自然形态的仿生设计主要分为色彩及纹样仿生、结构仿生、造型仿生、功能仿生、气味仿生等几类。

色彩及纹样仿生：在男装系列产品设计中借用自然界动物毛皮，禽类羽毛，植物树叶、枝干，甚至是岩石风化的颜色、纹样、肌理进行材料染色、部位配色设计。

结构仿生：是指在男装系列产品设计开发中，模仿自然界某些生物的结构功能特征进行服饰产品的内外部结构设计。例如在一些运动鞋设计中人们模仿了蜂巢中许多排列整齐的六棱柱形小蜂房结构组成，设计出具有减缓脚底压力减震功能的气垫鞋构造。

造型仿生：是指在男装整体或局部造型设计中，通过借用、模仿、变型设计等手法将在自然形态中获取的创意灵感应用于产品设计中。最为典型的例子莫过于男士燕尾服设计，设计原型来自于对燕子尾部特征的模仿。

功能仿生：自然界在亿万年的演化过程中孕育了各种各样的生物，每种生物都拥有神奇的特性和功能。通过研究、学习、模仿来复制和再造某些生物的特性和功能，极大的提高人类对自然的适应和改造能力，产生巨大的社会经济效益。曾有设计师从鱿鱼的触足上长着的一个个吸盘，得到了创意灵感，设计出一种带有“吸盘”的篮球运动鞋，对篮球运动防护起到了很好作用。

气味仿生：主要是指在男装系列产品材料开发设计中，通过科技手段在服饰材料中揉入来自动植物自然芳香的功能性面料，这些芳香气味有来自雄麝的麝香，也有来自各种花卉植物的香精提取。随着纺织技术的不断提高，近年来业内研制出了具有抗菌、保湿等功效的天然彩棉香味面料。该面料在传统彩棉面料基础上，采用缎纹、小提花、大提花等多种织纹，采用国际最新香味微胶囊缓释技术①对彩棉面料进行整理，使天然彩棉面料上均匀分布含有大小为百万分之一平方厘米级香味微胶囊，在人们服用时的运动和触摸过程中被激发，使胶囊破裂缓释出内含兼有诸如抗菌、保湿等功效作用的天然植物香料（图 5-5）。

3. 姐妹艺术中的创意概念

设计的一半是艺术，艺术之间有许多触类旁通之处。绘画、雕塑、摄影、音乐、舞蹈、戏剧、影视、文学等姐妹艺术是设计灵感的最主要来源之一。不仅在题材上可以相互借鉴，在表现手法

① 微胶囊技术（Microencapsulation），定义：是微量物质包裹在聚合物薄膜中的技术，是一种储存固体、液体、气体的微型包装技术。

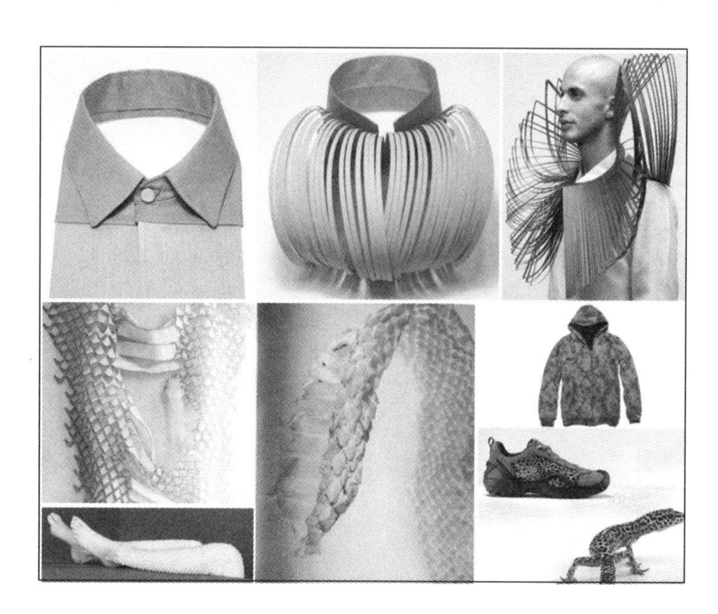

图 5-5 服饰品仿生设计

上也可以融会贯通。绘画中的线条与色块、雕塑中的主体与空间、摄影中的光影与色调、音乐中的旋律与和声、舞蹈中的节奏与动感、戏剧中的夸张与简约、诗歌中的呼应与意境……都能被服装设计所利用，作为男装系列产品设计的创意灵感来源。

服装设计是一门独立的艺术设计形式，尤其是对实用性服装设计来说，在讲究艺术性的同时更需要注重实用性，即是服装的服用性。从艺术设计构思角度来说，不管是以表达创意灵感为目的的创意服装设计还是以服用为主的实用服装设计来说，都需要在设计研发中融入创新创意。以形式美感为表征的服装设计，更应该注意旁征博引从其他艺术形式中汲取创意灵感。就绘画艺术来说，与服装设计虽然在表现形式和表现手法上不尽相同，但是两者都是以视觉艺术呈现为结果的，在审美思想和理论形成等方面有着一致的美学法则，从绘画作品中寻求设计灵感是许多设计大师的创作捷径之一。伊夫·圣·洛朗(Yves Saint Laurent，1936—2008)便是其中的高手之一，在他的高级定制作品中常常能看见现代绘画大师亨利·马蒂斯(Henri Matisse，1869—1954)、巴伯罗·毕加索(Pablo Picasso，1881—1973)、彼埃·蒙德里安(Piet Cornelies Mondrian，1872—1944)等绘画大师的作品身影。1965 年秋伊夫·圣·洛朗推出的蒙德里安样式，在针织的短连衣裙上以黑色线和原色块组合，以单纯、强烈的效果赢得了好评，这也是时装与现代艺术直接地、巧妙地融为一体的典范。其他视觉艺术如建筑、雕塑等也常常被发掘为服装设计灵感的源泉，中世纪时，黑格尔把服装称为“流动的建筑”，道出了建筑与服装之间千丝万缕的关系，就是最好的例证。

即便是以非视觉形式呈现的艺术形式，如音乐、诗歌等均可以通过艺术的通感来激发服装设计创作灵感，并且音乐与诗歌艺术中所蕴含的节律与动感也可以作为服装设计的节奏把握参考。节奏本是音乐的术语，指音乐中音的连续，音与音之间的高低以及间隔长短在连续奏鸣下反映出的感受。经长期的演化实用，节奏在舞蹈、诗歌、建筑、绘画等艺术形式里也普遍运用。节奏在视觉设计艺术中应用是指设计元素有节律性并有反复的排列。服装设计中能体现节奏效果的部位和形态有很多，从部位上讲，主体服装的开口、收摆等部位的长度、松紧变化都是节奏表现的惯用部位。从服装形态上讲，点的强弱聚散分布，线的曲折缓急变化，块面的蔬密大小布局以及色彩元素的规律性跳跃，都能体现视觉上的节奏感。系列男装设计中在系列与单体作品之间可以通过上述点、线、面、体以一定的间隔、方向、比例按规律排列，并通过设计元素的连续、反复应用产生了韵律美感。这种重复变化的形式有三种，有规律的重复，无规律的重复和等级性的重复。这三种韵律的旋律和节奏不同，在视觉感受上也各有特点。在设计过程中要结合服装风格，巧妙应用以取得独特的节奏韵味，使得系列设计显得张弛有度，充满律动（图5-6）。

图5-6 绘画作品中所蕴含的服装创意灵感

4. 传统服装中的创意概念

传统服装，是指一个民族自古传承下来、具有本民族固有特色的一种服装。在长期的社会生活实践中，世界各民族在各自不同文化氛围的影响下，不同支系、不同地域的各民族在服饰穿戴方面均拥有各自独特的服饰形态风貌，对于服饰审美、服饰情感的表达也不尽相同。就我国而言，我国是典型的多民族聚居国家，民族众多，56民族均有各自经典、代表的传统服装式样、形制，所谓“十里不同风，百里不同俗，千里不同情”。一直以来各民族传统服饰在服装式样、形制、色彩、图案、装饰、织造方法、穿戴方式、传承演变等方面均给现代服饰的发展起到了极其重要的影响。各民族服饰在世界历史舞台中也同样具有深刻的影响，虽然不同文化范畴下的不同种族人群对于其他民族服饰形式、穿戴方式等方面的服饰文化解读方式不一样，但是对于一切美好的东西，在世界不同语言民族中均能够找到共识的相交点，人们善于在各民族的传统服饰文化中发掘共同的审美情趣。所谓“民族的就是世界的”，一方面，世界由不同的国家和民族形态各异的经济文化构成，不同民族的经济文化的存在和发展构成了世界丰富多彩的格局；另一方面，一个民族本身与众不同的优势与特点是这个民族为世界所认识的名片，只有坚持和发展本民族的优势和特色，这个民族才能在世界文化融合发展的过程中保持自身特点和优势。与其同时，世界各民族服饰在长期的文化交往中也发生了相互渗透融会贯通的现象，产生了不断变化的延展态势。服装设计师应该善于从不同民族传统服饰中汲取灵感，在了解不同民族文化、服饰文化、服饰禁忌的前提下，运用辩证的眼光提取设计元素，应用于现代服饰的设计创意之中。

与其他服饰类型一样，男装的发展离不开传统服饰文化的启发和传承。在男装发展的历史长河中，有较多的世界各民族服饰对其形制、式样、审美、工艺、着装方式等方面的发展均起到了一定作用的影响。在形制上中山装、苏格兰格纹以及男裙式样、日本男士和服、阿拉伯贯头长袍，以及泰国男子传统服饰纱笼等民族服装均对男装式样的发展增添了不同灵感。例如 1984 年，素有"时装界的坏孩子"、"时尚顽童"之称的法国著名服装设计师让·保罗·戈尔蒂埃(Jean Paul Gaultier，1953—)，便以苏格兰男裙为创意灵感，设计出第一款男裙，并在他的时装秀上首次发布，如今已经成为男裙作品中的经典。而在色彩取向上非洲土著人的纹身色彩、印第安人标志性的赤色系，以及藏传佛教所崇尚的极具神秘而原始民族宗教色彩等均给中外设计师在男装设计方面无限创意灵感(图 5-7)。

图 5-7 身着传统服饰的英国唯美主义艺术运动的倡导者——奥斯卡·王尔德①

5. 目标品牌中的创意概念

服装品牌在建立之初，就需要围绕品牌的创建、品牌的成长、品牌的维护和管理等工作做好品牌发展的战略规划和架构。通常来说服装品牌在创立前需要进行一系列的市场调查，调查市场对即将上市的品牌在所投放市场中的认可度，调查区域市场中消费者对于此类风格服装款式设计动向的消费动向，调查此类风格服装陈列销售方式，调查此类服装的市场饱和度等。通常都会进行品牌的目标定位，并在区域市场中寻找相应的目标品牌进行参考，因为在所面向的区域市场中，目标品牌无疑是先行者，该品牌的产品结构、品牌理念已较早地进入该区域市场，无论是款式设计还是销售模式对于本品牌来说都具有较好的参考定位价值。

目标品牌在投放市场之初就已经对该市场的消费状况、市场环境以及目标消费群的购买特征、购买习惯等方面做过了大量缜密的调研，为品牌战略规划决策提供翔实、准确的信息导向。

---

① 奥斯卡·王尔德(Oscar Wilde)，又译奥斯卡·怀尔德，全名奥斯卡·芬葛·欧佛雷泰·威尔斯·王尔德(Oscar Fingal O'Flahertie Wills Wilde，1854 年 10 月 16 日—1900 年 11 月 30 日)英国唯美主义艺术运动的倡导者，英国著名的作家、诗人、戏剧家、艺术家、童话家。

目标品牌因为与本品牌所面向的消费市场和消费人群具有一定的相同性和重合性,因此在本品牌的产品定位、产品设计中从目标品牌获得设计灵感的启发,在参照目标品牌产品结构中较为成熟的产品进行一定程度的改良设计的同时,还可以在此基础上进行产品的延展开发设计,在从目标品牌获得设计灵感的过程里,其中最为重要的一点是要学习目标品牌产品开发的模式和思维,学习目标品牌产品开发的创意视角和创意手法,而不是盲目跟随,所谓“预则立、随则废”。

所选中的目标品牌可以是单个的,也可以是多个的同类品牌,在目标品牌中获得男装创意灵感需要辩证地对待,目标品牌既是同行同业者,更是竞争者,在同一区域市场中共同分享着同一消费群体,因此本品牌除了做好行销策划外,更应该在产品设计中做好差别化产品设计,突出本品牌系列服装款式的个性差别,在同类产品中寻求更好地产品销售空间,才能确保本品牌男装产品在同类品牌的同类产品竞争中脱颖而出。

6. 科技成果中的创意概念

科技成果激发设计灵感主要表现在两个方面;其一,利用服装的形式表现科技成果,即以科技成果为题材,反映当代社会的进步。从宏观的科学技术进步中寻求和服装产业发展具有直接或间接相关性的科研成果或事件作为创意灵感的启发点,也可以在参与解决科研项目中,在逐步攻关科研项目任务中,在一系列实验实践中因事态的发展需求得到解决问题的灵感。20 世纪 60 年代,国际航空航天技术的得到了迅猛发展,许多突破性的发展对服装设计界也产出了极大的影响,一些服装设计师作品中也出现了以此类科技成果为设计灵感和表达诉求的新颖作品,60 年代皮尔·卡丹(Pierre Cardin,)所设计的宇宙系列服装就是以此作为设计灵感,表现了当时的科技成果动态。在我国神五、神六和神七系列载人火箭以及宇航员服装和生命保障系统研制中,东华大学张渭源等教授、专家自主研发的“宇航员尿收集装置、航天飞行器高可靠钝化玻璃材料、舱外航天服试验用暖体假人系统”及“舱外航天服防护材料的研发等项目,为神州系列火箭的成功发射、顺利出舱和圆满返航奠定了坚实的技术基础,也在实践中得到了经验的积累和灵感的启发(图 5-8、图 5-9)。

图 5-8 Pierre Cardin1966 年未来主义时装作品

图 5-9 Pierre Cardin1967 年秋冬系列是这一创意主题的延续

其二，利用科技成果进行服装设计创作，尤其是利用新颖的高科技服装面料和加工技术打开新的设计思路。可以说服装的发展史，也是纺织服装行业科技不断进步的历史写照，一直以来，服装产业的每一次跳跃式发展总是伴随着纺织服装行业科学技术研发的不断进步，有许多具有高科技含量的最新面料，在问世之初就被第一时间运用在新一季服装的设计制作之中。例如 1904 年，纺织材料领域诞生了第一个人造纤维——粘胶纤维；1939 年，美国杜邦公司用 10 年时间终于研制出尼龙；1940 年，德国开发出腈纶；1941 年，英国发明了涤纶；此后又有莱卡与天丝纤维的问世，都为现代服装产业的科技发展提供了新的动力，也为服装款式新品研发提供了创意源泉。近十年来，纺织行业以面料为突破口，应用高新技术和先进实用技术改造传统产业，依靠技术创新来增加产品的技术含量和附加值，全方位提升纺织行业在国际的竞争力，取得了良好的效果，有力地推动了纺织行业的技术进步和产业水平的提升。如今在许多国际著名服装品牌的新品发布会上，设计师们对服装款式上的竞争已经演变成对新型服装材料使用上的竞争。例如在男装高级定制业中，部分具有强大实力的高级定制品牌为了解决定制服装的唯一性，增加设计的不可模仿性、提升设计的奢侈元素方面，利用科技含量水平较高的稀有珍贵材料已经成为一个最重要的砝码。例如杰尼亚男装量身定制的最高等级面料选用珍贵的“Vellus Aureum”，它的羊毛来自每年所举办的杰尼亚“Vellus Aureum”黄金羊毛国际大奖。该评奖系统始于 2002 年，目的是为了奖励品质最好、直径小于 13.9 微米的羊毛。在 2008 年的获奖名单上，新西兰南部 Canterbury 地区的 Simon 和 Priscilla Cameron 两位羊毛生产户以直径仅 10.8 微米的羊毛产品，击败了澳大利亚竞赛者，他们所获得的奖励则是与羊毛等重的黄金。全球也只有 50 位客人能定制以之织成的 Su Misura 服装，每套价格从 16.7 万起。另外，杰尼亚还推出了首款智能型服装 Elements，会根据全天候的环境而自动调节体温。

7. 行业进步中的创意概念

如前文所述，服装产业的发展离不开整个纺织服装行业的不断进步发展。服装产业链之间的相关性，决定了产业之间需要协同发展，共同进步才能在和谐共生中谋求更大地整体发展。男装系列产品开发设计不但需要关注行业科技，从科技成果中寻找设计创意概念，还需要关注整个行业内部以及相关产业的发展状况，关注行业发展最新动态，更应该关注产业的未来发展趋势。了解产业发展现状中亟待解决的问题，并加以思考，在寻求解决此类问题的方法中，发现新的设计切入点。我们知道设计行为的目的是以满足受众消费需要而进行的，因此消费者的消费需求方向决定了设计方向的发展，因此男装系列产品的开发需要在行业进步中寻求新的消费需求和消费趋势，为需求而设计。

以我国服装行业目前发展状况而言，经过近年来的不断发展，成为世界第一的"服装制造大国"，拥有广阔的资源、用廉价的劳动力和庞大的市场，生产能力相对较强。而随着行业的发展和经营意识的不断改变，我国服装产业开始由生产加工型为主向品牌加工和贸易型转变。而随着劳动力成本、原材料成本、运输成本、政策等因素的影响，我国服装出口数量增速明显放缓。迫于形势的变化产业不得不做出了相应的调整，为了适应新形势下的服装市场环境的变化，我国服装产业已经呈现出整合、调整和提升的趋势，进入更加复杂的经营竞争格局，进入产业、品牌、商务、文化、社会以及资源价值、商业规则和社会责任的系统复合经营的深度竞争时代。自主化品牌风起云涌是这一时期我国服装行业的主流现象。实际运行中服装品牌的高商业价值，给具有自主品牌的服装企业带来丰厚的利润。有研究表明，通常服装加工环节，只能获得服装品牌 10%～20% 的商业价值；商业渠道运营，能够获得服装品牌的 30%～40% 的商业价值；而品牌运营，则可拥有 40%～50% 的商业价值。随着市场细分化时代的到来，加之我国服装行业产业供应链发展越趋成熟，行业在商流、物流、信息流、资金流等方面运行更加快速、成熟，使企业能以最快的速度将设计由概念变成产品，及时、高质量、低成本满足用户需求，从而增强各企业的供应能力和供应链整体竞争力。

在新的市场环境下，传统的男装设计研发、生产制造、销售经营难以在产业转型加剧的今天适应市场需求的变化，男装品牌需要在不断发展进步的服装行业中，寻求新的生活方式、消费需求和产业模式下所定位消费人群的消费需求与消费动向，实行快速的反应机制，及时掌握行业发展趋势和市场消费动向，寻求适合当前行业发展的设计模式和创意概念。

8. 社会事件中的创意概念

社会，汉字本意是指特定土地上人的集合。社会在现代意义上是指为了共同利益、价值观和目标的人的联盟。社会是共同生活的人们通过各种各样社会关系联合起来的集合，其中形成社会最主要的社会关系包括家庭关系、共同文化以及传统习俗。微观上，社会强调同伴的意味，并且延伸到为了共同利益而形成的自愿联盟。宏观上，社会就是由长期合作的社会成员通过发展组织关系形成的团体，并形成了机构、国家等组织形式。与自然人相对，社会人在社会学中指具有自然和社会双重属性的完整意义上的人。通过社会化，使自然人在适应社会环境、参与社会生活、学习社会规范、履行社会角色的过程中，逐渐认识自我，并获得社会的认可，取得社会成员的资格。人身处社会之中，人类的社会生活深深地影响和制约着个人的行为和思想，并且作为普遍标准的社会心理也影响着个人的着装行为，作为某一民族、某一职业团体的一员，其着装心理与着装审美很大程度上会受到其所在共同团体的社会生活条件、社会实践活动以及共同的意识形态的影响，从而形成一定程度共同的心理与审美标准。

服装是社会的一面镜子，社会环境的重大变革将影响到服装领域，人们生活在现实社会环境中，不可避免地受到社会动态的震荡，敏感的设计者会捕捉社会环境的变革，推出适宜的服装样式，容易让人产生共鸣，具有似曾相识的心理认同感。

1947 年 Dior 推出了具有划时代意义的 New look（新风貌）系列时装，裙长不在拖地，强调女性隆胸丰臀、腰肢纤细、肩部柔美的曲线风貌，这种极具娇柔美感的女性轮廓正是战后人们对于女性形象的心理认同需求，而 Dior 正是在恰当的时候迎合了这个心理需求。女装设计如此，男装系列设计也同样可以在类似社会事件中寻找创意灵感。自 2008 年 7 月份以来，美国次贷危机演变成一场国际金融危机，并逐渐对实体经济产生严重冲击。这场危机被认为是上世纪 30 年代大萧条以来最为严重的全球性金融危机，世界发达经济体出现多年未有的同步衰退，全球经济增速也大幅下滑，金融海啸的影响直接导致了消费者和商业信心下降，包括服装消费在内大幅受挫。真是在这种经济萎靡时期，人们内心则更加渴望一种振奋的精神支撑。在 09/10 年秋冬男装设计趋势设计中，设计师正是抓住了这样心理需求，推出了具有坚挺的轮廓和畅的线条完美结合突显男人的阳刚气质系列服装，无论是宽大的波鲁外套还是精致窄小的衬衫领，或双排扣束腰柴斯特菲尔德（Chesterfield）都让男人的英雄形象呼之欲出。而肩部的力量成为这一季男装设计的关键点，更加强调肩部的线条，肩斜线的硬朗和肩前后的完美弧度像一个魔法衣架撑起了整个身体，也预示着男人们要挑起肩负在他们身上的重担。设计师们的独特设计语言与手法不但拓展了男装设计创意概念的素材来源，而且更使得服装在某种意义上成为传达思想的工具（图 5-10）。

图 5-10　设计创意所必须关注的社会背景

（二）创意素材的重组分析

在生物化学和分子生物学中重组指的是：生物体各种事件（包括染色体分离、交换、易位、接合、基因交换、转化、转导等）所导致的基因排布或核酸序列的重新组合及改变的过程。基因工程中的重组则指用人工手段对核酸序列的重新组合或改造。在遗传学中重组指的是：由于基因的自由组合或交换产生新的基因组合的过程。在实际应用中重组一词较常出现于上市公司的资产重组这一概念中,指企业改组为上市公司时将原企业的资产和负债进行合理划分和结构调整,经过合并、分立等方式,将企业资产和组织重新组合和设置。在服装设计中,创意素材的重组分析是指:将服装创意概念素材按照某种设计主题、品牌风格等对服装设计有着重要关联影响的设计要素,进行一定形式和级别的重新组合和设置,以便更好地运用于产品开发设计中。

1. 创意素材重组的重要性

从品牌服装新产品设计开发流程来说,创意素材的收集是处于整个设计流程的前端,是设计流程中确定设计目标后紧接着要做的第二步,设计创意素材是激发服装产品设计过程的触发点,是新产品开发环节中不可或缺的一个重要过程,如果缺乏好的创意设计素材,则会对后续开发设计流程的顺利进展造成严重的拥堵,更有很多品牌因新产品开发中缺少新颖、完好的设计创意素材的注入,使得新产品变得平淡无奇,无法形成卖点,成为品牌新产品开发的瓶颈。

本节上一点内容共从八个方面阐述了男装系列产品的创意概念来源,实际上,能够给创作者带来男装产品开发设计灵感的素材来源远不止以上八个方面,生活中的方方面面均能够在不同环境、不同背景、不同时间段中给予不同创作者不同的创作灵感激发,例如一段娓娓道来的往事就可以给创作者带来思绪的沉淀,一首动听的怀旧歌曲也能触发设计者遥远的冥思。然而这些无限范围的设计创意素材绝不是信手拈来随意嫁接就可以开花结果,需要依据一定准则进行重新组织和设置,方可进行合理利用,否则与新产品开发理念相去甚远的创意素材经过不合理的运用,只会将品牌产品开发带入另一个方向,从而与产品开发流程前期所确定的产生设计目标方向产生背离。

男装系列产品设计开发创意素材重组是指,将设计开发流程起始阶段所收集的设计创意概念,按照设计目标既定的设计方向、产品风格,在围绕品牌文化建设的战略统筹下,依据制造产品卖点和控制生产成本等原则,对所设计创意素材进行重新组织和设置,为设计流程后期的顺利进行打下基础,为所设计的系列新款产品更好地被受众认可做好前瞻性工作。

2. 创意素材重组的可行性

在进行男装设计创意素材的重组过程中,除了要广泛汲取诸多创意素材来源,征得最多设计创意元素和创意源点以外,在设计中还要考虑到将这些创意素材,在付诸于具体的服装材料后,实施成型的工艺流水可行性、规范性、可操作性、科学性,特别是在大规模的批量化生产男装成衣系列产品的设计、生产中,如果在设计之初不能合理地、科学地考量设计元素的可行性,一旦将这些未经系统、科学认证的设计创意素材实施到品牌的系列产品设计、生产中,那么所带来后期不良产品,以及连带消极效应,则是远比男装单品设计时,因不良产品定义带来的负面影响大,在男装系列产品设计中,这些不良产品定义的负面影响将会是如同滚雪球一样的成倍放大,无疑将会给品牌带来巨大的经济损失和负面社会影响。根据一次对12家大型制造企业的调查发现,造成产品开发延误的主要原因是不良的产品定义①。如果事先没有对产品进行完善的定义,为了能够真正满足客户的需求就需要在后期对产品定义进行修改,无疑会造成时间和金钱的浪费,以致影响到交货期和成本,甚至影响到企业在行业间和社会公众心目中的形象。

因此,设计师在进行系列男装设计创意素材的重组整合过程中,为了避免带来较大的经济

① 杨青海.服装大批量定制[M].北京:中国纺织出版社,2007:64.

损失,需要更加慎小谨微,对所收集的创意素材进行多番严格论证分析,去其糟粕,取其精华,以求在批量化的系列男装产品设计、生产中降低成本,节流开源,实现最大的市场效益。

3. 创意素材重组的视角

视角,即指人眼对物体两端的张角。在日常生活中指的是人们观察事物的方向、角度和观点。设计行为中的视角是指设计师观察设计对象或研究设计方案的出发点、观点、方法,以及设计思路的侧重点和审美角度与背景。男装创意素材重组的视角不但需要把握服装创意素材研判的一般标准,更需要从男性服装设计的角度来审视创意素材的重组思路。具体的男装创意素材的重组视角包括以下 5 点。

(1) 设计目标

设计目标是男装系列产品开发流程的前端部分,是具有方向性意义的完成设计任务的第一步,是品牌产品设计企划起初就已经既定的设计方向,对设计流程的后续工作起到引领作用。是男装产品开发流程中对于即将上市产品的预期目标设定,是对产品将呈现怎样的设计风格,满足于怎样的细分市场与目标人群等系列问题的初步框定。而产品设计流程后期的诸多环节皆需要围绕着这个设计目标进行,因此在对新产品开发创意素材的重组分析视角应该围绕着设计目标来进行,所收集创意素材概念需要能够满足于设计目标对于设计风格、设计理念等产品预期设计效果的预判。例如,在某男装品牌的新一季产品开发中,产品系列主题之一为“动感时代”,设计目标为:打造新的经济形势与社会观念双重影响下,年轻一代在感触社会竞争压力下,在追逐经典与传统的同时,寻求一种内心的突破,追求更多边缘化的创新。从以上该品牌在产品系列主题的设计目标中可以看出,品牌对于新一季产品设计目标的导向,是要在突破传统的基础上,发掘更为时尚的时代元素。因此在设计创意素材收集的方向需要在把握设计目标对于产品设计理念的框定范围进行,不可与主题相去甚远,一些过于传统的服装设计元素就不大适合这一设计目标下的主题概念,需要将此类创意素材舍弃或者进行设计元素的重构,再视情况而定能否进一步应用。

(2) 产品风格

产品风格是指艺术作品或者产品在整体特征上所呈现出的具有代表性的独特面貌。是由艺术品或者产品的独特内容与形式相统一,作为创作主体的艺术家的个性特征与由作品的题材、体裁以及社会、时代等历史条件决定的客观特征相统一而形成的。风格的形成有其主、客观的原因。在主观上,艺术家由于各自的生活经历、思想观念、艺术素养、情感倾向、个性特征、审美理想的不同,必然会在艺术创作中自觉或不自觉地形成区别于其他艺术家的各种具有相对稳定性和显著特征的创作个性。艺术风格就是创作个性的自然流露和具体表现。客观上,创作者在进行创作时会受到来自社会、时代背景下的政治、经济,以及社会大众审美思想、审美习惯等方面的制约,形成具有时代特色的产品风格。

产品风格具有变动性,会受到外界因素的干扰而产生变化,对于多数品牌公司来说产品风格一旦形成即会在一段时间内具有一定的稳定性,因为产品风格是品牌产品的设计风格、工艺制作、产品理念等方面产品信息的表象,受众透过这些表象解读产品设计理念,并对热衷的产品设计与品牌产生良好的情感依赖,形成习惯性购买,使得产品与品牌具有良好的美誉度。所以,对于品牌产品来说,在一定时间段内其产品风格具有一定的稳定性,不会轻易转变产品风格来将就某一设计元素或者创意主题,更不会愿意承担任何非有意识变动所带来的经济损失。因此设计师在收集男装系列产品新品开发的创意素材时,需要围绕着阶段时间内品牌产品所既定的产品风格来进行有目的的研判、筛选,剔除与产品风格大相径庭的创意素材。例如,某男装品牌定位是为都市时尚新贵,打造另类自我新形象。产品设计风格的关键词解读为:时尚、叛逆、自我、新锐。因此在设计素材收集时就会框定在这些关键词所导向的范畴以内,而过于历史、经典、传统的设计元素,就会因其性格、气质、形式、语言方面的制约,不能与该产品的设计风格相契合,不能被直接应用,如果应用就要进行适当的整理。

(3) 制造卖点

产品卖点是指产品所拥有的最为显著的设计特征,相对于品牌文化建设、产品架构企划的此类宏观的设计规划来说,产品设计卖点则是相对细致、微观的设计。对于品牌公司来说,其产品是品牌与消费者沟通交流的媒介,是企业盈利的载体,企业和品牌在产品设计时需要很好地把握设计创意素材的重组视角,致力于设计卖点的制造,通过具有感召力的设计卖点形成产品热销,并且强化品牌形象在消费者心目中的良好地位。

在系列产品研发中,对于创意素材的重组应用需要具有前瞻性、时效性、热度性才能够确保创意素材具有较好的设计卖点。创意素材重组制造设计卖点的方法有多个不同的角度,其中包括特殊的产品功能、特色的产品材料,以及恒久的品牌文化都是产品设计制造卖点的重要角度。依据品牌风格、流行趋势、市场需求而进行的设计元素整合是创意素材重组制造卖点的常见出发点,从视觉营销的角度来说,设计元素的造型元素、色彩元素、图案元素、肌理元素,以及加工工艺细节元素、内部结构设计等都是显性的设计元素,在创意素材重组时很容易成为视觉上的设计卖点。

(4) 控制成本

在正常的市场环境下,成本是品牌服装产品定价的底线,是决定价格的基本因素。在市场竞争中,成本较低在价格决定方面往往具有较大的主动性,易于保持竞争优势,并能得到预期的利润回报。控制成本是某一个企业在追逐利润,确保再发展道路中必需要做的主动性工作,成本控制不好往往会危及到企业的生死存亡。企业在运行管理中需要尽最大努力,科学管理、合理计划、严格控制,减少不必要的开支,杜绝浪费。

服装的成本分为两种,即固定成本和可变成本。固定成本是指不随订单产品数量变化的成本,例如不管制作车间是否开工,都必须支付厂房每月的租金、设备维护费用、折旧费以及其他方面的开支。而可变成本直接随产品订单量水平发生变化。例如生产一件服装,会涉及到设计成本、材料定额、劳动定额、管理费用、加工、包装、仓储、运输等环节的成本构成,它们的总成本往往与产品数量成正比,在某些单位环节的成本计算中,当产品生产达到某一定量时,其价值也会随着规模效应的变化而成反比。

产品设计成本包括用于产品设计调研、资料收集、设计师及助理薪金、设计管理费用等。其中设计调研和资料收集环节会涉及本节内容所探讨的创意素材收集与重组,属于设计流程的前端工作,如果在此环节所收集的创意概念过于偏离产品的设计目标和产品风格,而没有得到及时的修正,而在后期产品制作过程中或者产品已经制作成型即将上柜销售时发现产品与最初的设计目标与产品风格相背离,在进行返工修改,这种由于最初的不良产品定义所造成的时间与金钱的浪费,无疑会增加产品成本,更会影响品牌美誉度。另外,在创意材料收集时,如果过于追求某种对品牌自身加工工艺水平来说工艺难度较大的设计素材所特有的创意效果,而忽视为了达到这种创意效果所付出的巨大制作成本代价，无疑会增大产品的制作成本，也会对整个加工流水线造成拖累。

（5）品牌文化

品牌文化（Brand Culture），指通过赋予品牌深刻而丰富的文化内涵，建立鲜明的品牌定位，并充分利用各种强有效的内外部传播途径形成消费者在精神上对品牌的高度认同，创造品牌信仰，最终形成强烈的品牌忠诚。拥有品牌忠诚就可以赢得顾客忠诚，赢得稳定的市场，大大增强企业的竞争能力，为品牌战略的成功实施提供强有力的保障。

品牌文化是品牌在经营中逐步形成的文化积淀，代表了企业和消费者的利益认知、情感归属，是品牌与传统文化以及企业个性形象的总和。其核心是文化内涵，具体而言是其蕴涵的深刻的价值内涵和情感内涵，也就是品牌所凝炼的价值观念、生活态度、审美情趣、个性修养、时尚品位、情感诉求等精神象征。品牌文化的塑造通过创造产品的物质效用与品牌精神高度统一的完美境界，能超越时空的限制带给消费者更多的心灵的慰藉和精神的寄托，在消费者心灵深处形成潜在的文化认同和情感眷恋。在消费者心目中，他们所钟情的品牌作为一种商品的标志，除了代表商品的质量、性能及独特的市场定位以外，更代表他们自己的价值观、个性、品位、格调、生活方式和消费模式；他们所购买的产品也不只是一个简单的物品，而是一种与众不同的体验和特定的表现自我、实现自我价值的道具；他们认牌购买某种商品也不是单纯的购买行为，而是对品牌所能够带来的文化价值的心理利益的追逐和个人情感的释放。因此，他们对自己喜爱的品牌形成强烈的信赖感和依赖感，融合许多美好联想和隽永记忆，他们对品牌的选择和忠诚不是建立在直接的产品利益上，而是建立在品牌深刻的文化内涵和精神内涵上，维系他们与品牌长期联系的是独特的品牌形象和情感因素。这样的顾客很难发生“品牌转换”，毫无疑问是企业的高质量、高创利的忠诚顾客，是企业财富的不竭源泉。可见，品牌就像一面高高飘扬的旗帜，品牌文化代表着一种价值观、一种品位、一种格调、一种时尚，一种生活方式，它的独特魅力就在于它不仅仅提供给顾客某种效用，而且帮助顾客去寻找心灵的归属，放飞人生的梦想，实现他们的追求。

男装产品设计中在创意素材积累时，需要兼顾品牌文化所倡导的价值观念、生活态度、审美情趣、个性修养、时尚品位、情感诉求等精神象征，用于新产品开发的设计创意素材需要能够与品牌产品受众的价值观、个性、品位、格调、生活方式和消费模式等方面产生共鸣，为促进品牌与受众之间的情感依赖起到催化作用。例如，我国著名男装品牌——柒牌，一直以来立志打造中华立领男装民族文化，柒牌男装也是国内最早挖掘中国文化的企业之一，借助“叶茂中策划 + 李连杰代言 + 央视广告 + 中国文化 + 差异化产品”打造出了一个强势的“柒牌中华立领”特色产品与品牌文化。在其“中华立领”子品牌产品开发设计创意素材收集中，大量地借用了中国元素与中华立领、民族精神的结合，大胆地走差异化的道路。将服装融合在了长城、竹林、山脉、水墨等显著的中国元素与文化氛围的环境中，藉此体现柒牌与众不同的气质与品味。此类充满中国文化的设创意素材对于柒牌中华立领的品牌文化诠释，无疑是一种更好的推进。

4. 创意素材重组的主要方法

男装产品创意素材重组是将产品开发流程前期所收集的设计资源信息，围绕品牌文化和新产品开发的设计主题与产品风格的等因素，利用嫁接、分解、重构、提升等手法进行一定形式和级别的重新组合和设置，以便更好地运用于产品开发设计中。

(1) 嫁接

嫁接,植物的人工营养繁殖方法之一。即把一种植物的枝或芽,嫁接到另一种植物的茎或根上,使接在一起的两个部分长成一个完整的植株。对男装设计素材的嫁接是设计元素重组的主要方式之一,是将两种或两种以上具有相同题材概念或者不同题材概念的设计创意素材进行相互嫁接,产生另一种与原有题材概念有着一定姻缘关系的全新设计概念。这种通过设计素材嫁接产生的全新设计概念,在外部风貌和内在属性上具有原本题材的属性特征,同时有具有原本素材完全没有的全新风格,为新产品的设计概念缔造出更多风格的设计语言。

(2) 分解

对男装产品创意素材进行分解是将原始的创意素材进行进一步的剖析,进行深入细致地分析,发掘创意素材的内部结构,并进行再次分级归类。通过分解发现创意素材的原始风貌,理清设计元素发展的脉络。在男装产品设计开发中,可以将分解过的创意素材进行多方面的交叉组合应用,并且能够很好地保持创意素材在多系列产品设计应用中不易产生性质变化,因为这里不同系列之间所应用的创意素材具有本源的统一,只是在实际应用中进行了分解重组。

(3) 重构

创意素材的重构就是在不改变其现有功能和性质的基础上,通过调整结构或构成方式改善创意素材的内部结构组合方式或数量、大小、形式等因子,使创意素材具有更好的应用价值,并能够在产品设计中发挥更好地作用,使产品设计方案更趋合理,所设计男装系列产品表现出更强的生命力。并且,通过对创意素材的重构不断调整因市场需求变化带来产品设计变化要求,不断修改原有方案,及时追加最新的创意灵感,使得产品第一时间传递出最新流行信息和设计思想,避免设计方案的缺陷发生,使系列产品具有更好地市场适应能力。

(4) 提升

对创意素材的提升是随着市场环境或需求变化而进行的,随着市场环境和消费需求的变化,原有的产品设计已经难以满足不断变化的市场消费取向,企业和品牌需要对产品进行一系列的提升,包括产品提升、形象提升、服务提升等,其中产品提升是品牌的根本。通过提升将设计创意素材进行升级,以满足产品提升的设计需求,从而很好地应对来自不同级别市场的竞争入侵,比如来自本品牌低端市场的提升挑战,和来自相对高端市场的提升挤压。而产品提升的本源是对产品创意素材的提升组合应用。

(三) 创意素材的资料整合

整合是一个地质名词,原意新老地层的走向和倾斜一致,其岩石性质与生物演化连续而渐变,在沉积上没有明显间断的接触关系①。在实际应用中,该词已经在许多领域得到了广泛延伸,如人力资源整合、社会环境整合等用于经常出现。在服装设计中,创意素材的资料整合是指:将该品牌现有的设计元素进行重组和提炼,并扩充更为适应目标消费者审美品位的市场化设计元素,使之更加符合品牌的整体风格。

在男装产品设计中,设计师在对男装系列产品设计创意素材来源进行充分发掘之后,并将这些设计创意素材一定形式的再重组以后,这些经过重组分析的设计素材,并不能完全应用于所有的男装系列设计创意中,还需要设计师结合本品牌的品牌理念、运作方法、发展规划、目标

① 夏征农.辞海[M].上海:上海辞书出版社,1989(9):1541.

市场、消费受众等因素，进行一定程度的资料整合，以最为科学、合理、可行的设计元素运用于系列产品的开发设计中。

1. 创意素材整合的重要性

由前文的男装创意素材来源的分析可以得知，服装设计的创意概念素材来源可谓五花八门，而各种素材的可利用价值也是七上八下、参差不齐，来源多样并且规律难觅，有历史资料、人文现象、姐妹艺术、传统艺术、科技成果、社会实践以及目标品牌等，各种创意素材来源风格迥异、形式多样。在男装设计运用中，如果没有一个具有一定高度的设计素材整合方法，将其进行适当整合，这些素材灵感来源应用于具体男装设计中，尤其是统一品牌的系列产品开发设计中，所表现出的产品风貌将是杂乱无章，各系列产品无论是外观款式设计，内部结构设计都显得缺乏一种统一的设计管理，变得凌乱不堪，设计理念无章可循。呈现给顾客的感觉是品牌系列产品的设计概念模糊，产品系列间风貌各异，缺少一定的文化内涵，消费者进入销售终端后，不能很明确地分辨出系列产品的设计导向，或者说设计卖点杂乱，有的甚至是过时的，缺乏流行感的。

因此，将未加整合、甄选的创意素材应用于品牌的系列产品设计开发中，最终表现出来的将是杂乱无序的产品风貌，或是失去设计意义的过时的创意元素，最直接的后果是消费者拒绝产品，品牌市场地位也会受到动摇。

2. 创意素材整合的可行性

如前文所述，服装创意素材的来源可以有很多，而这些来源于历史资料、人文现象、姐妹艺术、传统艺术、科技成果、社会实践以及目标品牌等方面的各种服装设计创意素材，在男装设计中，对于不同历史时期、不同品牌发源地、不同品牌目标市场、不同品牌理念，以及拥有不同个性风格、阅历学识设计师的不同具体男装品牌来说，这些创意素材在品牌设计师的眼里的认识角度和解读方式都是不同，设计师对于这些素材的运用方法、运用角度、运用程度和运用数量也各不相同。可以说在不同历史时期、不同男装品牌设计师的眼里这些创意素材都不是以某个程式化的、标准化的形象或模式呈现的，在设计运用中各设计师都会自觉不自觉地融入个人设计风格、设计经验、生活阅历，以及所服务品牌的品牌理念、目标市场消费取向等，对这些设计素材进行一定程度的整合。

3. 创意素材整合的视角

来源于不同领域、不同范畴、不同历史时期的男装设计创意素材，既有来源于现实生活的实际事物信息触发，也有来源于思维空间的瞬间爆发创造灵感，各种设计素材犹如飘忽在设计师脑海的各种记忆碎片，如何迅速捕捉到最为有效的创意素材，并将之合理运用于系列产品设计中，可以说是每个男装品牌设计师所必须掌握的设计生存之道。而貌似无序的创意素材整合过程中存在着一定的可循依据，那就是品牌运作过程中相关的经营理念、产品风格、市场取向、流行资讯以及目标品牌的发展状况等。

（1）经营理念

所谓经营理念，就是管理者追求企业绩效的根据，是顾客、竞争者以及职工价值观与正确经营行为的确认，然后在此基础上形成企业基本设想与科技优势、发展方向、共同信念和企业追求的经营目标。

男装设计师在对所挖掘的创意素材进行有效整合时需要针对所服务品牌的经营理念进行

很好的揣摩研究,包括对企业产品经营方式、产品服务对象、产品加工方式、产品服务方式及水平等。只有了解企业追求利润方式及经营战术经营理念,才能更好地掌握企业所面对的产品市场与发展方向,在进行设计元素应用时才能更好地明确企业产品与消费市场的关系。例如在高级定制男装产品设计中,企业的经营理念对于产品的设计服务方式、设计程度或者说设计级别有着很大的影响,而设计师对于设计创意元素的运用程度和运用方式,从某种意义上来说,完全是根据品牌经营理念作为导向的,一般来说高级别的定制男装,在设计时也会被赋予更加缜密的思考,可以做到在与顾客多次沟通,反复修改之后,完全符合顾客的消费需求,而这种经营理念无疑是一种无条件的满足顾客需求的设计为基础的。对于一些定制定制级别相对较低的男装产品设计,或者是成衣设计来说,则不会完全依照顾客的需求来逐步修改设计创意方案及素材,往往只会针对过往市场经营和未来流行趋势进行相对笼统的预判设计,这样的创意素材运用方式对于某个单体顾客来说是一种粗放的应用方式,而这些无疑是企业的经营方式和经营理念所主导的,因此设计师在对于创意素材的分级整合运用时需要充分领会企业和品牌的经营理念。

(2) 社会审美

人是社会的人。对于生活在现实社会中的每个个体在个人行为准则、思想意识、审美理念等方面都会受到来自社会的多方面影响。社会群体的思想意识会深深地影响和左右到个人思维方式、思维习惯以及评价体系和评价标准,并影响到个体在个人行为活动中的意愿和判断。

对于个人穿衣打扮也是同样,会受到来自社会群体的审美方式、审美习惯、审美标准以及审美评价体系等方面的影响,并且会成为一种左右力量。因此在生活中并不是所有人都能够有一直坚守特例独行的勇气,以奇装异服穿梭于人群,或者总是以自己的审美标准去着装打扮,而不顾社交礼仪,这样无疑会在参加一些群体性的社交活动中频繁使得自身陷于尴尬之境。这一点是市场消费的现状之一,也是来自市场的直接信息,因此作为男装设计师在进行产品设计时如果一直片面地坚持所谓的自我,而不去关注社会审美价值取向,不研究社会审美总体趋向,一心埋头设计,进行所谓的创意,总是赋予作品脱离实际的设计个性和产品个性,其面对的市场将会越走越窄,更多地创意只能是孤芳自赏。所以说,男装设计师在进行系列产品创意素材整合时需要认真研究目标市场消费群体的审美特征,这样才能更好地利于设计产品被消费大众所接受。

(3) 市场取向

市场是一把无形的手,支配着生产与消费这两个重要环节,对于生产企业来说市场的消费趋向是其生产方向和产量的指挥棒,而企业的经营和产品设计制造都需要严格遵循市场规律,以市场需求为瞻。

男装系列产品设计创意也同样需要遵循此类规律,设计师在进行系列产品设计时需要在科学的市场调研基础上,进行目标市场消费人群分析,了解目标受众的穿衣目的和穿衣要求,研究消费者的体型结构以及随着年龄增长带来的体型变化趋势,适时根据市场消费变化调整产品设计风格和设计细节。分析细分市场的消费者年龄段消费心理、着装心理、价值取向再进行相应的设计调整。对目标市场的消费人群的工作性质和主流生活方式进行深入研究,对不同职业人群进行分类整理,分析其工作性质和主流生活方式对于着装的总体需求特征,再结合区域市场消费者的同类竞争品牌的产品设计信息,进行创意素材的整合。这样的产品设计才是紧扣市场需求的，为市场所接受的。

（4）流行时尚

良好的产品设计需要既能够符合品牌产品特征和目标市场的消费群体需求，还需要具有时尚流行的产品理念和品牌文化内涵，只有这样才能保持产品在市场销售中能够得到消费恒久的认同，而永葆生命力。其中，保持产品免于市场竞争中不被淘汰和过气的重要因素，除了品牌经营者非凡的经营能力、品牌文化的良好根基和不断提升的美誉度，还有产品设计中不断注入的流行元素，使得产品总能够保持很好的流行度，使得着装者总能走在时尚流行的前沿，也是其中重要的因素之一。

为了保持品牌产品恒久的生命力和持续的销售热点，男装系列产品设计开发的创意素材整合视角需要非常重视产品的时尚流行度，对于设计素材的取舍需要依据流行趋势导向进行辨证选择，设计师需要在把握品牌文化和产品理念的前提下，积极关注时尚流行的发展动态，将流行的面料、辅料、色彩、款式、图案、结构、工艺，以及穿戴搭配方式等创意素材通过合理的整合，应用于产品设计中。产品设计中设计师需要关注流行，但是也不能盲从于流行，对于来自不同渠道的流行元素需要依据品牌产品理念和品牌文化进行提炼整合，剔除不适合的，将最为适合流行元素糅合于产品设计中，这样才能做到产品设计既是品牌自我的也是市场流行的，切不可为了追逐流行而迷失自我。

（5）目标品牌

本章第三节关于男装系列产品创意概念的素材来源已经介绍了依据目标品牌的创意素材来源作为本品牌产品研发的创意灵感来源和参照，在实际的产品研发过程中对于创意素材的整合视角之一也需要针对目标品牌的产品设计动向，辨证地分析目标品牌新一季产品开发的模式和思维，学习目标品牌产品开发的创意视角和创意手法，再针对自身的品牌理念和产品设计风格进行设计元素的整合，修正设计理念和设计思路的偏差。

依据目标品牌进行创意素材的整合，需要认真研究目标品牌一切和品牌有关的信息，包括产品陈列、产品发布会、品牌运作机制、销售业绩等等资料信息的搜索和分析，但是，在实际的市场行为中目标品牌通常都会对本品牌最为核心的技术资料加以严格的保密，以防止自己的竞争对手窃取成功经验而赶超自己。对于产品设计创意素材整合最有价值的产品发布会也是在季节产品开发最后的时机才公开举行，对于成衣设计来说从产品研发到备料生产需要一个较长的时间段做准备，一般需要提前一个产品季作为开发设计和备料生产时间，所以想从目标品牌的产品发布会来获得产品设计的资料信息运用于本季产品设计素材的整合，已经是时间仓促了。因此对目标品牌过往产品的设计轨迹和产品路线做统计分析，发现其产品设计创意素材的应用规律，再根据应用规律发现该品牌产品特有的、标志性设计元素的运用频率和变化方法，对本品牌产品设计起到一定的预测参考作用。

4. 创意素材整合的主要方法

创意素材的资料整合实际上是一个剔除无用或者说是与本次产品设计风格不符的创意素材，补充、延展、变异发展有用创意素材的过程。

（1）剔除

剔除即是指削除、除去，挑出并去掉不合格的。创意素材整合方法中的剔除是指将创意素材中不适合本品牌产品设计研发的素材挑选出来并去除，使得适合本品牌产品设计理念和符合本品牌消费者需求定位，又具有流行先导的产品设计创意素材的得以保留并很好地应用于产品设计中，所谓剔除糟粕、留取精华。而从微观的、具体的设计手法角度来说，剔除也是镂空设计手法的本源，镂空设计通过有意识地将面料的某些部位剪除、打孔、剔除，留下想要的图案或者造型，以达到设计的目的和创意素材的整合，从而表现出既定的产品设计理念和外观视觉效果。

(2) 补充

补充有进一步充实；补充所缺之物；用新的增加物来加强或增加(一个组或一群人)之意。在创意素材整合过程中通过对现有设计素材的进一步补充、充实，增加新的创意设计素材，将设计素材发展为若干个群系和集合，加强产品创意素材的整体表现力。产品设计中设计师需要依据本品牌的产品设计理念，善于发掘新的创意素材，对本品牌产品设计创意素材库进行适时地补充和更新。不断注入的新鲜设计素材为产品设计保持最新的流行风貌提供了可能，是产品设计不断汲取新鲜设计灵感的常用手法。需要注意的是在设计应用中并不是所有的优秀创意素材都可以为我所用，为了避免新补充的设计素材与本品牌产品设计嫁接中产生“水土不服”的现象，需要对所补充、更新的设计素材进行辩证的研究和验证。

(3) 延展

延展有延伸、扩展的意思。创意素材整合方法中的延展是指将某一已经确定对本品牌产品设计有用的设计素材确立为基准，再以此基准进行设计思维和创意素材的延续和扩展设计，从而创造出更多的设计方案和产品系列。男装产品设计中的延展设计方法和设计思维是设计师在产品设计中最常用的设计素材整合方法之一，在设计行为中设计师通常会根据设计提案中确立的新一季产品设计主题，设计出主题提案的概念款式，而后再根据此概念款式所框定的款式设计风格，顺延扩展设计出主题关联款式，而以此方法设计出来的产品系列通常会有着很好地系列风格和属性，因为延展方法所设计出来的产品系列有着相同的本源基准，所以运用延展设计方法所进行的创意素材整合相对更加容易把握产品设计的整体风格，构成产品系列的单品之间不会产生风格和功能上的脱节，从而确保在长期的品牌产品设计中能够很好地延续和保持品牌产品形象和理念。

(4) 变异

变异一词有多种释义，其中最为重要和主流的解释为：生物学用语，指同种生物后代与前代、同代生物不同个体之间在形体特征、生理特征等方面所表现出来的差别现象。生物学中的变异方式可分为基因重组、基因突变与染色体畸变。在男装设计创意素材整合中引入变异是借用生物学变异方式中基因重组时不同 DNA 链的断裂和连接而产生 DNA 片段的交换和重新组合，形成新 DNA 分子的原理；基因突变时染色体某一位点上发生的改变，又称点突变，使全部遗传密码发生位移，变为不是原有的密码子，结果改变了基因的信息成分，最终影响到有机体表现型的原理。参照以上原理，在产品设计中设计师将设计元素的原来状态进行性质或形态加以改变，再进行量态的调整，使得设计元素产生新的形式特征和属性，通过设计元素的不断蜕进、变异，不断修复自我，形成新的应用功能。

二、设计创意元素的提取和运用

元素一词作为化学名词是指构成事物的基本的物质的名称设计创意元素；作为数学名词是指具有某种属性的事物的全体称为“集”，组成集的每个事物称为该集的元素。而设计创意元素则是综合以上两种元素的概念，是指构成产品整体风格的最基本事物的单位，这个最基本单位，除了性质，还有数量和形态的属性。从以上概念中可以得知，设计创意元素是构成产品特征、性质、数量和形态等属性的基本单位，对于服装产品来说，服装产品设计创意元素是构成服装产品外观形态和内部结构的基本属性，这些设计创意元素不是单指某一种或某一类设计元素，通常是由若干个或若干类设计元素构成的设计创意元素群来构成的，而这些设计创意元素常常分布于构成服装产品的面料组织属性、面料色彩特征、款式结构细节等具体物质中，还常常暗含在社会思潮、设计灵感等意识形态范畴里，需要经过设计师通过一定形式的提取、整合才能运用于服装产品设计之中。

（一）设计创意元素的提取路径分析

男装设计创意元素的提取既是一个实际的设计行为操作过程，也是一个抽象的设计思维提炼过程。无论是以上哪种过程，在设计创意活动中对于设计创意元素的提取，都具有一定的路径可循，这种提取设计创意元素的路径即是获得创意设计元素的方法和规律。在设计创意行为中由于每一位设计师所处的历史时期、社会环境，以及个人的学识阅历、宗教信仰、个性习惯、价值取向等各不相同，获得设计创意元素的路径也会不尽相同，以下列举的是几种常用的设计创意元素获取路径分析。

1. 道法自然

道法自然是道家思想的灵魂，所谓“人法地，地法天，天法道，道法自然”，道家思想认为天地皆以自然的状态运行，人的思想和行为也应顺应自然的规律法则，从属于自然本性。在研究服装设计创意路径和方法的过程中，也同样需要顺应自然法则，利用自然规律，汲取大自然的精华所在。在设计创意思维中，孕育了人类的大自然是人类创作活动中永远取之不尽用之不竭的源泉。自然界中的任何存在都可能激发人的审美神经，使人从中捕捉到灵感，优美的风景、漂亮的花草、风雨雷电、河流山川甚至自然万物的生长灭亡都会给创造者以灵感。在男装设计思维方法中，提倡自然之法，从宏观的角度去观察和思考，寻找自然环境中符合男装设计创意的各种事物现象，掌握其规律和法则，运用与设计和创意之中。

设计创意活动在师法自然的过程中，最为典型的例子莫过于仿生和借鉴自然事物和形态。在诸多服装设计作品中不乏以仿生和借鉴自然事物生长规律或某些自然事物造型，以及人类对某些自然事物的主观想象而形成的约定俗成的事物形态，在服装造型设计时通过仿生或借鉴的手法，将一些以植物、动物、景物等自然形态或人文形态主题运用于服装设计创意中。在服装设计界，一些成熟的服装设计师，常常借助于作品表达自己对生活中某种事物的深刻感受或独特见解，或设计灵感萌生于生活的启迪，来进行具有某种主题感的服装设计创意，从而收到了较好的设计效果。

2. 剥茧抽丝

剥茧抽丝的思维方法，是指在进行设计创意思维拓展时，以一目标主题进行一步一步的发掘式思考，最后的达到任务目的。此设计思维讲究循序渐进的思维方法，在进行系列服装设计时，通常是以若干个虚拟主题为设计思维出发点，设计师首先需要制定一个假想的设计主题，在这个虚拟主题确定后，设计师需要将自己融入这一主题设计中，来统括这个设计主题的设计工作，设计师首先需要对本品牌的历史文化、发展轨迹、风格个性、市场地位等注重了解，再根据虚拟主题所要面临的目标市场、消费人群、消费季节、流行趋势等具体情况，从服装材料、色彩、款式、风格、工艺细节等方面广泛收集设计素材。

在此环节中,最为重要的是,首先设计师需要根据品牌设计目标和设计任务,分别从服装材料、色彩、款式、工艺等方面打开设计思维,尽最大可能网罗各种设计素材,再根据设计目标和设计任务进行逐一筛选,找出这些设计元素中最为符合本设计主题的设计元素。设计之初,设计师需要发散思维,逐一从材料方面找出符合本设计主题的面、辅料;再从色彩方面着手找出符合本设计主题的主题色和辅助色等。以此类推,找出款式、工艺细节、廓型、风格等方面符合本设计主题的设计元素和具体形式。设计后期,设计师需要收拢思维,将这些设计材料、色彩、款式等方面,归拢于在同一主题下,结合目标市场、目标受众、流行趋势、品牌风格、品牌理念等要素,进行系统分析,寻找这些设计元素的交集,在交集范围内的是最为适合本设计主题的设计元素,而偏离交集的即是不适合本设计主题的设计元素。

3. 变换思维

思维分广义的和狭义的,广义的思维是人脑对客观现实概括的和间接的反映,它反映的是事物的本质和事物间规律性的联系,包括逻辑思维和形象思维。而狭义的通常的心理学意义上的思维专指逻辑思维。设计思维总的来说是一个抽象的意识范畴,其的特点决定了它具有发散性和随意性的特点,更多地属于形象思维。所谓发散性是指设计思维是开阔的、跳跃的思维模式,并不受制于过于严密的逻辑推理,由一个母点扩散到多个子点,而每个子点又可以再次散发开去。所谓随意性是指设计思维受人的主观臆断主宰,思维结构因个人差异随机性强,少有标准答案可言,思维结果受思维主体的主观意识、学识阅历等个人因素以及社会标准、流行思潮等社会因素的影响较大。

在进行男装设计时要求设计师变换设计思维,就是要求设计师敢于突破常规的设计思维方法,克服心理定势转变设计思考模式,举一反三、触类旁通,运用发散思维和逆向思维、侧向思维等不同思维方式,针对设计对象构想出一个多方面、多角度、多层次的思维网络,要求设计师将头脑中关于男装设计的程式化思维方式进行转变,从另一个角度来看待设计对象,从另一个角度来展开设计思维,在设计中往往会收到出其不意的设计效果来。设计师还可以运用侧向思维利用"局外"信息获得额外的设计的启发,例如一些"仿生"服装造型和一些以植物、动物、景物等自然形态或人文形态主题的设计采用的都是侧向思维。而逆向思维所进行的正常创意范畴之外反其道而行之的思维模式,则更能够产生更加新奇的创意空间。当然了对于男装产品的设计创意,在设计创意度和创意张力方面,通常来说都是较逊于女装设计的,具体要视品牌风格和目标市场消费人群的需求而言。虽然在这里我们谈及在进行男装系列产品设计时,如何获取设计创意元素路径,如何突破男装设计思维,在实际的设计工作中,设计师在进行男装系列产品设计时,无论怎样转变设计思维,无论怎样拓展设计创意路径,都需要有产品的观念,即是要将设计思维和设计理念放置于设计产品的前提下,需要考虑最终产品在市场销售中的消费者接受度、满意度,需要维护品牌的经济利益和社会效益,而不是设计艺术品创意思维可以如脱缰野马,肆意驰骋,随心创意,随兴表达。

(二)设计创意元素的角度切入

上文阐述了几种常用的男装设计创意元素的提取路径,从男装设计思维方法的角度分析了获得创意设计元素的方法和规律。以下将对男装设计创意元素提取的思维角度进行逐一分析,即分析设计师如何在众多设计对象相关的设计元素中捕获设计创意元素,以怎样的思维角度切入是科学合理而又切实有效的。

1. 创意与观察

观察是任何设计创意过程中必不可少的一个重要环节，是先于设计行为而展开的创意概念初期解读、创意对象的初期阅读、创意理念的初期搜索和汇集。从服装设计创意的角度来说，创意设计行为中的观察包含有分析、调研、研判等关键词汇的含义。

灵感的产生不是偶然孤立的现象，是创造者对某个问题长期实践、不断积累经验和努力思考探索的结果，它或是在原型的启发下出现，或是在注意力转移、大脑的紧张思考得以放松的不经意场合出现。

2. 创意与想象

对于设计师来说充满创意的想象力是其进行创意设计的必备能力之一，反映出一位设计师的形象思维能力，设计师借助想象可以预想到设计对象的未来形态、风貌、结构、色彩、细部特征等未来效果。设计师在进行产品设计时总是通过一定时间的观察、分析设计对象相关资料信息，并将自身处于一个设计思维状态之中，通过逻辑思维逐步分解得出设计产品的外部廓型与内部结构，以及材料、色彩组合等。或通过一定工作量的形象思维，抓住突然迸发的设计灵感得到产品的创意理念，再进行具体设计，完善设计方案细节。而这些都离不开设计师的想象能力，在设计界以及现实生活中，不乏由离奇想象而得到的经典设计作品。

男装设计创意也是同样如此，设计师经过长期的设计思维训练和品牌服装产品设计经验的积累以后，对于服装设计创意思维的切入路径和角度均有了一套较为成熟的思维方法，所谓有经验的设计师，便是可以正确把握设计对象的设计要求，并能够从正确、捷径的思维角度迅速地切入设计创意思维的路径，最终得到完善的设计作品，对设计任务可以做到驾轻就熟，对设计工作可以做到事半而功倍。设计师首先应对原有产品或相关品牌的相关产品作出大量分析研究工作，将原有产品在新的产品季节中不适宜的造型、结构、色彩等作出修改，这时候就非常需要设计师运用自己的形象思维能力，设想加入新的设计理念和流行元素后，经过变形、分解、重组、再造等方式后，将要推向市场的新款男装系列将会呈现怎样的单品款式细节和整体系列风貌，这些款式的内部结构、外形特征、材料组合、色彩搭配是否符合目标市场的消费取向等。设计师在进行设计思维想象时，需要结合产品特点和目标市场特征作反复推敲，将不合理的设计思维及早过滤，避免在进入实际生产环节再投入大量的人力、财力、时间做设计方案的修正工作。这些对于设计目标的创意过程，都需要依托服装设计师超凡的想象能力，需要设计师所提出的设计方案既能够满足产品设计创意，还需要合理配置产品结构裁剪与工艺细节，以及后期的陈列、销售组合方式等。设计师需要有丰厚的设计生活经验、知识阅历储备，善于思考、善于想象，并具有设计技能和设计技巧，当创意设计灵感到来时，便可以轻松把握，而不会使灵感稍纵即逝。

3. 综合与创造

服装设计的创作过程所产生的新款设计作品，可以理解为设计师综合品牌理念、设计经验、流行趋势（包括流行色彩、流行款式、流行工艺、流行材料、流行生活方式等）、消费需求、目标品牌、历史资料、社会现象、姊妹艺术等，以及所用服装材料的色彩、织造方式、肌理感、悬垂感、手感、光感等材料属性，将这些设计元素通过想象、分解、重组、再造等方式结合起来，结合一定的内部结构设计和外部廓型设计，辅以相应的裁剪与工艺手法而得到的设计结果。在这设计元素再设计或创造的过程中，设计师的对于各种设计元素的综合把握能力尤为重要，设计师需要对相关设计元素进行逐级分解、逐级分拣,剔除与品牌理念、设计主题、产品风格、消费取向相悖的设计元素,保留和完善与以上产品要素相适应的设计要素,再进行整合设计,得到最终产品设计方案。其中的分解、分拣设计元素的过程和后期的设计整合过程,是考验一个设计师设计经验和设计能力重要环节,此环节中包含有设计师对于诸多设计元素的综合能力,对于设计元素的取舍,既是一种设计综合能力,也是暗含有一种设计创造过程。对于男装设计师来说创造性思维在服装设计工作中是非常重要的,设计师通过创造性思维将创意元素进行创造性的整合,使得原本较为普通的产品设计更加吸引顾客目光,更容易产生实际的购买消费行为。

(三) 设计创意元素的整合运用

在男装系列产品设计中,设计师通过一定的手法寻找到了设计创意元素的提取路径和切入角度后,所获得的一系列的设计创意元素通常都是处于一个相对初级的状态之中,各种设计创意元素未经分类筛选,好比处于无序堆放的大仓库里,杂乱而无序,有关于服装产品设计的造型元素、色彩元素、面料元素、图案元素、装饰元素、工艺元素等设计创意元素尚处于初级状态之中,还需要结合产品设计定位、品牌理念、消费取向等进行进一步定量分析,剔除与设计目标要求相去甚远的设计创意元素,保留最为适宜品牌产品设计规划和目标消费者价值取向的设计创意元素,从而确定非常具体的、明确的设计元素,以备后期的设计应用,这个过程即是服装设计创意元素的整合过程。

1. 加减法

在产品设计的过程中,设计师根据品牌产品的设计需要,在进行设计创意元素的整合过程中,将 A 元素和 B 元素有机地进行加减,从而构成新的造型形态或者新的功能、新的结构,此类服装产品设计理论来源为产品设计的模块化理念,加则多,减则少。设计创意元素加法设计是从简单到复杂的过程,而减法设计是从复杂到抽象的过程。加减法设计手法运用的原则为:1 + 1 >2,1 - 1 >2,设计师通过对不同创意元素的不同形式和功能进行有机整合后再叠加组合产生新的功能和结构,例如将 A 元素的 a 形式 + B 元素的 b 功能,形成全新的具有 A 形式感、B 功能的产品,或者将 A 元素的 a 形式进行一个单元素或者一个主题的延展设计,扩充出不同的产品形式系列。同样,设计师在做减法设计时,通过对现有设计元素的不断自我否定,将产品其他属性删除,减去过多的修饰,尤其是那些累及其他的过度附加功能,使产品回归到本质的功能,从而强化产品的本源的、重要的属性功能,保持产品基本元素、变现形式和设计格调的统一协调。

例如在设计新中式风格男装产品时,考虑到时代的审美特征和国际化流行趋势的共同因素,大多品牌公司均不会将在当今消费时代穿着的中式男装再设计成过于保守的款式,总是会赋予新的设计理念和创意元素,将具有民族风格的图案元素运用于较为西式的男装款式设计中,将两者有机结合产生新的款式形式,是加减法设计最为常用的设计手法之一。

2. 解构法

解构方法(Deconstruction),从字面上理解,“解”字意有“解开、分解、拆卸”,而“构”字则为“结构、构成”之意,解构一词合在一起的意思可以理解为“解开之后再构成”。而设计界广为流行的解构主义则是源于20 世纪60 年代由法国哲学家和理论批评家雅克・德里达(Jacques Derrida, 1930—2004)提出的,其矛头是指向这以前在西方影响很大的结构主义哲学,是对于解构主义哲学所认定的事物诸要素之间构成关系的稳定性、有序性、确定性的统一整体进行破坏和分解。解构主义用怀疑的眼光扫视一切、否定一切,对西方许多根本的传统观念提出了截然相反意见，认为一切固有的确定性，所有的既定界限、概念、范畴等等都应该颠覆、推翻。时装界的解构浪潮在20世纪90年代初兴起，在解构主义的思潮下，一批身处其中的设计师，以时装为载体所发出的，对日常的颠覆、对现有的单元化秩序予以打破的自我宣言，事实上这些设计师在打破常规的同时又建构了一种全新的服装符号语言。1992年起时装杂志就在宣布“迪奥公司正在‘解构’礼服”，“卡尔·拉格菲尔德在解构裘皮时装”。当时的迪奥对打破小礼服设计常用的缎面用料和固有化的领型与解构设计，而采用了非常规的设计理念进行重组设计，而拉格菲尔德把裘皮时装的皮块之间的粗糙拼缝全部暴露出来，破坏了裘皮时装给人的完美无缺的印象，对裘皮时装进行了另一种思维的解构设计。国外著名具有代表性的解构主义服装设计大师还有很多很多，包括将传统的缝纫法和成衣技术进行重新界定的比利时设计师马丁·马歇尔（Martin Margiela），著名的解构实验者，被业界称为英国时装奇才、先锋艺术的接班人候塞因·卡拉扬（Hussein Chalayan）等等，而我国著名服装设计师张肇达的时装作品中也不同程度的运用过解构的设计手法。

设计师在男装系列产品设计开发的创意素材整合时则可以参考和延用女装设计中对于解构主义设计理念的成功应用经验，将服装设计的创意元素进行打破常规的解构整合，再应用于服装造型和面料搭配组合、结构设计、款式设计，以及功能设计等方面，通过将原有创意元素进行夸张、错位、并置、分离、拼接、颠倒等手法进行重新构成，形成全新的产品设计。

3. 衍变法

衍变是指通过进化而发展，衍变与演变相比都有从一事物变化到另一事物的意思，但前者常指可预见的、该变化有其必然性的原因。而后者则并不常在预料中，而该变化并不唯一，且带有戏剧性效果。将衍变的概念引入男装创意元素的设计中是指设计师通过能动的设计思维将原有的设计元素进行变化发展，以某一个或者若干组在设计应用中已经非常成熟的设计元素作为基准，扩展出一系列相关的设计元素群体，和演变相比这种设计元素的扩展变化是在可预见、可控制范围内，设计师在应用这些设计元素时也有着明确的目的性。从品牌服装产品设计的角度来看，虽然多数男装品牌有着自身明确的品牌发展之路和相应的产品设计理念，在产品设计中有着包括造型元素、色彩元素、面料元素、图案元素、部件元素、装饰元素、辅料元素、解构元素、工艺元素、搭配元素等在内的固定的设计元素范畴，但是在长期的市场环境发展变化和市场竞争中，随着消费者审美理念的逐渐变化，一味地固守本品牌设计理念而不作发展衍变终将会在不断发展变化的市场环境中变得难以从容适应。

4. 联想法

联想一词的意思包含有：因一事物而想起与之有关事物的思想活动；由于某人或某种事物而想起其他相关的人或事物；由某一概念而引起其他相关的概念。联想是心理学家较早研究的一种心理现象，目前为止，人们总结出的一般性联想规律有四种，即接近联想、类似联想、对比联想、因果联想。接近联想是指根据事物之间在空间或时间上的彼此接近进行联想，进而产生某种新设想的思维方式。类似联想是指由某一事物或现象想到与它相似的其他事物或现象，进而产生某种新设想。对比联想是指对于性质或特点相反的事物的联想。例如，由沙漠想到森林，在产品创意元素构成中由强调想到弱化、由完整想到割裂。因果联想是指对逻辑上有因果关系的事物产生的联想。例如，有烟就有火，无风不起浪。利用联想思维进行创造的方法，即为联想法。在产品设计中设计师可以依据以上讲述的四种常见联想规律开拓设计思维，派生出更多设计设计创意元素。

三、构想创意主题概念

设计行为中的创意主题是指创作者在创意行为中通过创作素材和表现形式所表达出的基本思想、主要方向、风格特征等,创意主题对于创意作品、创意行为的表现形式和主题思想具有一定的指引作用,是创意活动的立意标杆。

(一)创意主题概念的作用

服装品牌公司在开发品牌服装的新一季产品时,常常先拟定若干个主题方案,进而围绕这些创意主题进行深入论证、细化设计,而后期的产品设计、裁剪、工艺制作,以及展示包装等均是对这些设计主题的跟进,从而使得产品最终风貌呈现出既定的主题性概念风格。创意主题概念在男装系列产品创意设计企划中具有明确方向的引指引用,是创意设计灵感的进一步细化,将设计灵感所萌发的设计理念进一步框定,并引领着围绕系列产品开发所展开的全部后续行为。

(二)创意主题概念的表现路径

服装设计师在设计创作中,在确定好新一季产品开发的创意主题之后,需要从众多创意元素中提取出符合产品开发方案创意主题的创意元素,再通过一定的表现路径或者表现载体来表达创意主题概念,将主题概念以物化的形式呈现出来,方能将产品创意主题以实物的形式呈现给消费者,比较服装设计特别是成衣设计是属于实物产品设计,需要实物产品来呈现设计师的创意主题理念。男装设计师表达产品设计创意主题的表现路径包括收集灵感方向,确定表现元素及风格,确定设计方案及色彩、材料、工艺方法,确定包装、展示方式等一系列包括最初创意灵感萌动到最终产品实现的相关诸多产品设计创意环节。

在此创意主题概念的表现路径中设计师需要做好各环节的过程与分步结果的把控,对于不符合表现路径或者说不能完全充分表达、演绎创意主题的相关路径环节,设计师需要依据过往从业经验或者相关品牌的成功经验参考,做出及时的调整,选择正确的修正方案,确保表现路径的最终结果能够完全正确诠释创意主题概念,从而确保最终产品结果是创意主题概念预想得到的正确结果。

(三)创意主题概念的表现方法

男装系列产品创意主题概念开发与拓展的方法很多,设计师在产品开发之初需要根据本品牌产品的设计理念、市场定位、消费者需求调研分析、过往的销售数据、竞争品牌新一季产品设计理念导向,以及本品牌长远的发展愿景,对产品设计的基本思想、风格特征、市场定位、价值观念等作出正确、科学的规划指引,即是产品研发的架构计划,其中便包括了创意主题概念的规划。有了前期规划范畴的框定,在后期的创意主题开发与拓展时便有了明确的方向性选择,因为,虽然在不同的产品季能够用作品牌产品开发的创意主题概念信息来源有很多,存在着非常丰富的表现方法,但是这些来自不同层面的设计信息并不是所有的都是能够适合本品牌风格理念的,需要设计师进行适当地筛选甄别出有用的价值。

在具体的创意主题概念设计表现时,设计师可以从相关姊妹艺术以及现代人们不同的生活方式中汲取灵感,形成适合本品牌产品设计理念的创意主题概念,并以文字陈述、图形描绘、图文并茂等形式加以表达。男装产品设计创意主题概念所涵盖的内容除了必须包括的趋势导向和设计主题概念方向的导向图文,还需要包括男装创意主题下的产品设计元素构成、形式法则、元素的表现力、工艺细节、款式细节，以及穿戴方式的概念描述。

（四）创意主题概念的掌控

作为品牌服装公司的设计师在进行设计创意时，需要对所收集的设计信息进行把握、控制，充分了解设计主题，才能进行合理支配或运用。在男装系列产品设计中，设计师在制定好新一季产品开发主题后，还需要围绕设计主题进行一定的整合、控制，包括创意主题与品牌理念，创意主题与产品结构配伍、协调，创意主题下系列产品的设计、裁剪、制作的可行性分析，以及创意主题作为导向所开发出来的系列产品在投放市场后的受众接受程度等。

如果设计师在男装系列产品开发中忽视了对创意主题概念的掌控，在系列设计中对于具体产品的表现细节、色彩控制过于草率，往往会造成产品设计风格方向的偏移，使得产品风貌不能完全符合品牌产品的一贯设计理念，在产品投放市场后，必然会造成品牌形象在消费者心目中良好印象的损坏。只有对创意主题概念进行合理掌控才能确保产品设计在创意主题确立之初到产品开发的全部完成过程能够按照正确的轨迹方向正常运转，其最终产品才是创意主题想要表达的正确结果。

第四节　男装系列产品设计的主题提案

男装系列产品设计开发中，根据创意主题概念，在男装单品设计的基础上，提出产品系列设计的概念，主题提案是其第一步，即整体的产品开发理念规划。产品设计的主题提案就是将概念性的设计构想转化为辅助的设计语言，用以表述设计创意的基本思想、设计形式语言、产品设计方向等。男装产品设计的主题提案并不是概念文字的关键词描述，也不是制作精良的设计规划手册。在实际应用中品牌公司和设计师更加注重的是设计主题提案与本品牌公司产品设计理念之间的相关性大小，在公司产品开发中是不是具有实际的指导作用，而不是需要一个只追求形式美感和内容毫不相干的主题提案，这样的设计提案只能是浪费人力、物力、财力的形式工作。

一、主题的构成说明

男装系列产品设计开发流程中较为关键的一个环节便是确立新一季产品设计的主题概念，系列产品的设计主题概念是对系列产品设计所做的前期规划，是对系列产品设计所做出的方向性指引，是前期设计企划阶段所收集的创意灵感的具体化表现，是后期产品流程的引领。为了能够给后期设计环节具有明确、形象的设计指引，系列产品设计主题提案的构成需要涵盖系列产品的设计主题背景、流行主题、款式形象风格特征导向、系列产品的色彩规划、系列产品的面辅料组合方案、产品设计的廓形特征、产品廓形、设计细节、工艺元素，以及与品牌产品相关的生活方式描述等信息。设计主题提案中基于本品牌经营理念、产品设计风格、消费定位，以及流行趋势所描述的与本品牌文化相适应的生活方式定位，是产品设计主题提案风格基调的定位引导，而适合的生活方式定位则是引导目标消费者个性需求的常用设计方法之一。信息内容越完整、越详细的产品设计主题提案对后期的产品设计具有很好的向导作用，设计师在应用的时候也能够比较轻松的把握设计提案所给出的信息导向，清晰地、准确地把握产品设计精髓（图5-11）。

图5-11 产品设计主题构成

二、色彩的构成说明

男装设计产品设计主题提案下的色彩构成是对品牌公司新一季产品开发色彩表现的整体说明，包括如何根据主题提案风格基调下的色彩规划进行相应的产品系列用色配比。色彩是服装产品设计的视觉要素之一，由于在实际的品牌产品设计运作中很少有品牌服装是一直应用某一单色作为全部产品用色，即便是某些品牌公司能构在长期的市场运作中一直保持运用某一单色作为服装产品设计用色，但是在市场消费中消费者的自我搭配、二次设计也会需要品牌公司的产品设计给予一定的色彩规划设计，因此，有序的色彩架构设计对于那些多系列男装产品设计公司来说尤为重要的，其涵盖了品牌公司新一季所有产品设计的具体用色方法和搭配关系，这一点与前文所提及的色彩概念相比是有所区别的，产品设计初期的色彩概念更趋于感性、概括、模糊，侧重对产品设计色彩感觉和氛围的格调把握，而色彩架构则是理性、具体、清晰的，侧重产品设计具体用色的秩序、比例、层次。具体的产品设计色彩架构包括系列产品的基础色、主题色、点缀色，在具体的系列产品设计中还包括构成系列产品的单品用色，以及单品与单品之间的色彩呼应，包括上装单品色、下装单品色、内搭色、服饰品用色等。为了便于不同部门之间设计沟通中的交流语言规范，行业内一般采用通用的、标准的色彩体系对应用色彩进行标注，通常采用国际通行的 PANTONE COLOR（潘通色卡）色号来标注，便于面料采购和染色等环节的色彩依据（图5-12）。

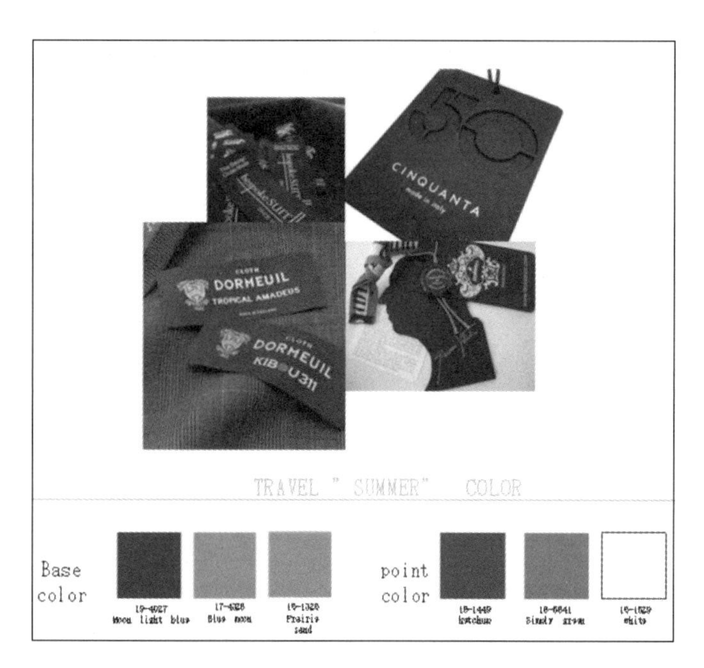

图5-12 产品设计色彩构成

三、面料的构成说明

男装系列产品设计主题下的面料构成是对品牌公司新一季产品开发设计所需面料的整体规划说明，包括如何根据主题风格基调下的色彩规划进行相应的产品系列面辅料搭配组合。主题概念下的面料构成初步规定了整个季节所要使用面辅料的品种、品质，以及面料的成分、手感、厚薄、肌理等组合关系，通过系列产品的面料构成规划表达出系列产品的主题基调，从视觉上、触感上将产品类别特征呈现出来，设计师根据面料构成概念说明进行产品设计的面辅料选择进一步细化设计，合理搭配系列产品之间的面料组合方式。面料架构与前文所提及的面料概念相比是有所区别的，面料概念所涵盖的内容倾向于产品设计面料风格的描述，而面料架构则是确定了系列产品设计的面料品种和使用比例，既是后期设计师进行产品细化设计的依据，也是采购部门采购面料组织大货生产的依据（图5-13）。

四、廓型的构成说明

男装系列产品设计主题下的廓型构成是对品牌公司新一季系列产品廓型设计的整体规划说明，包括设计师的产品设计理念，以及对产品设计整体外廓型的规划，外套款式的肩线、腰围线、下摆之间的造型比例。是系列产品款式设计的关键环节，是反映服装流行趋势信息的重要特征之一，服装的廓型设计在某种程度上也体现出产品设计的时代特征，同时也表现了服装的造型风格。与产品设计企划阶段的廓型概念相比，廓型设计构成的内容则更加具体，既定义了系列产品的整体廓型，也定义了构成系列的单品款式造型，为后期的产品设计制定出严谨的主题基调和设计方法（图5-14）。

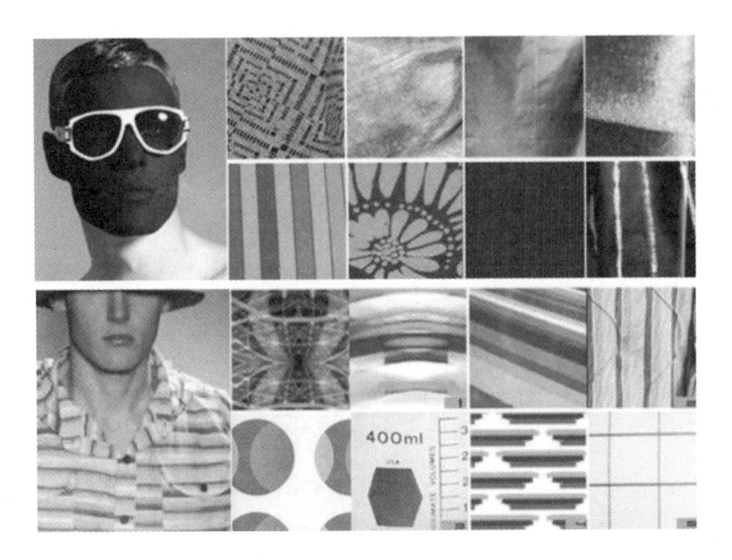

图 5-13　主题概念下的面料构成

图 5-14　主题概念下的产品廓型和搭配导向

第五节　主题提案下的男装系列产品设计规划

主题提案下的男装系列产品设计规划是针对产品设计开发所涵盖的相关主题概念设计展开的，按照设计开发内容和流程一般需要包括男装系列产品设计的主题组合规划、色彩组合规划、面料组合规划、服装廓型确立、结构构成规划等内容。对产品设计合理的规划是产品开发阶段重要的环节，是对品牌产品在季度开发设计中各系列产品之间的架构组合企划，产品架构企划的合理与否，是否科学、完整、完善，是否组织得当，是否能够很好地与本品牌产品的市场定位、目标价值相契合，不但体现了一位设计总监以及所在团队的设计把控能力，更主要的是关乎品牌在市场环境中的竞争力，在目标受众中的感召力和、美誉度。

一、主题组合的设计规划

男装系列产品设计主题提案下的主题组合规划是对新一季系列产品开发主题的进一步具体规划设计。与前期企划阶段的主题概念设计相对模糊、抽象、笼统的导向、指引作用相比，主题组合的设计规划则更加倾向于清晰、具象、详尽，为品牌新一季不同产品系列的具体设计均给出了清晰的设计思路，是将创意主题在系列产品设计中集中化、具体化的过程。市场经验显示，在自主产品开发过程中经过合理精心策划的主题组合对于成熟品牌公司来说非常重要。设计主题组合设计规划中对于设计元素的提炼和进一步细化分配于各产品系列设计中，是将表象的感性设计主题概念逐渐转化为理性设计思维的过程，为设计师在后期产品系列深入设计阶段理清了思路，便于设计团队协作分工(图5-15)。

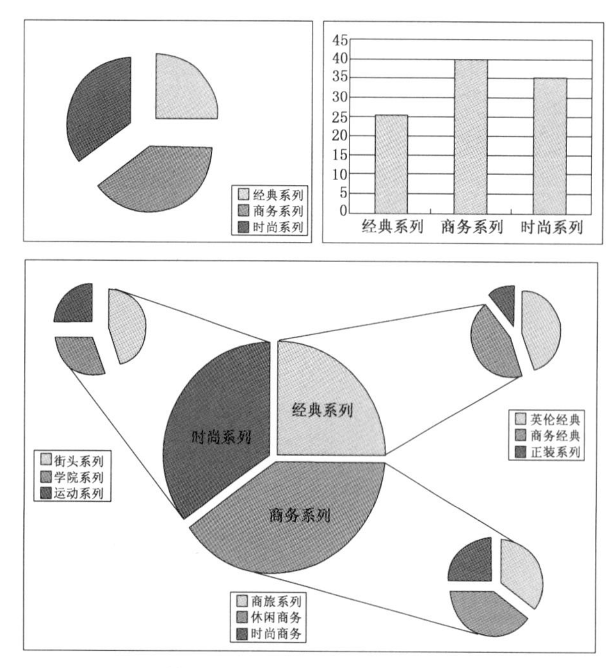

图5-15　XX男装2012—2013A/W产品设计主题架构图及系列细分(部分)

二、色彩组合的设计规划

在服装设计中服装色彩是除服装款式、服装材料、服装廓型等以外，营造服装整体视觉效果的主要媒介。从人们对事物的感知程序来说，色彩是最先进入视觉感受系统的，所谓“远观色，近看形”。男装设计开发中色彩的组合规划是对产品系列色彩应用的具体设计企划，不但关系到产品系列的最终展示效果，更重要的是关系到产品系列上市销售后消费者对于产品设计满意度和实际购买决策。

色彩组合规划设计是以品牌产品的经营理念、产品设计风格，以及流行趋势和消费者的生活方式等为研究基础的，产品系列的色彩秩序、色彩比例、色彩冷暖、色彩强弱、色彩节奏、色彩呼应和色彩层次关系到服装成品的色彩组合关系。虽然不同的男装品牌定位在色彩设计中均有各自不同的色彩方法，但是考虑到男装产品的整体用色规律多为严谨、稳重的用色理念，采取富有秩序感的色彩组合设计是最为常用的产品色彩搭配组合方式，色彩序列整体统一的产品系列组合能够很好地体现各产品系列之间服装单品的共性和整体关系。在实际产品色彩组合应用实践中，多数男装产品为了保持统一和谐的产品视觉效果，常常采用纯度相近的色彩系列用于产品设计中。依据服装产品的设计、营销规律，品牌公司的全部产品色彩组合构成均存在着一定的比例关系，通常会依据过往的销售经验和市场消费现状，将产品色彩组合划分为基础色、主题色、点缀色，反映在市场销售结果统计分析中又会表现为热销色、平销色、滞销色，而产品设计企划部门在进行系列产品设计色彩组合规划时则需要依据诸多不断更新的适时资料和过往信息资料对产品系列色彩组合的比例与层次进行合理规划（图 5-16）。

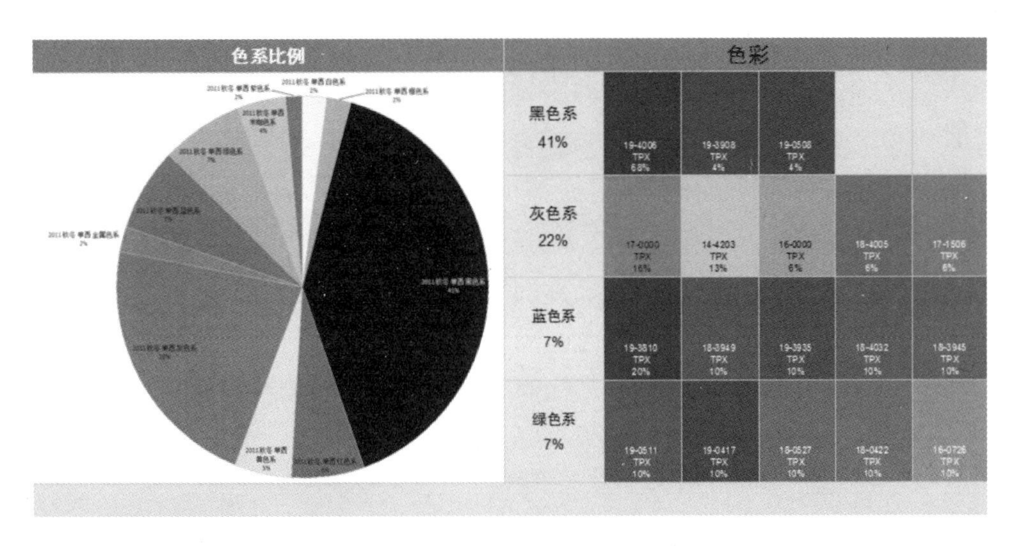

图 5-16　XX 男装 2012—2013A/W 产品设计色彩组合规划

三、面料组合的设计规划

材料是构成服装款式的基本素材，无论怎样的创意设计，无论款式简单还是复杂，对于成衣服装来说都需要付诸于材料来加以体现和成型，并非像时装效果图、时装插画之类，只需以绘画图文形式来表现创意、表现效果即可。服装的色彩、款式及造型都是以服装材料为主要媒介来体现的。而设计的灵感也是通过面料的表现来得以实现的，服装材料的舒适性、功能性及价格等直接影响着服装的性能和销售。

男装系列产品设计主题概念下的面料构成规划是对新一季系列产品开发所需面料的具体规划设计。设计企划部门根据季度产品的设计主题基调，从品牌产品理念和价值定位，以及消费市场环境变化、目标品牌的产品用料和定价入手，认真研究本品牌的过往销售数据，对新一季产品系列的价格范围和产品档次进行规划。依据产品的定价倍率和利润比例，一般来说面料组合设计中所选择的系列产品设计用料均需要考虑加上产品开发成本、设计成本、加工成本、营销成本、运作成本、物流成本后的利润比，我们知道在其他成本不变的情况下，在保证产品面料质量的同时，降低面料采购成本，无疑会对提高产品利润有着非常大的影响。除了价格因素，面料的工艺因素也是面料规划设计需要考虑的重要内容，特别是在换用新型面料和缝制加工工艺时，需要通过面料试制和测试了解面料的缝制加工、后处理加工、洗涤、熨烫、存储的相关属性，才能对产品最后的成衣属性充分了解，确保上市产品质量水平。与设计初期企划阶段的面料概念设计相比，面料概念设计倾向于面料风格描述和定位，面料构成设计则是更加注重对系列产品用料的具体企划，主要包括：面料品种、面料克重、潘通色号、组织风格、价格范围和样衣打板用料预算，以及不同产品系列之间的面料应用组合搭配比例（图 5-17）。

图 5-17　XX 男装 2012—2013A/W 产品设计面料组合规划（部分）

四、廓型组合的设计规划

作为服装直观形象首先传达给消费者视觉印象的，除了前文提及的色彩设计外，当属服装的外轮廓造型剪影，从男装产品用色规律来说，除了针对目标消费者的穿衣需求和流行时尚而进行的色彩设计以外，多数情况下男装色彩设计均表现出含蓄、沉稳的用色理念，即便是为了满足市场需求所进行的有彩色系产品设计，多数男装产品也会是趋于稳重的色彩应用选择，因此作为直观形象的剪影般外轮廓特征便会显现的相对更加直观明了。

男装系列产品设计主题概念下的廓型组合构成规划是对构成新一季系列产品开发全部单品廓型的具体规划设计。设计企划团队通过对产品系列的廓型组合设计规划，对新一季服装单品以及由单品组合而成的不同产品系列整体造型特征进行详尽的设计规划。设计师将产品企划阶段确定的产品造型设计元素应用于单品设计中，对服装单品的上装廓型、下装廓型进行展开设计，并通过相适应的产品内部结构设计和裁剪方式、工艺手段、面料选择将设计元素所呈现的服装外廓造型设计理念表现出来。具有风格化的产品外轮廓造型设计规划能够鲜明地表达出设计师的季度产品设计理念，设计师通常会将设计元素融合于产品的肩线设计、胸廓设计、腰围设计、摆围设计、袖型设计、领口设计、袖口设计、臀围设计、裤缝设计、脚口设计的风格设计中（图5-18）。

图5-18　XX男装2012—2013A/W产品设计廓型组合规划

五、产品结构的构成规划

服装的内部结构设计是服装造型设计的主要内容，是服装外部轮廓与内部分割线条、结构线的完整结合，服装结构设计是服装款式设计的延伸和发展。服装产品的结构设计通常具有三种功能分类，即是功能性结构设计、生产性结构设计、装饰性结构设计。功能性结构设计是依据产品的服用功能和设计功能而进行的结构设计，生产性结构设计式依据产品生产的裁剪、缝制、整烫造型的需求而进行的必要结构设计，装饰性结构设计是依据产品设计审美功能和款式风格要求而进行的结构设计。

男装系列产品设计主题概念下的产品结构构成规划是对构成新一季系列产品开发全部单品内部结构的具体规划设计。设计师依据产品结构规划，辅以服装面料和裁剪制作工艺将产品从效果图设计方案转化为具体化、立体化的实物产品。产品结构的构成规划设计所涉及的点、线、面、体既是设计师完成系列产品设计所必要的设计要素，也是设计师完成系列产品开发结构造型，表达设计流行、产品理念的设计载体，而对于产品系列内部结构和设计要素的合理规划则是主题提案下产品设计细化设计关键内容。

本章小结

男装系列化产品设计是多数男装品牌公司产品研发的主要内容，在其产品研发企划中也是采用系列组合的方式进行整体考量的，系列化产品所具有的整体统一性，能够给予消费者强烈的品牌整体优势和整体形象搭配消费选择，并且能够更好地诠释品牌理念，展示产品组合。本章注重介绍了男装系列化产品设计的创意概念与主题提案以及相应的产品设计规划，为整体把握品牌产品设计开发提供了相关方法。

思考与练习

1. 依据某品牌产品风格特点，为其下一季产品开发构想创意主题概念。
2. 为某品牌产品开发建构主题提案。
3. 为某品牌产品开发建构主题提案下的产品设计规划。

男装产品季候性设计　第六章

由于人类居住环境有着明显的经纬度差异，导致全球气候差异也随着太阳辐射的纬度分布差异而变化，加之地貌地形的差异，形成了不同的气候特征和气象表现，对于生活于其中的人们着装要求便有了不同的选择，除了适应不同民族民俗的要求外，最主要的因素就是季候差异所带来的不同着装要求。

以我国季候特征对于着装要求为例，我国陆地面积达 9 602 716 平方公里，幅员辽阔，经纬度跨度较大，东西横跨五个时区从东五区（我国最西端东经 73 度 40 分在东五区内，在帕米尔高原上）到东九区（东经 135 度，在黑龙江与乌苏里江主航道中心线的交汇处），东西相距亦有 5 200 多公里，东西两端的时差在 4 小时以上，当东北松花江上将近中午的时候，帕米尔高原还是旭日初升的曦晨。南北跨纬度近 50°，南北伸延约 5 500 余公里。最北段在北纬 53° 附近寒温带地区（漠河以北黑龙江主航道的中心线），最南在南纬 4° 附近热带地区（南海南沙群岛中的曾母暗沙）。纵跨热带、亚热带、暖温带、中温带、寒温带等五个区域，再加上地形的多样和海陆位置的影响，使得我国气候特征纬度差异极大。

我国位于世界最大的大陆——欧亚大陆的东南部，濒临世界最大的海洋——太平洋。由于海洋和陆地热力性质的差异以及太阳辐射随季节的变化，导致冬夏间海洋与陆地上气压的季节变化。使得我国气候具有三大特点：显著的季风特色，明显的大陆性气候和多样的气候类型。东西南北受不同气压控制呈现多种气象天气，四季更替明显。受季风气候影响呈现冬冷夏热，冬干夏雨的总体趋势；受大陆性气候四季温差明显，我国大陆性气候表现在：与同纬度其他地区相比，冬季我国是世界上同纬度最冷的国家，一月份平均气温东北地区比同纬度平均要偏低 15 ~ 20℃，黄淮流域偏低 10 ~ 15℃，长江以南偏低 6 ~ 10℃，华南沿海也偏低 5℃，夏季则是世界上同纬度平均最热的国家（沙漠除外）。七月平均气温东北比同纬度平均偏高 4℃，华北偏高 2.5℃，长江中下游偏高 1.5 ~ 2℃；此外，由于我国幅员广大、地形复杂，而且高山深谷，丘陵盆地众多，我国的气候还具有气候类型多样，青藏高原 4 500 米以上的地区四季常冬，南海诸岛终年皆夏，云南中部四季如春，其余绝大部分四季分明。绝大多数地区人们的着装及搭配需求随着季节的更替变化而变换，对于服装消费市场来说无疑是更加丰富了服装品类，因此对于销售市场是面向全国范围的服装公司在制定产品结构企划时，首先就是按照销售市场的季节变化来制定产品开发计划，这样才能做到适销对路。

第一节 男装产品的季候性特征

男装产品的季候性特征是指男装的不同产品类别在面料选择、款式设计等方面具有的季节性特征。男装品牌设计公司在进行新一季产品计划时除了需要品牌风格理念、受众需求、市场经济环境、同类品牌竞争状况等因素把握产品配比结构外，还需要按照季节、气候、气象等因素对目标市场进行预判，对目标市场的季候性特征进行分析，合理安排产品结构与相应配比，正确组织服用材料与生产工艺，对于区域性市场季候特征变化所带来的气象变化进行调研分析，并纳入产品开发企划结构中，以最大限度的满足目标市场的消费需求，是产品企划的关键所在。虽然现今随着人们生活质量的不断提高，人们的居住环境与生活空间有了更好的改善，很多生活空间、办公空间都有空调控制局部环境的气温水平，室外活动也有着空调车作为代步工具，人们生活服装消费也随着市场产品的繁荣有了更多地选择余地，但是季候变化带来的相应服装类别变化仍然是男装消费市场的主要驱动力，遵循自然规律，服用适合时令的服装类别是男士服装消费季候变化的重要表现特征。

在服装产品出口市场，从全年出口来看年度数据主要受供需关系、宏观环境影响不同，月度数据受季节性、节假日因素以及一些突发的政策性因素影响更为显著。其中，季节性是影响纺织品服装月度出口数据分布的最主要原因。通过分析1994—2009年纺织服装出口数据可以发现，下半年出口额明显大于上半年，占全年比重在55%~57%之间。各个季度占比多年来基本稳定，由高至低依次是三季度、四季度、二季度和一季度；其中三季度占比最高，在30%左右，一季度占比最低，不超过20%，季节性因素导致出口“前低后高”。

从男装产品的内需消费市场销售状况来看也能总结出其季候性特征，我国大多城市的主要商城服装销售专区、专柜在男装产品铺货时，都会随着季节的轮转进行货品更替，很多城市春节黄金销售期一过就已经开始陈列春装产品了，而冬装产品随即开始打折出售或者逐渐下架。而每年秋季，秋装还未下架，冬装已经如火如荼地开始做“预告”，并逐渐成为主角。影响内需市场的季候性变化特征，除了相对常态化的季节更替外，还有各种异常极端天气的影响也会改变或者延长这种季候性特征的持续时间，例如近年来常常被挂在嘴边的“暖冬”、“极寒”天气，对于服装市场的产品消费也会带来较大的影响。

视所面对的消费市场地理位置而定，我国大多数男装成衣品牌公司在产品企划时都是根据季节轮回来进行产品结构企划的，春节一过大约三、四月份左右就开始组织秋冬产品的订货会，而十、十一月左右份则考试准备来年春夏产品的订货会，以上为成衣品牌公司的预测生产方式的服装产品企划及生产运作方式，呈现“反季节”的特征。而男装定制品牌公司的产品企划结构一般也会受季候性影响，但是最主要的还是受到客户需求影响。

一、男装产品的季候性结构构成变化

男装产品的季候性结构构成是基于季节对男装产品结构的具体设计，包括各分季，如初春、春、初夏、夏、初秋、秋、深秋、初冬、冬的产品结构构成及产生的变化。男装成衣品牌公司在依照季候轮回更替进行产品企划时，需要根据目标市场的区域地理特征进行季候变化深入研究该区域的常年的气候、气象、降水、湿度、风速、沙尘天气等方面的变化规律。

对于一个面向全国市场的男装成衣品牌公司来说，在进行产品企划时一般是按照公司品牌的产品风格定位、目标人群定位、销售渠道定位、销售价格定位、服务水平定位等方面因素，并参照本品牌过往的设计、生产、销售经验对目标市场下一季产品结构进行预测设计与生产，并根据时间波段上市销售，其中因为成衣设计、生产的模式需求，对过往经验的积累总结，以及同类品牌的设计、生产、销售经验参考是本品牌制定产品企划的主要依据。显而易见，上述的过往经验除了包括有关男装产业与本品牌的发展经验总结，还包括对目标市场的季候特征的总结研判。以秋冬产品铺货为例，由于我国南北地域差异，从南到北的气象入秋[①]时间有着明显差异，据气象资料显示，从2000年至今，上海的气象入秋时间一般在9月下旬到10月上旬，长春的常年入秋时间为8月中旬左右，而广州则到11月上旬才开始气象意义上的入秋。入秋以后所谓一阵秋雨一阵凉，一场白露一场霜，接下来，凉秋地位将更加稳固，生活在不同地区的人们便开始陆续添置秋衣、冬衣，因此男装品牌公司在做产品企划和货品配置时绝对不能根据二十四节气的立秋时间（8月8号左右）来确定上货时间波段，这样的产品结构企划显然是错误的。以下为我国大陆省会城市的气象意义上的入春、入夏、入秋、入冬时间表。

二、男装产品的季候性面料构成变化

男装产品的季候性面料构成设计是基于季节对男装产品面料的具体设计，是指在男装产品开发中依据季候变化带来的着装需求变化在产品结构中运用相适应的面料。因季候的变化人们对于不同季节的着装款式、面料的需求也不同，包括面料的服用性、舒适性、悬垂性、挺括感、吸汗、透气、保暖等基本要求，在一些特殊防护服装的面料运用中，还涉及到面料的防水、防火、防风、防腐等性能。关于男装产品的季候性面料构成变化的研究需要从服装材料学、服装卫生学等加以考量，研究各种自然环境和气候差异与服装的设计、制作和穿着之间的关系，还需要从面料的角度研究人体运动与服装、皮肤生理与服装、人体防护与服装的设计、制作和穿着之间的关系。

通常来说，不论在哪个季节或处在什么环境下，人们对于着装的需求大多都是希望服装都能给人以轻松、自然、舒适的感觉，便于人体的活动，并能防止人体过多地失去热量和防止不利气候对人体的影响。从服装生理卫生学的角度来看，人们对于着装的舒适性主要包括服装的气候调节作用等内容，服装和皮肤之间微小空间的温度、湿度和气流称为服装内气候，它指服装抵御外界气候对人体的侵害而维持人体体温恒定的能力。人体具有调节体温的机能，暑热时皮肤温度升高而出汗，严寒时手足发冷而产生寒战，这都是为了保持体温恒定而产生的生理反应。但裸体时这个调节能力是有限的，人能够根据气候变化通过适当着装，保证在各式各样的气候条件下舒适生活，利用服装辅助人体进行体温调节，保证人们健康。服装内气候作为温冷感、湿润感被人感知，与人体机能（如发汗、体温调节等）、衣料性质、湿热传递特性、衣服的开口大小及衣服层数等有关。

据研究总结，服装对于人体的舒适性、透气性、保暖性影响，除了服装款式因素（如领口开口

---

① 气象意义上的入秋标准是指立秋（8月7号左右）之后，连续5天日平均气温低于22℃，便将这5天的第一天定为入秋日。

大小，衣袖长短等），以及着装的层数多少等因素（不同层数服装间温度、湿度、气流等内气候条件不同），影响服装舒适性、透气性、保暖性的重要因素即是服装面料。服装面料所用材料、织造方式、组织结构、疏密程度、厚薄程度等决定服装面料的保暖、透气、手感、悬垂性等性能。据此常识在男装产品的季候性产品结构中，依据不同季候的服装品类和款式配置适当的服装面料，通常秋冬产品选用保暖御寒的厚重、紧实面料，而在夏季产品需采用透气、透湿、吸汗良好的柔软、轻薄面料。另一方面在男装产品结构中，常常会出现的情况是同一品类的服装，如衬衫，在不同季候中、不同服用功能的情况下对面料的需求也是不同的，在春秋季衬衫主要是用来搭配西服、夹克等外套穿用的，在面料选择上需要稍稍厚实的衬衫面料，穿用时通常还衬有内衣，在材料选择上需要保暖、柔软、挺括、有线条感，厚薄适中的面料为宜；在夏季衬衫主要是贴身穿着的，宜选用透气、吸汗性能良好且柔软、轻质面料。由此可见，在不同季候条件下，男装产品结构开发中需要针对不同季候特征对服装面料进行合理选用。表6-1为男装常用产品类别对面料的需求参考。

表6-1 部分男装产品的季候性面料构成

产品类别	季候面料需求特点	参考面料
衬 衫	基本特性需求：可根据不同季节选用不同面料，通常以轻薄、柔软、抗皱、耐洗涤等性能特点为宜。 不同季候需求：春秋以搭配穿着为主，并且常配有内衣为衬底，面料要求保暖、柔软、挺括中度厚薄为宜，夏季衬衫一般为贴身外穿，以透气、吸汗、柔软、轻薄面料为宜。	色织、提花、印花全棉，混纺、真丝、亚麻等
夹 克	基本特性需求：可根据不同季节选用不同面料，通常以保暖、抗皱、挺括等性能特点为宜。 不同季候需求：春季与初秋以轻薄、透气中度厚薄为宜，深秋及冬季一般以保暖、厚实、紧密、有一定塑性效果的面料为宜。	涤纶、斜纹牛仔、卡其、麂皮绒、灯芯绒、哔叽、纳米涂层、化纤涤纶、尼龙、皮革
风 衣	基本特性需求：以防水、防风质地精密的面料为宜。 不同季候需求：春季与初秋以较轻薄、防水、中度厚薄为宜，深秋及冬季一般以保暖、紧密、防水的厚实面料为宜。	卡其、华达呢、防水涂层面料、斜纹布、皮革等
西 服	基本特性需求：高档西服多选用纯毛花呢、华达呢、驼丝锦等天然纤维，面料要求手感好，不易起毛，富有弹性，穿着合体，不易变形。中档西服多选用羊毛与化纤的混纺织面料。 不同季候需求：春季与初秋以较轻薄羊毛或羊毛混纺为宜，深秋及冬季一般以保暖、厚实海军呢、麦尔登、制服呢等为宜。	华达呢、涤粘花呢、麦尔登、制服呢、法兰绒、啥味呢、海军呢、人字呢、灯芯绒等
大 衣	基本特性需求：以保暖性良好，质地紧密的中厚型面料为宜。 不同季候需求：深秋大衣面料多选用中厚型面料，冬季一般以保暖、紧密、厚实，手感蓬松面料为宜。	大衣呢、顺毛呢、纯羊毛、羊毛混纺、纯羊绒、羊绒混纺等
棉 服	基本特性需求：以各种夹棉、填充、防风、防水、保暖面料为宜。 不同季候需求：深秋及初冬中厚型夹棉面料、厚重呢料为宜，深冬棉服多选用防风、保暖、厚实面料，并填充丝绵、羽绒等材料，并多配有毛领。	防水型涂层、高密度防泼水面料、尼龙、涤纶、纯棉PU涂层等
裤 装	基本特性需求：可根据季节不同选用不同面料，一般以悬垂性好、抗皱、耐磨、耐洗涤面料为宜。 不同季候需求：春季与初秋以较轻薄、透气薄型面料为宜，深秋及冬季一般中厚型，有挺括感和塑性面料为宜。	卡其、平纹棉、斜纹牛仔、平绒、灯芯绒、亚麻、涤纶等

三、男装产品的季候性色彩构成变化

在现代服饰流行中,男装色彩搭配设计成为男装卖场及消费群体关注的热点,成功的色彩搭配设计能够提高男装的附加值,衬托男士形象。从第一印象的角度看,色彩是所有设计元素中最能吸引人们视线的。因此,作为男装设计师需要认真研究男装设计色彩的相关知识,使得产品设计能够在款式设计、面料以及色彩等多方面满足不同消费者的不同消费取向。

相对于缤纷绚丽的女装来说,男装的色彩稳重而素雅,男性的社会角色决定了服装色彩的基调,男性在社会中往往需要体现出强悍自信、踏实稳重的形象,而稳重的男装色彩正能给人以老练、深邃的印象,从而进一步产生信任和可靠的心理感受。在传统文化观念中男士应该具有成熟、稳重、可靠的形象,这种意识和观念从各个方面对男装的设计提出要求,这也使得男装在色彩上多为无彩色系或中性色系,反映在男装色彩上多以各类灰、黑、白无色系列为主调,以适应人们长期形成的着装观念,强化男性的社会形象,一般只会在少数休闲男装中引用高彩色搭配。当然了,不同的地域、时代、民族习俗、宗教信仰、社会风尚、流行风尚等等因素都会对男装的色彩有影响,例如在巴洛克时代和20世纪60年代的美国孔雀革命时代,男装领域探索性地呈现出一系列糖果般丰润鲜亮的色彩,水蓝、茄紫、粉红、浅酒红、嫩黄、绯红、绿、橙等等,伴随着各式闪亮的珠片、图案、绣花等装饰,传统观念上沉闷的男装色彩越来越向亮丽、丰富的方向发展。随着时代的变迁,人们审美观念和穿衣习惯的转变,对于男性服装有彩色系穿着搭配接受程度变得越来越广泛,男装的色彩变化也越来越丰富,各种艳丽光鲜的色彩使男性服装少了一份阳刚,却更加充满了变化和突破的可能,也给了消费者更多进行自我个性表达的机会,只要适合场合需要、符合个性需求便可以接受。

男装产品的季候性色彩构成是基于季节对男装产品色彩的具体设计。在现代男装产品企划中从季候因素出发,考虑不同季候条件和气象条件下不同目标市场消费人群的不同穿衣取向,越来越受到企划部门的重视。其中,从季候角度出发考虑的男装色彩设计逐渐成为男装产品设计企划的重要一部分。不同的季节,人们对于色彩的心理追求不一,服装色彩带有明显的季节偏向性。例如,春秋季节由于气候温和,一般选用中性色调;炎热的夏季,一般选择视觉上无刺激性的冷色调;秋季万物成熟,开始萧瑟,多选用成熟的咖色、驼色等温暖色系;而冬季会选用温和、舒适的暖色调。同时地区的地理条件也能形成该区域对于某类色彩的偏好,例如,北方较为寒冷,干燥,人们喜用紫红色、棕色等,这类色彩可以有效调节视觉神经的疲劳,弥补了人们的心理需求。但是这也不是绝对的,有时为了时尚和潮流的需要,也会使用浅色调和冷色调,例如白色和浅蓝色的滑雪衫也是深受欢迎的。季候性色彩的规律可以总结为,在寒冷地区服装色彩就比较深一些,一般习惯于黑色、蓝色、紫色、深咖啡色等容易吸光的深沉色彩;在炎热地区,则一般喜欢反光强的浅色调;风沙多的地区处于耐脏的考虑往往选用深色调(图6-1)。

图6-1 同一品牌不同产品季的色彩构成印象
（Burberry Prorsum2012 秋冬、2013 春夏产品设计）

第二节 男装产品季候性设计要点

通常来说，对于目标市场为面向全国消费市场或者是销售终端分布在全国范围内地理位置经纬跨度较大的不同区域的男装品牌在其产品设计中除了要求设计师具有敏锐的时尚风潮动向洞察能力，以及能够及时了解目标消费人群的最新生活方式变化，把握消费市场竞争变化的能力外，还需要设计师具有良好的品牌运作和把控能力，要求所设计的产品既能符合品牌理念所主张的着装方式与生活方式，传递品牌精神，又要能够贴合市场需要，做到适销对路。在设计开发中既要讲求创意创新，赋予产品最新的流行趋势信息和表达最新的生活方式特征，使得设计作品符合最新的消费审美，更重要的是需要把握产品的季候性特征，对本品牌不同区域的消费终端市场在不同季候时段的消费需求特征进行及时的调研，从而根据研判结果准确地规划不同季候下区域市场的消费需求，确立合理的产品结构，方能在长期的品牌经营中立于不败之地。

一、男装产品季候性重点类别设计

在现今的男装生产方式中，区别于非及时应季定制的男装品牌公司和自给自足的家庭缝制来说，大部分男装品牌公司的男装生产方式均为成衣生产方式，而成衣生产方式的主要特点是依据号型系列大批量的流水生产，一般来说从设计研发到，制版、采料、裁剪、缝制、仓储、物流，再到各省市、区域市场及分销点铺货上市，通常需要要 4 到 6 个月左右的时间，高档时装品牌则会更长一些。而在设计模式上一般都需要根据过往经验和消费市场需求导向进行预判设计，常规做法是 8 到 10 月份左右作为服装 MD 起点开始组织来年春夏季的产品企划、设计、生产，3 到 5 月份左右开始组织当年秋冬季的产品企划、设计、生产，历时长达半年甚至更久。米兰、巴黎等国际时尚舞台的高档品牌的品牌专场发布也是如此，3 月发布秋冬季时装、9 月发布春夏季时装，发布时间和真正的销售季节中间通常有 6 个月的时间差。面料流行趋势则提前 12 个月发布，纱线流行趋势要提前 18 个月发布，这种流行趋势信息在时尚产业中形成一种链式传导方式。随着产业的纵深发展和消费方式的转变，这种预判生产往往会存在一定程度的误差，会带来或多或少的信息对接失误。行业间越来越倡导相对的及时生产与快速反应机制，以最短的速度响应客户订单，预计在未来的 2～5 年内，服装新品上市提前期可能缩短 50% 以上，这主要通过优化产品设计开发流程和供应链协同机制来实现。

这一点对于服装产品的研发提出了更高的要求，通常来说品牌公司在做产品企划时很大程度上依据资料主要为本品牌的风格理念、目标品牌的研判、设计师曾经服务的过往品牌运作经验以及对消费者、店铺、销售额的调研分析等。对于成熟的男装品牌公司来说，在进行新一季产品的结构企划时，还需要注重对区域目标市场的季候特征分析，合理分析不同季候变化下，消费市场的切实需求，合理规划产品结构。除了依据上文提及的产品设计前期调研资料外，还需要根据季节及相应的风俗习惯等因素进行重点类别设计，例如春夏产品结构中多以色彩相对清新、绚丽，材料相对透气、轻薄的衬衫和 T 恤、短裤、薄料长裤等时令产品类型为主，而秋冬季节则多采用色彩稳重，材料保暖的产品类型来满足市场需求。因季节因素秋冬产品类别也相对丰富，设计公司在设计产品和投放市场时不可能平均对待，需要有所倚重，需要在充分研究市场需求的前提下，进行有区别的重点类别设计，如冬季产品中的棉服类别、大衣类别、羽绒服及各种围巾、帽子等保暖配饰产品是秋冬产品企划的重点类别，需要在设计中作为重点对象，进行重点设计。

二、男装产品季候性消费需求设计

男装产品季候性产品设计规划，除了要根据季候变化、季节转变对产品结构做出相应调整外，还需要考虑不同季候时段，由于季节的转换带来的气温、风沙、雨季、雪季等气候条件的变化所产生生活方式变化，以及在各季候时段存在的特殊节假日期，并关注某些地域市场在一些季候时段特殊的风俗习惯和穿衣消费流行现象等。这些特定的节日、场合、生活方式的变化所带来的季候性消费需求设计，是男装品牌秋冬产品企划的必须考虑的问题之一，在关注季节温度变化的同时，还需综合考虑应季的促销季节的主题要素，整体把握样式的构成特质。

在进行男装季候性产品设计中还需要把握秋冬季节多节假日、多婚庆活动等现状，秋冬产品周期恰逢圣诞节、新年、情人节等重要节日，人们多忙于访友探亲、户外旅游等活动，对服装产

品的需求结构也产生相应的变化，出现特定的节假日消费特征，要求产品设计能够贴切消费需求，对于面向访友探亲消费者时在产品结构中多推出不同层次需求的套装、礼服等男装产品；对于面向户外旅游度假的消费者时在产品结构中多推出设计上宽松舒适，并适合户外旅行的功能性休闲服装。同样，因节假日比较集中，在此季候有很多新人选择在此时段举行订婚或结婚等仪式，男装品牌公司在进行产品企划时需要具有敏锐的嗅觉，发掘市场消费潜质，针对此特点适时推出礼仪类别、婚庆系列产品设计，抓住市场机遇。例如雅戈尔旗下“蓝标”（CEO Youngor）系列近年来就推出了婚庆系列衬衫和西装产品设计，包括婚庆系列大礼服、半礼服套装、NEW 系列套装等，很好地把握了季候环境变化带来的市场消费生活方式需求和风俗习惯消费需求（图 6-2）。

图 6-2 Youngor 婚庆系列产品之一

三、男装产品季候性上货节奏设计

我们知道服装产品销售中按照销售或者穿着季候分类，可分为应季产品销售和反季产品销售两个主要方式。顾名思义，反季服装产品销售是指冷天销售热天的服装，热天销售冷天的服装。由于对于服装产品来说通常秋冬产品类型相对丰富于春夏产品，因此每年的七、八月份，都是反季商品集中促销的黄金月，羽绒服、裘皮、皮装、羊绒、羊毛这些商品，仍然是促销的主角。反季产品因销售价格非常低廉，基本是正季商品价格的 30% 甚至更低，引得较多的消费者趋之若鹜。但是也有部分消费者会觉得反季商品虽然价格低廉，但是款式不够时尚，对于普通消费者来说在没有对该品牌过往产品有一定了解的情况下，往往很难区分反季节产品中孰是去年秋冬正季商品的“新款”与经年的“库存”产品。因此，为了追求更加时尚新款和更加做到放心消费，多数消费者则会倾向于对应季产品的消费。

顾名思义应季产品是指适应季节或者时令推出的产品，生活中常有应季水果、应季蔬菜的称谓，对于服装产品来说应季产品既是指顺应季候、时令推出的产品。作为男装品牌公司在推出应季产品时，需要根据企业的经营模式和营销特点，进行合理的季候性上货节奏设计，如前文所述作为一个面向全国市场的品牌公司而言，由于消费市场南北、东西经纬度跨度大，地理地貌差异大，地域之间季候特征差异明显，对产品供货时间和节奏存在着重要的影响，需要区别对待。以秋季产品上市为例，品牌公司需要充分考虑全国市场气象意义上的入秋时间，考虑目标市场的气温、气候转变带来的生活方式、风俗习惯等方面的转变引发的穿衣消费需求变化。每年 8 月 8 号左右是二十四节气的立秋时间，意味着秋季的开始。其实，按气候学划分季节的标准，划分气候季节要根据“候平均温度”，即当地连续 5 日的平均温度在 22℃以下，才算真正秋天的时节。我国地域辽阔，虽各地气候差别较大，但此时大部分仍是未进入秋天气候，况且每年大热三伏天的末伏还在立秋后第 3 日，更有着“秋后一伏热死人”，“秋老虎”的余威，但总的趋势是天气逐渐凉爽。气温的日较差逐渐明显，往往是白天很热，而夜晚却比较凉爽。除长年皆冬和春秋相连无夏区外，中国很少有在“立秋”就进入秋季的地区，按照过往经验秋来最早的黑龙江和新疆北部地区也要到8月中旬入秋，一般年份里，首都北京9月初开始秋风送爽，秦淮一带秋天从9月中旬开始，10月初秋风吹至浙江丽水、江西南昌、湖南衡阳一线，1月上中旬秋的气息才到达雷州半岛，而当秋的脚步到达“天涯海角”的海南崖县时已快到新年元旦了。

除了在秋季产品上市节奏中需要考虑区域市场地理位置不同进入气象意义的秋季时间不同外，春、夏、冬季节也同样需要考虑这种因地理位置不同引起的区域市场季候服装消费需求的变化规律，品牌公司需要根据不同区域市场季节转换中的南北、东西时间差异，合理组织好上货时间计划及相应货品结构配比，根据区域市场的气候特点、消费者的生活方式等因素，制定科学的上货计划，合理配置产品类型和各区域市场的铺货换货时间，保证产品能够及时进入柜台应季销售。需要指出的是，新品上市不但要考虑应季销售的及时性，还需要考虑新铺货产品如何保持品牌形象传达的风格延续性，做好品牌风格和文化的传承，把握单品销售和整个货品系统销售的整体平衡度。

下文为假定以一个面向全国市场的男装品牌为例，根据本章第一节所列的四张我国大陆省会城市和直辖市平均入春、入夏、入秋、入冬时间表为依据，而制作的夏秋季节转换时，以及秋冬转换时的产品结构企划与上货波段表。因版式和篇幅有限，本文在此只列举几种人们常用的入秋添置的男装产品类型，并将这些产品类型用字母代号表示，A为长袖T恤，B为短袖T恤，C为长袖衬衫，D为短袖衬衫，E为卫衣，F为薄型夹克，G为薄型毛衫，H为线衫背心，I为短裤类，J为薄型长裤类，K为中厚型长裤类，L薄型外套，M为中厚型外套，N为中厚型毛衫，O为薄型风衣，P为中厚型风衣，Q为棉衣，R为羽绒服（表6-2）。

表6-2 季节与男装产品结构及铺货波段表

时间 \ 城市		哈尔滨	长春	沈阳	呼和浩特	乌鲁木齐	北京	天津	石家庄	济南	太原	银川	西宁	兰州	西安	郑州	南京	合肥	武汉	重庆	成都	昆明	贵阳	长沙	南昌	杭州	上海	福州	广州	海口	南宁	拉萨
X品牌男装2011秋季产品结构与城市铺货波段	八月中旬	AC EF GH JL	AC EF GH JL		AC EF GH JL						AC EF GH JL	AC EF GH JL	AC EF GH JL	AC EF GH JL								AC EF GH JL			BD I			BD I	BD I	BD I	BD I	AC EF GH JL
	八月下旬					AC EF GH JL																										
	九月上旬			AC EF GH JL			AC EF GH JL	AC EF GH JL							AC EF GH JL																	
	九月中旬								AC EF GH JL	AC EF GH JL						AC EF GH JL					AC EF GH JL		AC EF GH JL									
	九月下旬																AC EF GH JL	AC EF GH JL	AC EF GH JL	AC EF GH JL				AC EF GH JL		AC EF GH JL	AC EF GH JL					

（续　表）

城市 时间		哈尔滨	长春	沈阳	呼和浩特	乌鲁木齐	北京	天津	石家庄	济南	太原	银川	西宁	兰州	西安	郑州	南京	合肥	武汉	重庆	成都	昆明	贵阳	长沙	南昌	杭州	上海	福州	广州	海口	南宁	拉萨
X品牌男装2011秋季产品结构与城市铺货波段	十月上旬	MN OP QR			MN OP QR	MN OP QR							MN OP QR												AC EF GH JL							
	十月下旬		MN OP QR	MN OP QR							MN OP QR	MN OP QR		MN OP QR														AC EF GH JL			AC EF GH JL	
	十一月上旬						MN OP QR	MN OP QR	MN OP QR	MN OP QR					MN OP QR														AC EF GH JL			
	十一月下旬															MN OP QR	MN OP QR	MN OP QR												AC EF GH JL		

注：以上此表只作为品牌服装季节轮转铺货结构的一个示意说明，在实际经营操作中，因地域、时间以及当年时段气象差异存在不同的变化因素，例如在八月中下旬，南方部分城市虽然还没有进入表格所列的入秋时间，还处于夏季时间，但是实际店铺销售中一般不再将夏季产品作为上货服装的主流来铺货，通常将在销售夏季服装尽快售罄，准备轮转秋季产品，必要的时候会因尺码、颜色的需求，进行部分补货；在实际销售中也常常会出现不同季节产品同时出样的情况，因为季节轮转的需要，不可能全盘轮换，只是逐步轮转。另外，品牌公司和商家在实际操作中，通常会提早出样的，以便更好地占得商机。

第三节　春夏男装的开发设计

春夏男装的开发设计，是指男装品牌根据春夏季候的气温、天气变化所带来的人们着装需求变化特点，综合本品牌的产品设计理念、不同地域目标市场的消费群体需求特点，对本品牌产品终端市场换季、节奏换货、产品类别、色彩配置、面辅料构成等有关产品与品牌形象所进行的合理规划。

一、春夏男装的产品类别特点

除了南方部分省市，我国大部分地区四季分明，一年里历经春、夏、秋、冬，周而复始，每年二月中旬左右开始到四月下旬左右从南到北我国大部分地区陆续入春，个别地区要到五月上旬才入春。经过一个冬季的蛰伏，随着春的脚步逐渐加快，天气转暖，万物复苏，人们的穿衣结构与类别也随之变化，逐渐褪去厚重的棉服，选用轻薄的服装。

男装品牌公司在春夏产品开发中需要根据本章第一节所列举的我国大陆省市城市的气象入春、入夏的时间表,结合当年的气象差异合理配置产品结构类别与上货波段、数量等,在产品开发中需要研判目标市场由冬转春的气候变化特点,因地制宜进行正确的产品结构设计开发。在实际开发中,需要遵循季候转变中气候变化规律,春夏产品涉及初春、阳春、春末夏初、初夏、盛夏、夏末秋初,随着时间的推进,气温逐渐由冷转温、在逐渐转热、到凉,期间个别地区会经历多风、多雨、梅雨、干旱等天气,都对人们的着装选择会产生一定影响。俗话说:“春要捂,秋要冻”,意思是春天不要急于脱掉棉衣,秋天也不要刚见冷就穿得太多,适当地捂一点或冻一点,对于身体的健康是有好处的。人类在长期的进化过程中,受春夏秋冬循环变化的影响,体内形成了一种生理性散热和保暖功能。冬天,为抵御寒冷,人的表皮汗腺和毛孔都呈现出闭锁状态。冬去春来,毛孔逐渐从“冬眠”中苏醒过来,皮肤开始活跃了,汗毛孔闭锁程度相应降低。因而春风较大的时候,尽管不是很冷,却能长驱直入肌体内部,使人有“春寒冻人透心凉”的感觉。在这种情况下,体质稍弱的人就可能感冒或并发其他疾病。再加上春天的天气不稳定,过早地脱掉棉衣或穿得太少,也很容易着凉感冒。秋天的降温是一个渐进的过程,人们逐渐添加衣着,以适应外界环境。过早地穿上棉衣,不经适度的寒冷刺激,对健康也是不利的。这一点对于男装产品开发设计具有重要的参考价值,品牌公司在进行产品开发时需要适当关注人们的生活习性,才能使得产品设计以及结构配置更加合理、更加贴近市场消费需求。

春夏男装产品的类别设计通常需要根据季节转变的温差变化来考虑服装产品的款式、面料、色彩、搭配方式、开合设计等,多以薄型外套夹克、薄型西服、薄型风衣、长袖衬衫、短袖衬衫、长袖 T 恤、短袖 T 恤、各式长裤和短裤等类别构成,辅以鞋帽围巾包等配饰品,因季节因素穿衣层数也较少,服饰搭配区别于秋冬产品趋于简单化,强调单款的功能性设计与款式表现力。除了产品组合变化外,同一类型的单品服装在春夏季的设计重点也有所不同,以男士衬衫为例,除了外穿式加厚休闲衬衫以外,多数情况下春季衬衫作为与外装搭配的打底之用,设计上强调领型、袖口、面料肌理和与外套的色彩和谐,款式上以系扣的长款为主;而夏季衬衫一般作为外部单穿服装,设计上强调款式分割、修身裁剪,色彩上考虑夏季气温及环境下最易被接受的清爽冷色系为多,面料强调材质的舒适性、透气性、吸汗性,款式形式多样,除了系扣的短款为主外,还有利用针织面料结合梭织面料变化、延伸设计的 T 恤式休闲衬衫等。

二、春夏男装的色彩和面料构成特点

(一)春夏男装的色彩构成

春夏男装的色彩构成设计,是基于春夏季节的季候转变时,着装环境变化、气温变化以及由此引发的着装色彩审美心理和视觉需求变化而进行的色彩构成设计,随着春季万物复苏、百花待放,柳芽的新绿,桃花、杏花的粉嫩……一组明亮、鲜艳的俏丽颜色给人以扑面而来的春意和愉悦,构成了春天一派欣欣向荣的景象。此时明度较高的自然淡雅色彩会更容易被消费者所接受,虽然在实际应用中外套色彩趋于稳重,衬衫、长袖 T 恤等内搭服装色彩均更多倾向于清新淡雅的自然色系。

随着时间的推移,进入烈烈夏日,由于气温逐渐升高,一般选择视觉上无刺激性的冷色调和反射率高的高明度色彩,一方面反射强烈的太阳光。另一方面冷色调色彩所具有镇定、安静、素雅的视觉心理感则更加适应炎热气候中人们的着装色彩需求倾向,实验表明,在高温环境下采

用冷色调能够获得辅助降温的功效。因此,在夏季男装色彩构成设计中常以冷色调为色彩主系,为了增添对比效果,也会采用桔色、红色等动感强烈的色彩系。此类自然心理因素对男装色彩的影响常常体现在各种男装产品类型中,让消费者通过男装产品的直观色彩产生丰富的季候感受。因流行因素的不同,不同时期的春夏男装的色彩有所区别,但是总体趋势如上文所列,以下图表是以某品牌2012春夏男装色彩构成为例作为说明示例(图6-3)。

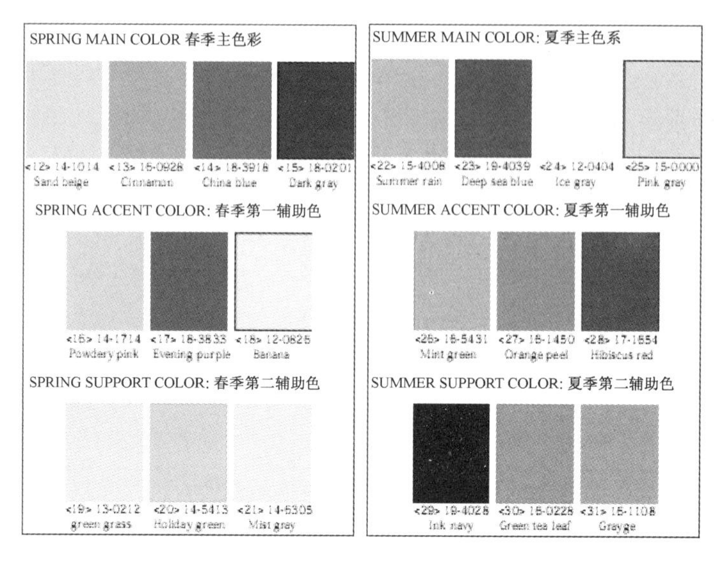

图6-3　XX品牌2012春夏产品色彩构成

(二)春夏男装的面料构成

冬去春来,随着季节的转换,气温逐渐升高,人们逐渐褪去厚重棉衣,穿衣层数和厚度都随着气温的转暖而逐渐减少,服装款式也区别于冬装款式侧重于避风保暖的高领、连帽、多毛领饰边等设计特征,服装面料也随着气温的不断转暖由厚实、紧密、防风转变为轻薄、飘逸、透气面料为主。面料构成因产品类别不同存在各异不同具体特征,总体特点强调吸湿性、透气性,依照时间和季节的推移,春夏男装产品所涉及的初春、阳春、春末夏初、初夏、盛夏不同季节时段服装产品的面料特征逐渐由厚变薄、由重变轻、由紧实变透气。下图以某品牌2012春夏男装面料构成作为男装春夏产品类别面料构成示例(图6-4)。

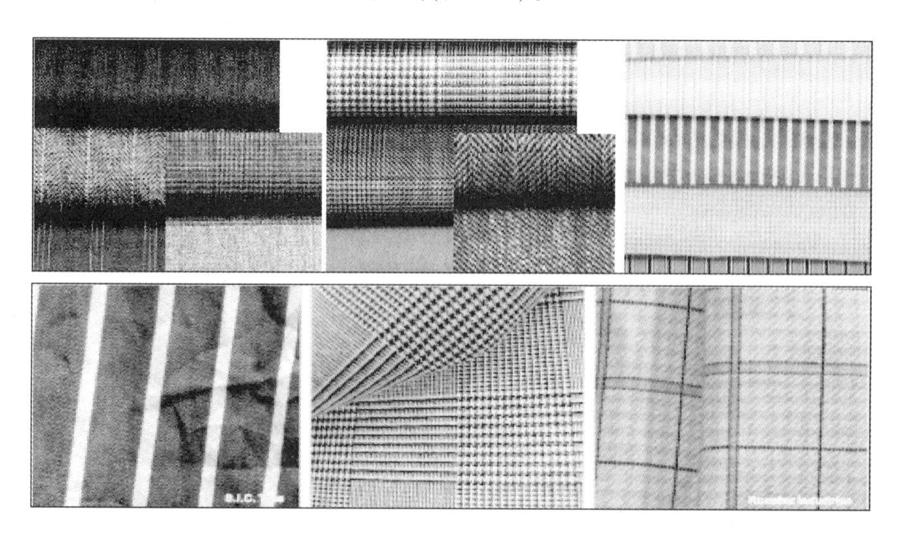

图6-4　XX品牌2012春夏产品面料构成

三、春夏男装的产品构成特点

春季是冬夏季风转换交替的季节，由于南方的暖湿气流与北方的干冷空气常常相持、交锋、争雄，于是就出现时寒时暖，乍阴乍晴，天气变化无常，人们的穿衣指数也会受到这样季候特征的影响。总体上春夏产品设计，随着季节的转暖逐渐变薄，逐渐短小，初春时节由于刚过冬季，气温还比较低，昼夜温差还较大，仍然还需要穿着较厚的外套、裤装、毛衫等，产品注重相互搭配性，特别是对于系列产品的开发，在不同设计主题下着重把控系列产品内外、上下之间的相互搭配协调设计。随着夏季的到来，气温逐渐升高，产品结构也发生相应变化，产品结构变得相对简单，特别是盛夏时节的产品结构一般是以不同款式、不同材料的短袖 T 恤、薄型长裤、短裤、短袖衬衫、长袖衬衫等时令产品为主，辅以内衣、包鞋、领带等配饰产品，着装搭配也趋于简化，依据不同品牌风格定位，强调单款产品的款式与色彩设计，或者细节设计。春夏男装产品整体构成总体特点为由封闭式特征的厚实中长款，逐渐转向敞开式特征的轻薄款式（图 6-5）。

图 6-5 某休闲品牌男装春夏产品开发组合导向

第四节 秋冬男装产品的开发设计

秋冬男装的开发设计，是指男装品牌根据秋冬季候的气温、天气变化所带来的人们着装需求变化特点，综合本品牌的产品设计理念、不同地域目标市场的消费群体需求特点，对本品牌产品终端市场换季、换货节奏、产品类别、色彩配置、面辅料构成等有关产品与品牌形象所进行的合理规划。

一、秋冬男装的产品类别特点

立秋以后，夏季的感觉逐渐变淡，秋季的感觉日渐变浓，气温逐渐下降，男装产品类别也对着季节的转换发生变化。服装品牌公司需要根据目标市场的需求变化、品牌属性，过往销售经验，以及目标市场因季节转变和秋冬季节多长假多节庆活动等特点，提前企划产品结构和类别，以适合的产品适时投放市场。

在秋冬男装企划时设计师需要注重消费者对秋冬季候产品需求特点的研究，在考虑产品保暖御寒的同时，需要注重款式的流行性、功能性等方面的设计，由于秋冬季候多数目标市场所在城市的气温走势均是由凉转冷，穿衣层数和厚度也逐渐增加，产品类别较之春夏产品更为丰富。产品类别之间组合丰富，强调产品的可搭配性。各目标市场因地理位置的不同秋冬产品构成类别和设计侧重点有所不同，例如包括广东省，海南省，广西壮族自治区，福建省中南部，江西南

部，湖南南部（衡阳、永州、郴州）在内的大陆华南地区，地处热带-南亚热带区域，最冷月平均气温≥10℃，极端最低气温≥－4℃，日平均气温≥10℃的天数在300天以上，即使在深冬季节大多数人也不需要穿着厚重的棉衣。而在长江中下游地区，包括湖北（武汉、荆州、宜昌、十堰），湖南（长沙、株洲、湘潭、衡阳），安徽（合肥、芜湖、阜阳、蚌埠、马鞍山、安庆、淮南），江西（南昌、九江、赣州、景德镇、萍乡、宜春、新余、上饶、鹰潭、吉安、抚州），浙江（杭州、嘉兴、湖州、宁波、绍兴、金华、衢州、台州、温州、丽水、舟山），江苏（南京、宿迁、连云港、苏州、无锡、徐州、常州），上海等7省市的省会城市和主要地级市、县级市等，气候大部分属北亚热带，小部分属中亚热带北缘。年均温14～18℃，最冷月均温0～5.5℃，绝对最低气温－10～－20℃，最热月均温27～28℃，无霜期210～270天，该地区秋冬男装产品类别特点自然与华南地区有所区别。而以黑龙江、吉林和辽宁三省和和内蒙古自治区东部（即“东五盟市”：赤峰市、兴安盟、通辽市、锡林郭勒盟、呼伦贝尔市）构成的东北地区，地处寒温带、中温带的高纬度地区，冬半年昼长夜短，获得的热量少，北面与世界上最冷的地方——俄罗斯东西伯利亚的维尔霍扬斯克和奥伊米亚康地区为邻，并且靠近冬季风的源地，处于北冰洋寒冷气流南下的通道，从北冰洋来的寒潮，经常侵入，致使气温骤降。从地势上看，西高东低的走势，加剧冷空气的入侵，东北地区西面是高达千米的蒙古高原，西伯利亚极地大陆气团也常以高屋建瓴之势，直袭东北地区，该地区月平均气温在0℃为8个月之久，进入秋季的时间远远早于其他地区，冬季漫长、严寒，1月份平均气温在－31～－15℃之间，通常室内均有供暖设备，户外活动需要穿绒内衣外加羽绒服、毛裤、皮裤、皮毛，辅以围巾、毛皮内胆保暖棉鞋、手套之类服饰品，因此在东北地区，具有较好防风、避寒功能的裘皮大衣、加厚羽绒服装是必备的产品类别。

作为男装品牌公司需要根据目标市场的具体地理位置的季候特征。结合流行趋势和社会审美等因素，做好科学、合理的秋冬男装产品类别规划，把握不同地理位置的目标市场从初秋、秋、深秋、初冬、冬季不同季节男装产品的需求类别和设计重点。

二、秋冬男装的色彩和面料构成特点

（一）秋冬男装的色彩构成

秋冬男装的色彩构成设计，是依据秋冬季节的季候转换时，而带来的着装环境变化、气候变化以及由此引发的着装色彩审美心理和视觉需求变化而进行的色彩构成设计。从盛夏的酷暑到秋意日渐浓烈，人们在感受秋高气爽怡人气息的同时，也感受着季候变化带来的环境色彩变化，春种秋收，随着秋季的来临多数植物趋于成熟，人们逐渐发觉树木花草、天空大地的色彩有别于夏日的气息，随着深秋的临近，凌厉的秋风让人不免更加向往温暖的感觉，而这些有关于色彩的心理感受和色彩联想在人们的日常生活起居中得到了呼应与体现。在男士秋冬着装色彩取向中有着浓浓秋季成熟感的驼色、咖色、棕色系列是男士服饰经常出现的主流色彩，除此之外灰色、深红等也是秋季男装的常用色彩。视流行色彩和消费者年龄段、职业特征、文化修养等因素的不同，在不同定位之下的男装色彩设计中除了需要设计季度主色彩，还需要配置适量的季度辅助色彩，用于体现流行、表现风格、适用不同搭配需求等。

随着季节的推移，进入寒冷的冬季，由于日照时间和角度的变化，加之寒冷气流的不断入侵，人们在面对寒冷气候和皑皑白雪的时候，对于着装色彩的选择也产生了一定的联想，希望通过着装色彩来表达气候与环境色彩变化引起色彩视觉需求。这一时节黑色、褐色等深色系列是男士服装色彩主要色彩类别。

在秋冬男士服装色彩构成设计中,需要把握的设计要点除了要考虑气候变化带来的色彩需求心理外,还要考虑品牌一贯的色彩应用定位,如某品牌男装只做黑白色系的男装产品,在色彩应用中一般不考虑季候色彩需求及流行色彩变化。另外还需要考虑秋冬季节多节假日、多庆典日、多传统节日等特点,如上文提及的秋冬季节多婚庆活动等情况,设计公司需要把握这一现象,发掘消费市场,在秋冬产品的色彩构成设计中考虑适时推出婚庆系列产品色彩设计,以满足市场需求。因秋冬时节人们穿衣层数和类别较之春夏季节有所增加,在设计时还需要考虑外套与内搭服装、鞋帽、包等配饰品的色彩组合搭配呼应关系,考虑单品与整装产品的色彩组合效果等。以下图表是以某品牌2012秋冬男装色彩构成作为说明示例(图6-6)。

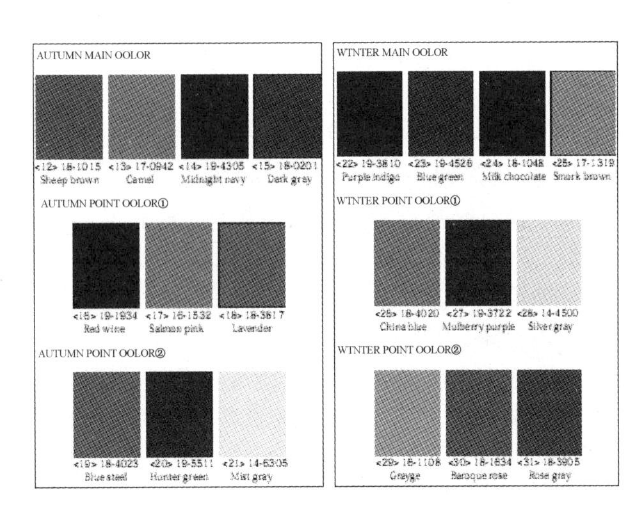

图6-6　XX品牌2012秋冬产品色彩构成

(二)秋冬男装的面料构成

夏去秋来,随着季节的转换,气温逐渐降低,人们在穿着夏季短袖、轻薄面料的服装时不免觉得阵阵凉意,而随着秋意渐浓,转入冬季,人们对于这种气温的感觉逐渐也会由凉意加强为寒意,穿衣层数和厚度都随着气温的转冷而逐渐增加,服装款式也区别于夏装的清凉感受,款式侧重于避风保暖的高领、连帽、多毛领饰边等设计特征,服装面料也随着气温的不断转冷由轻薄、飘逸、透气转变为厚实、紧密、防风面料为主。面料构成因产品类别不同存在各异不同具体特征,总体特点强调防风、保暖、厚实、挺括等,依照时间和季节的推移,秋冬男装产品所涉及的初秋、仲秋、深秋、初冬、寒冬、深冬不同季节时段服装产品的面料特征逐渐由薄变厚、由轻变重、由透气变紧实。下图是以某品牌2012秋冬男装面料构成作为男装秋冬产品类别面料构成示例(图6-7)。

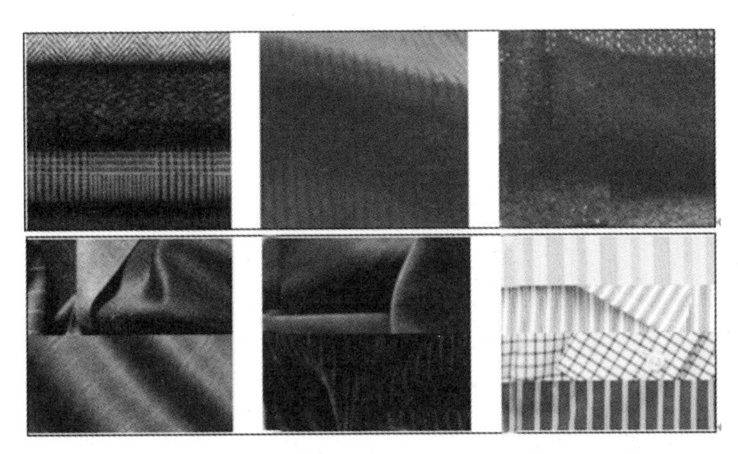

图6-7　XX品牌2012秋冬产品面料构成

三、秋冬男装的产品构成特点

由于入秋时节正处于西南季风与东北季风两个气团互推的情况，南方的暖湿气流与北方的干冷空气常常相持、交锋、争雄，于是就人们常常会感受到的气候时而感觉闷热难耐、时而感觉凉风瑟瑟。而随着时间的推移，立秋、处暑、白露、秋分、寒露、霜降等节气的顺次到来，秋意在阵阵丝雨中逐渐加强，人们的穿衣指数也会受到秋冬季候特征的影响。总体上秋冬产品设计，随着季节的转冷逐渐变厚，服装廓型体积相对于春秋产品逐渐增大，初秋时节由于刚过夏季，气温有时候还比较高，昼夜温差还较大，通常早晚较凉，而中午时分会出现燥热发汗的感觉，在穿衣搭配中需要注意调节，其中男士在秋季经常穿着的开衫就是典型的范例，这种穿脱方便，开合自由的开衫常常会作为初秋穿衣搭配的主要单品。男装品牌在秋冬产品开发设计中需要依据气候变化而引发的穿衣搭配方式、穿衣结构、穿衣类型的变化来组织产品结构类型，注重相互搭配性，特别是对于系列产品的开发，在不同设计主题下着重把控系列产品内外、上下之间的相互搭配协调设计。随着秋季的到来，气温逐渐降低，产品结构也发生相应变化，产品结构变得相对繁杂多样，通常，秋冬产品的类别也会相对于春夏产品丰富很多，产品包括服饰搭配的上下、内外，以及服饰配套的多种类别。着装搭配也趋于复杂、多样，依据不同品牌风格定位，强调单款产品的款式与色彩设计，以及各种单品之间的搭配，对于商家来说产品的关联销售几率也会大大增强。秋冬男装产品整体构成总体特点为由春夏产品敞开式特征的轻薄款式逐渐转向封闭式特征的厚实中长款（图6-8）。

图6-8　某休闲品牌男装秋冬产品开发组合导向

第五节　男装产品无季候性设计要点

我们知道对于居住在四季分明的地域居民来说，其穿衣、生活、起居所形成的各种习惯、习性很大程度上会依据季节的轮转、季候的变化而进行相应变换更替，对于服装生产和销售企业来说，对于此类市场的生产和销售活动也会受季节轮转的影响而相应改变，从而也就形成了服装生产、销售的淡旺季这一特点，给生产和销售管理带来了挑战。对于服装生产加工企业来说只要有收益的订单都愿意长期一单做到底，并不想为了季节款式变化而更换生产流水组织，但是往往市场需求不得不依据订单从新组织生产流水。然而随着全球气候环境的不断变化，有时候传统气象意义上的四季变得不再分明，有时春季早来或者迟来，或者全年气温出现多高温、多严寒的极端天气，这对于服装生产、销售来说必然会带来严重的影响。

据联合国政府间气候变化专门委员会的报告，1979 年至 2005 年间，北半球气温平均升高约 0.8 摄氏度。气温增幅似乎不大，但季节长短变动较大。报告发现，由于春天来得比以往更早，秋天来得较迟，冬季缩短了两星期左右。2006 年与 2007 年秋冬，全球时装中心之一的美国纽约经历两个反常暖季，服装业损失惨重。例如美国 LizClaiborne 服装公司习惯每年 8 月向商场输送秋季新品。公司认为，天气转凉会带来外套和毛衣的销售旺季，不料连续两个秋季姗姗来迟，传统策略遭遇滑铁卢。以至于 LizClaiborne 公司聘请哥伦比亚大学气候学家拉德利·霍顿为顾问，公司和经销商定期向他咨询未来天气状况，以确定最佳发货时间。而塔吉特百货公司则成立一个气象小组，专门讨论下一季该向顾客供应什么服装，其结果是更多时候，气象小组的建议是"无季节性的服装"。

同时，受低碳环保意识的不断加强，人们开始意识到自身的穿衣消费过于繁复且种类过多，服装从材料种植到，到纺织染整加工，再到缝制加工、物流运输，无不给环境带来的巨大排放压力，也一定程度上导致了全球变暖。因此如果能够控制买衣服的欲望，改变穿衣方式和理念，就能为环保出一份力了。法国最新研究指出，每条牛仔裤平均由 600 克牛仔布制造、38 克聚酯缝制、备有 6 粒铜钉和 1 粒纽扣。而倘若每天用洗衣机清洗、烘干和熨烫，相等于每年浪费能源 240 千瓦/时，等于亮起 4 000 枚 60 瓦的灯泡。所以最好的办法是买一条棉质牛仔裤，然后每星期穿两天、每 5 天洗一次，并且自然风干。本着这一理念，很多崇尚环保的人士穿着更加朴素，且多为棉麻材质的服装，更重要的会选择一衣多穿、一衣多季，季候性模糊的服装作为主要穿衣消费类型。

为了对应此类季候现象及环境保护低碳消费需求带来的着装需求变化，服装行业对于无季候性服装的设计研究越来越受到重视，不断加强科研和设计的投入，以更好地满足市场需求。无季候性男装的设计要点，可以从款式设计、颜色设计、功能设计、材料设计等方面来入手，其中前三个方面的设计主要是指在无季候性男装设计中，在款式选择、色彩选择及功能设计中能够兼顾四季多个季节的穿衣要求，如款式上开合、散热保暖等设计要能够尽量权衡四季特别是冬夏两季的需求，做到中庸，如领口设计既不可以是过低的易散热领口设计也不可以是过高的保暖领口设计。至于服装颜色设计和局部细节功能设计也是同样的道路，在设计中需要尽量考虑四季穿着的不同需求，例如在细部功能设计上，夏装由于衣料大多较轻薄人们一般不习惯在口袋内放置过多物品，如钱包、钥匙包之类，所以在口袋设计中一般不作为重点功能设计，很多时候是具有装饰性的设计，但是在无季候性男装设计中则需要考虑这一部分的设计细节，做到功能的最大化。虽然能够完全做到使得某件衣服能够做到适合四季穿着，理论和实践都具有很大的难度，然而本文所提及的无季候性男装设计更多的则是一种设计理念，用于满足更新的市场消费需求。相比之下，材料设计是无季候性男装设计的重要和主要切入点，由于无季候性服装的最基本功能和设计理念就是要适合多个季节穿着，这就要求服装材料能够在低温季节能够保暖，在高温季节能够迅速散热排汗，对于面料的科技含量要求较高，因此要求纺织服装行业大力推进材料创新研发。

据了解，我国规模以上纺织企业研发投入占销售收入的比例不到 1%，而在发达国家，这一比例为 3%~5%，有的甚至达到 10%。如果纺织行业将年销售收入的 1% 用于研发，全行业每年

的研发投入将达240亿元。红豆集团旗下的轩帝尼品牌在国内首次推出一种碳纤维健康热能服,该服装融合高科技纳米技术与人体工学技术,是服装领域的又一次革命。轩帝尼品牌推出的碳纤维健康热能服采用尖端发热材料碳素纤维和100%棉纤维编织,压膜耐热性绝缘材料而成,它融合高科技远红外纳米技术与人体工学技术,符合国际行业标准,环保、无毒、健康、节能。之所以把碳纤维健康热能服称为"空调",是因为该服装装置了一块不到100克重的智能电池,就像一部手机放在棉服的内口袋,穿者可根据自身需要进行高中低档温度调节,使人们在寒冷的冬季,身体始终保持温暖舒适。"轩帝尼"品牌总监崔业松表示,碳纤维健康热能服还有一大特点就是该服装在国内首次采用碳纤维发热,发热持久,而且不像碳晶远红外发热服,由于在织物上涂了一层碳粉,走动时碳粉容易断裂,时间长了降低发热功能,碳纤维非常柔软,走路或折叠都不会受损,且防水、导热性能好。此类材料创新科研无疑为无季候性男装设计提供了很好的设计研发方向,另外,除了利用新材料创新设计作为无季候性男装设计的突破口,在面料选用方面也是无季候性服装设计方法之一,例如前文提及的LizClaiborne公司,在应对"暖冬"越来越长的季候现象时,设计师在秋冬产品研发中舍弃羊毛和厚棉布,转向开司米等更轻更薄的材料,公司商品与设计负责人安·凯西尔也指出,无季节性衣料将是未来趋势。

本章小结

由于男装消费群体具有明显的地域特征,且地域间由于地理位置的差异,多数地域四季分明,人们的穿衣指数受到季候变化的左右亦非常明显,因此男装品牌在进行产品结构规划和产品研发中除了需要把握品牌风格理念、受众需求、市场经济环境、同类品牌竞争状况等因素外,还需要按照季节、气候、气象等因素对目标市场进行预判,对目标市场的季候性特征进行分析,合理安排产品结构与相应配比,正确组织服用材料与生产工艺。本章从国内南北东西不同区域市场进入春夏秋冬的气象时间统计着手,分析了不同区域市场对春夏、秋冬季候性产品消费需求的特点,并对男装产品构成特点做出总结,同时阐述了无季候性男装产品设计要点,为男装企业产品研发中如何把握服装产品季候性特征提供了参考。

思考与练习

1. 季候性对于男装产品设计的意义?
2. 以春夏和秋冬两个季候,进行某一男装品牌的产品设计开发。
3. 为某一男装品牌设计无季候性产品。

第七章 男装服饰品配搭设计

服饰(clothing)一词从字面理解包含有服装和饰品两个范畴,是涵盖人们着装的由内到外、由上到下装饰人体的物品总称。包括服装、鞋、帽、袜子、手套、围巾、领带、发饰,还可以延伸至服饰配套的提包、阳伞、手杖的外延物品等。一直以来,在人类悠远的服饰文化历史长河中,服装饰品都具有重要的位置和角色,在部分服装史料记载中,更有着先有饰而后有服的说法,在人们对于服装还处于原始的懵懂的时候,便会运用饰品来装饰自身,可见服装饰品在人类服饰文化中的作用之重。

第一节　男装服饰品的特征性分析

服装饰品与服装一样，在其长期的发展历程中，映射了时代与社会的变迁，受到经济、文化、战争、艺术等环境因素的影响，同时也受到所处环境中设计师或者制作者的个人审美、创作风格的影响，表现出与之所处时代与社会相适应的风格特征来。同样的，男装服饰品亦是如此，有所差别的只是在设计风格上需要更加趋于表现男性特征。这些风格特征主要包括民俗民族、摩登都市、奢华繁复、自然回归、未来科技、街头时尚、简单纯粹等特征，下文将对这些典型风格特征做详细阐述。

一、民俗民族

风格综述：民俗民族服饰品设计风格是汲取中西民族、民俗服饰元素，具有复古气息，又兼有时尚品位的风格，饰品整体风格具有一定的历史性、文化性与象征性。男装服饰品设计中常采用借鉴、衍变、创新等手法，参考世界各地不同国家和地区的不同民族服装的款式、色彩、图案、材料、装饰及工艺等，同时融入了时代审美与流行元素。设计中常以某类民族服饰品为蓝本，或以地域文化作为创作灵感，结合设计师对着装者个人特质的认识与理解，加以变化运用。如何处理好传承性与创新性之间的平衡是民俗民族风格男装服饰品设计的关键点。

色彩倾向：色彩灵感来源广泛，以具有浓郁的民族风格色彩为主，不光汲取典型的民俗民族服饰品色彩，民族建筑、生活用具、肤色、动植物等具有民族风格、地域特征的色彩都会被巧妙地运用。

材料特征：面辅料色彩、肌理、织造方法等多取材于具有浓郁民族风格服饰，通过再造、再处理等方法加以运用。

设计细节：作品设计风貌、设计细节或者工艺细节往往会呈现出某种民族服饰品的特征。例如在男装服饰品设计中延用旗袍的滚、镶、嵌、绣等工艺手法（图 7-1）。

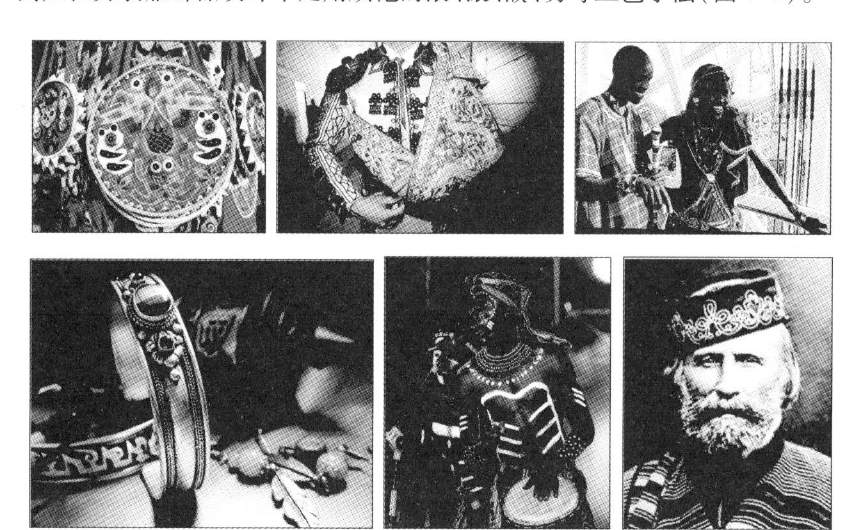

图 7-1　不同民族文化均能够带来男装服饰品的设计灵感

二、摩登都市

风格综述：摩登都市服饰品设计风格多是指从现代都市文明中汲取设计灵感的服饰品设计风格和手法。设计师根据流行趋势及设计主题的需要，从现代工业文明影响下的都市环境、生活场景和现代都市的流行文化中汲取设计灵感，将都市文明中具有标志性的设计元素进行提炼、整合用于服饰品的造型、结构、风格、纹饰等设计中，例如在服饰品设计中借用具有标志性的建筑风貌、桥梁结构，甚至是夜晚光怪陆离的霓虹灯，以及相应的夜生活场景与生活方式等反映都市摩登生活的元素经过设计师的提炼加工都可以用于男装服饰品设计中，其中如何权衡设计元素的简单借用与创新发展是设计师把握摩登都市设计风格需要重点考量的关键要素之一。

色彩倾向：色彩灵感主要来源于摩登都市的各种标志性建筑与夜晚斑斓的霓虹灯光，依据具体的设计灵感来源的不同，呈现出多种不同的色彩风貌，或表现建筑简洁、冷峻的色系，或表现夜晚斑斓霓虹的多彩色系。

材料特征：面辅料借用摩登都市生活环境的多种材料组合搭配方式，例如服饰品设计中借用建筑风格的金属材料与其他材料的混搭应用，也可以借用光感材质的亮片和金属配件来表现都市夜生活场景，从而起到表达设计主题的作用。

设计细节：在产品结构或者造型设计中，以表现都市环境中某类标志性的符号为设计细节表现的重点，例如在某一服饰品中借用某标志性建筑的造型或者框架结构（图7-2）。

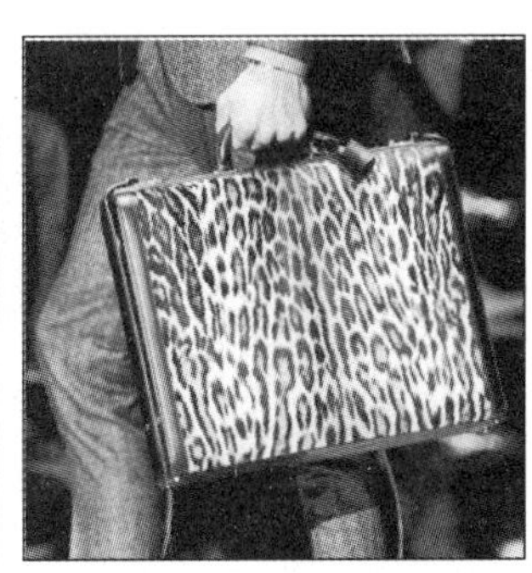

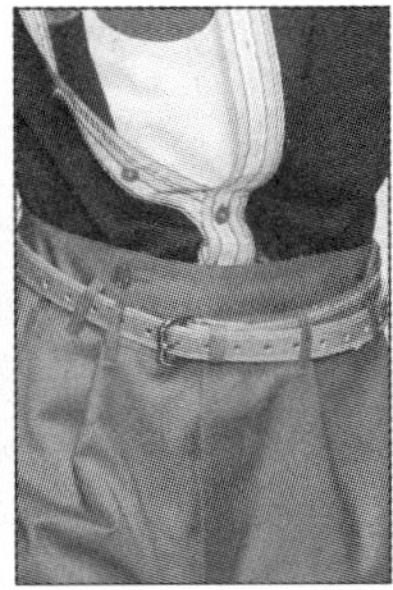

图7-2　反映现代都市文明多重生活方式的男装配饰品设计

三、奢华繁复

风格综述：奢华繁复设计风格常常用于女性服装及服饰品设计中，但是从服饰发展历史来

看,男装及其服饰品也曾有着奢华繁复的时代,从文艺复兴到后来的巴洛克时代,男装及其饰品延续着奢华繁复的风貌,这一时期男人们追求奢华的品味,用锦缎,金银和昂贵的丝线做服装,大量的蕾丝花边普遍用于男装中,其奢侈浮华的程度远远要比女装来得极致。尤其是在十七世纪巴洛克时代男性服饰崇尚人为的外观效果,并通过厚重面料、填充料以及堆砌、层叠穿着方式,塑造出O型、A型、x型等具有膨胀和视觉延伸效果的外廓形。蕾丝、绣花和缎带等主要具有强装饰效果的设计元素,在该时期的男性服饰中呈现反复叠加的状态。类似炫耀主体的现象与动物界的雄性炫耀规律近似,被称为“孔雀现象”。不过后来随着工业化时代的到来,以及男性社会角色和功能、地位的变化,男装及其饰品逐渐转变为朴素简洁的风格,但是到了二十世纪六、七十年代,受到当时的嬉皮士运动的影响男装及其饰品的设计风格又开始逐渐花哨起来,由此也可以发现服饰文化潮流的反复轮回想象及规律。

色彩倾向:奢华繁复风格的男装服饰品设计色彩风格整体呈现厚重、饱和、浓烈的氛围。依据具体服饰品类别和设计风格的不同也有单纯的低明度色彩应用,而主要通过复杂的材料和装饰性的工艺效果来表现奢华繁复风貌。

材料特征:以多种奢华材料,利用装饰性的工艺手法和结构设计强调不同材质的体积感和肌理感,重视材料的繁复、夸张视觉效果。

设计细节:服饰品设计呈现繁复堆砌的装饰风格,从材料选择及制作工艺细节上都力求尽显奢华,强调工艺感和夸大或者精致的造型设计,设计作品往往呈现中性感、无性别倾向(图7-3)。

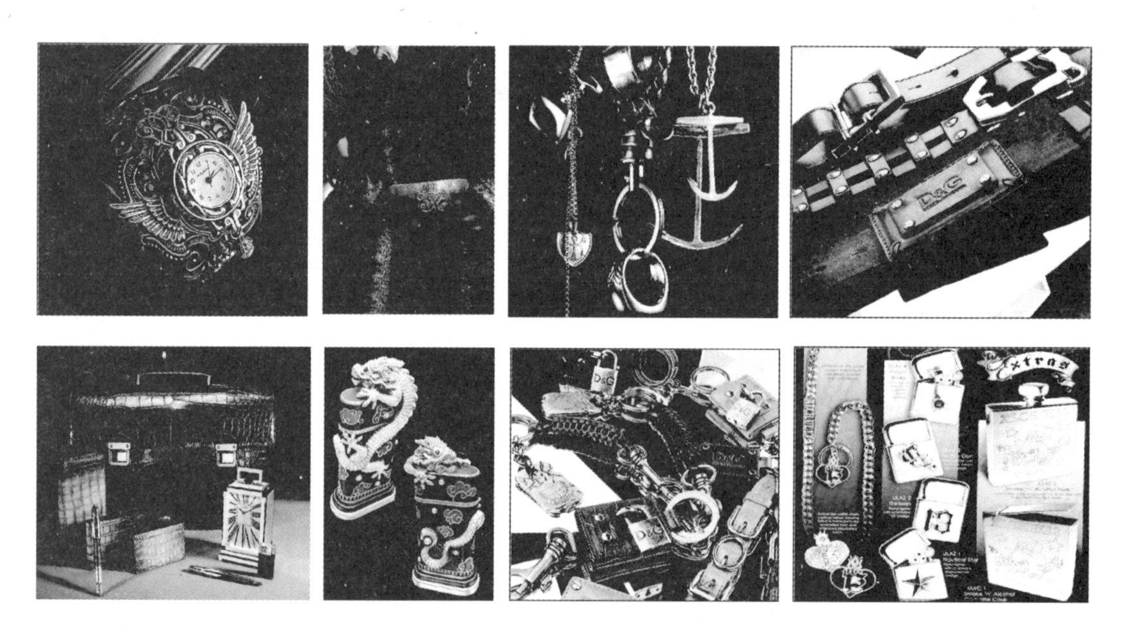

图7-3 精雕细琢、奢华繁复的男装配饰品设计

四、自然回归

风格综述:自然回归风格的男装服饰品是指在男装服饰品设计时,设计师充分利用自然资源的多种元素作为设计灵感来源进行设计创作。设计师从自然环境中的原始部落、自然界独特

风貌，以及各种自然、原始的地形地貌和生长在其中的各种动植物自然生物中发掘设计灵感。同时，那些具有悠久传统文化积淀的原始部落文明也为设计师提供了无尽的灵感来源，这些自然原始的生活方式、图腾崇拜、图形文字，以及生活中改造自然，与自然和谐共处的技艺与方法，甚至是这些古朴自然生活场景中的自然风光，斜阳夕照、残垣断壁、沧桑古树等之类未加修饰的自然景观也可以成为自然回归主题男装服饰品的设计语言。

色彩倾向：此类服饰品设计色彩倾向表现出浓烈的自然原始状态，作品充满淳朴的质感和浓郁的自然气息。作品中既有充满怀旧气息的、质朴的色彩应用，也有提取于自然元素中，原始华丽的、未加调配的艳丽色系。

材料特征：此类风格服饰品的设计制作材料或是直接利用自然环境中直接提取的、未加工或者经过简单物理加工的材料，或是将设计材料进行适当的加工，使得材料呈现出自然质朴的风貌，再用于设计作品中。

设计细节：作品设计细节、工艺细节充满自然质朴的风貌，作品的局部设计表现出某种自然形态的肌理特征，或应用某些原始部落经典的工艺技术和代表性的细节设计，表现具有自然回归风格的服饰品（图7-4）。

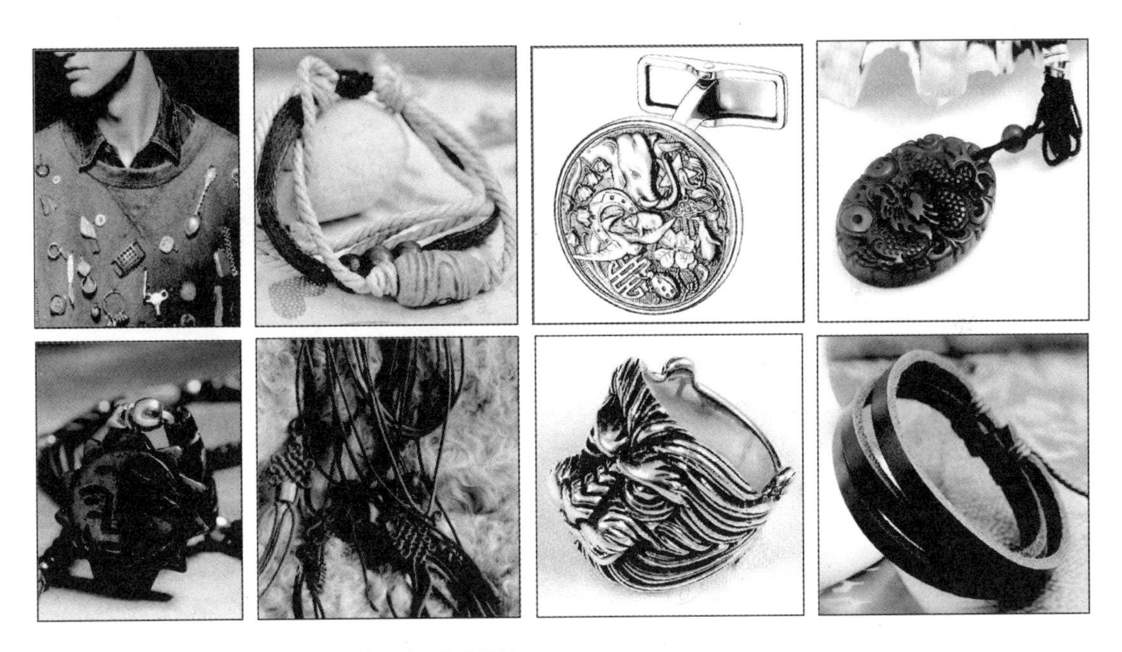

图7-4　设计灵感汲取于原始、自然的男装配饰品设计

五、未来科技

风格综述：科学技术是推动社会进步和文明发展的动力，随着社会现代化程度越来越高，崭新的科技成果也得到广泛应用。高科技覆盖了地球，电子科技的应用把世界连在了一起，为人们的生活带来便捷，也促使了人们思维方式的转变，使人类生活更多地依靠科技进步，可以说现代社会生活科技进步所带来的影响已触及人们衣食住行的方方面面。崇尚新科技、新材料、新时尚的服饰品设计也自然不会落伍于社会流行风潮，很多新型的科技发明所引领的设计理念在

问世的第一时间便会被设计师敏锐的嗅觉所捕获,设计师借鉴科技成果的新材料、新工艺、新理念以及相关全新信息,运用于服饰品设计中,使得男装服饰品充满了奇妙的未来感与科技感,给着装者在穿用时除了带来新型的服用功能,同时又增添了美妙的新奇感受,也为服饰品注入了新的卖点,创造出新的经济价值。

色彩倾向:由于此类风格的服饰品设计灵感多借鉴于科技成果,或者是对于未来科技的概念设计,在产品色彩设计搭配时基本是以表达未来科技感的色彩系为主,设计中会较多地运用科技产品常常采用冷色系和金属色系。

材料特征:未来科技风格的男装饰品设计在材料选择时常会借鉴新科技成果的新材料并付诸于新工艺技术,或是以类似的替代材料来表达这种未来风的科技感效果,通过简洁的造型设计,赋予全新的服用功能。

设计细节:由于此类风格的服饰品设计产品往往代表了新型的科技成果或者是对于未来设计潮流的概念表达,在市场销售中年轻消费者相对会更加容易接受,因此在设计时需要把握年轻消费者的对新鲜事物的消费心理,进行有针对性的设计(图 7-5)。

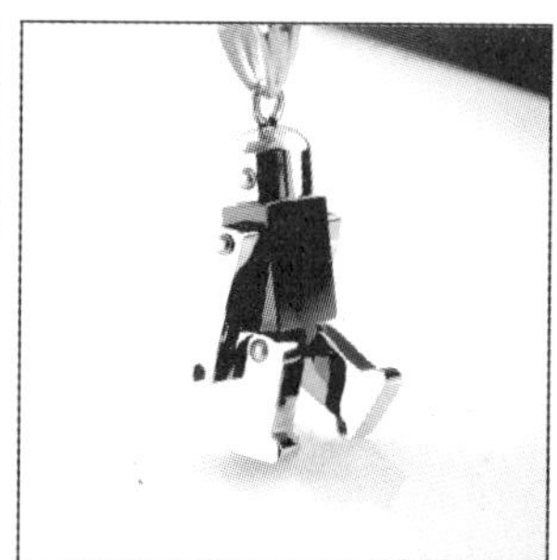
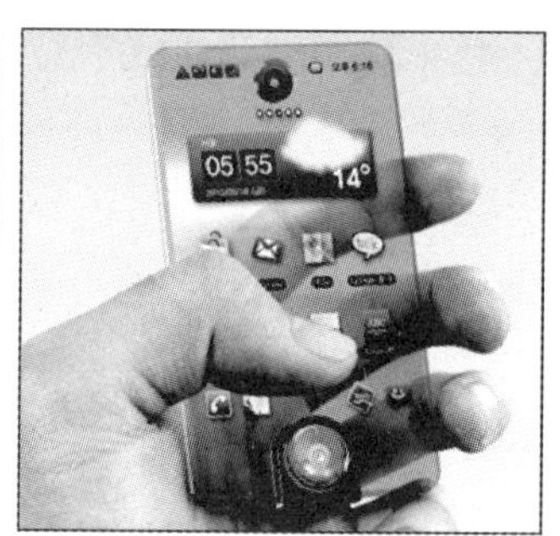

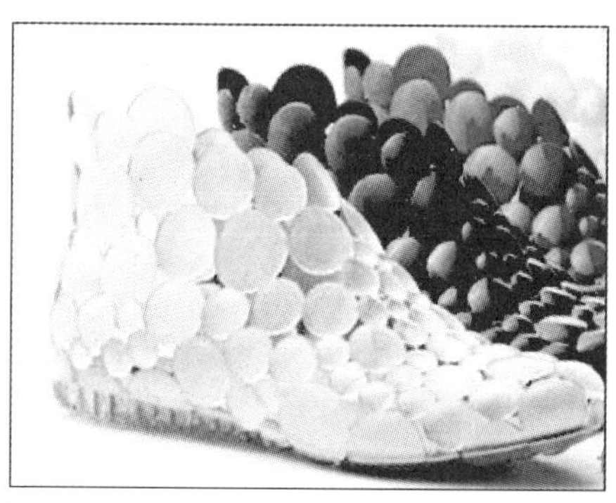

图 7-5　具有未来感、科技感的男装服饰品设计

六、街头时尚

风格综述:街头时尚文化构成有很多不同形式,几乎在街头任何的艺术都可以成为街头文化,并具有迅速传播流行的潜质。近代的街头文化在 20 世纪的 70 年代得到发展,起初主要集中在欧美地区,特别是美国的街头时尚火热时期出现的街头音乐 RABRAP(说唱音乐)、摇滚音等。现代街头时尚比较重要的标志元素包括服饰、街舞、Hip-HopDJ、唱白(MC)和涂

鸦这五种重要构成元素。90年代后期，街头文化随着哈韩哈日的潮流进入中国年轻人的视野，掀起嘻哈热潮，到了21世纪，街头文化深入传播到中国的各大城市，对于新世代的潮人型人来说，街头文化已经成为型酷和时尚的象征，也成为了他们生活中的一部分。从服饰品设计角度来看，一直以来街头时尚都是服饰文化较为代表的展示秀场和灵感发源地，众多设计师均能够在此寻觅到用于服饰产品的设计灵感。同时，街头时尚风格的服饰产品也是消费文化潮流构成的一个组成部分。

色彩倾向：街头时尚风格的男装饰品设计灵感多取材于街头文化的多种代表性的构成元素和事物，设计作品的色彩取向也较为广泛，街头文化中各种不同风格的主题涂鸦作品以及夸张的街装色彩常常被沿用在服饰品设计中，与主体服装一起体现出街头时尚的着装形象。

材料特征：街头风格的服装品制作材料多与街头风格着装紧密联系着，常采用较为粗犷的牛仔或者平纹帆布、纯棉材料等，结合街头时尚常用的金属铆钉、别针、链条，以及各种异型的反光亮片材料等，依据产品设计的风格需要有时也会在男装服饰品中应用少量贝壳、羽毛之类的辅料。

设计细节：街头时尚风格的男装服饰品设计在日常消费中多以年轻一代为主，在设计细节中同样需要把握年轻消费者追求时髦街头文化的猎奇心理，设计师需要善于把握最新的街头时尚资讯和潮流风向，设计细节多以表现街头时尚的某一缩影为主题设计导向（图7-6）。

图7-6 张力十足的街头时尚男装服饰品设计

七、简约纯粹

风格综述：在设计领域推崇的简约纯粹设计风格，是指将设计简化到它的本质，强调它内在的魅力，强调不添加无谓的修饰，追求纯粹的本源风貌，在设计中体现在用很少的装饰营造事物

的本质美感，使消费者尽享自由、放松、单纯的设计理念。而带有强烈时代特征的简约主义源于20世纪初期的西方现代主义，欧洲现代主义建筑大师密斯·凡德罗（Mies van der Rohe）的名言"Less is more"（少则是多）被认为是代表着简约主义的核心思想。简约主义风格的特色是将设计的元素、色彩、原材料简化到最少的程度，但对色彩、材料的质感要求很高。因此，简约的设计通常非常含蓄，往往能达到以少胜多、以简胜繁的效果。消费者对于简约纯粹风格的设计产品的接受原因，源自于人们内心对于宁静、平和、简约的秩序美和生活方式的追求。可以说，简约风格无论是在形式上还是精神内容上，都迎合了此类消费者的需求。

色彩倾向：简约纯粹风格的男装服饰品设计用色非常谨慎、含蓄，通常只应用较少的同色系色彩组合或者只是直接的单色应用，以契合多数男装消费者穿衣消费所追求的简约、含蓄的消费理念。

材料特征：如前文所述，简约纯粹风格的设计作品对于材料的应用追求最少的简化，但是对于材料的质量和质感要求却不会简化，尤其是较为讲究产品品质的男装品牌来说，在服饰品制作的材料选择时则更加注重品质。

设计细节：讲求以简洁的廓型，含蓄的色彩配置表现简约、精致的穿衣生活，服饰品设计更加注重内在优雅气质，少有外部过度的修饰，注重材料本身的独特美感摒弃纷繁复杂的剪裁与结构设计，此类服饰品具有较好的搭配性（图7-7）。

图7-7　简约主义下的男装配饰品设计

第二节　男装服饰品的流行性表现

一、男装与服饰品流行性关系

从男士服装的发展演变历程来看，除了少数时期因社会审美流行等因素的驱使，男士服装表现出分外的华丽妖娆，被称之为孔雀革命时代，多数时期男士服装的消费理念均受到男士在社会生活中扮演的角色有着重要的关系，同时受到社会审美观念的导向，对男子形象提出的稳重、沉着、机智、干练等社会角色形象要求，大多数男士选择服装及相关饰品，均较为重视产品的功能性而相对较少地注重产品的装饰性、设计性等，除了相对年轻的青少年男装产品会因消费者年龄定位和消费需求将产品设计的相对时髦、花俏，成熟男装品牌总是会表现出沉稳的产品设计定位，以契合社会审美对于成熟男性严谨、干练的着装审美需求。同时，为了保持品牌较为恒定的品牌设计风格，多数情况下成熟男装品牌对于服装流行的反映程度都会小于女装产品对于流行时尚的推崇和表现，而是以相对含蓄的方式来表现品牌对于流行时尚的理解和产品设计应用。

在产品设计中常常以服饰品来表现本品牌对于流行时尚主题的应用，因为通常男装饰品相对于服装本体来说在整体服饰形象搭配所占据的视觉面积比例都是较小的，所以在相对沉稳的男士服装整体想象中应用较为少面积的流行色彩或者流行材料、流行工艺，甚至流行的穿戴方式，都不会觉得格格不入的扎眼，只要搭配得当则更加能够起到画龙点睛的作用，表达出着装者对于流行时尚的敏锐把握和合理应用。例如在男士出席商务会议的时候，为了表达对于会议来宾的重视和尊敬或者为了适时地表现某一主题活动及流行趋势，男士可以通过选择适合的领带或袖扣色彩来表现对于此类话题的理解，既能表现出对于流行时尚的理解又不失礼仪，无疑会为着装者增色不少。

从产品设计的角度来说，男装服装设计与服饰品设计之间存在着相互影响，相互依存的关系，男装的流行信息对男装服饰品设计风格会产生相应的影响，同样，男装服饰品的流行元素亦对男装流行产生影响，为男装产品设计提供不同角度的灵感来源。设计师需要在把握品牌风格的前提下，将流行信息进行合理分解、重组，应用于本品牌产品设计中，从保持服装与饰品设计风格整体和谐统一的基础上，合理利用流行资讯所引领的时尚设计动态，用于产品设计中。随着男装品牌经营及产品设计的日益成熟，大多具有相当规模经营实力的男装品牌，其产品设计架构均具有良好的设计规划，所推出上市的产品不光局限于男士服装本身，还兼顾男装服饰产品的整体设计企划，使得本品牌产品具有非常完善的自我搭配组合功能，消费者进入专卖店即可选购到从服装到鞋袜、提包、帽子、领带等全部产品，所谓“一站式”购物消费模式。具有服饰产品齐全的男装品牌在陈列展示时，也能够通过服饰品的搭配组合很好地营造出本品牌产品所要诉求的品牌风格和产品理念。通过这种服装产品和服饰品整体展示，形成良好的品牌张力，利于品牌在消费者心目中建立良好的形象。

二、时尚流行趋势下服饰品潮流主导型分析

所谓流行，是指在一定的历史时期，一定数量范围的人，受某种意识的驱使，以模仿为媒介

而普遍采用某种生活行动、生活方式或观念意识时所形成的社会现象①。现今社会流行概念涵盖了生活的多个方面,不仅包括一般提及流行时人们所理解的服饰流行,还包括建筑风貌、音乐、舞蹈、体育运动、思想观念、宗教信仰,甚至还包括语言、动作等。而服饰流行是其中表现尤为活跃的流行现象。流行预测是指对今后一段时间的流行现象做出有根据的预见性评价。在服装产业内,流行预测是由专门的流行预测机构(如:流行研究中心、服装行业协会等)、品牌服装企业内的企划部门和流行分析家等发布的②。国际上著名的权威流行趋势发布机构有 WGSN③ 和 Carlin④,我国权威的流行趋势的发布机构是中国流行色协会和"Fabrics China"⑤。

相比之下,在人们生活中衣、食、住、行中,服装及其饰品受到时尚流行趋势的影响尤为明显,表现出异常的敏感,并涵盖了产业相关的多个组成部分,从服装设计、服饰品设计、店面陈列、搭配方式等多个方面的设计风格、工艺方式、材料构成,以及人们的穿衣搭配方式等方面都会及时地反映出当下以及未来的时尚流行趋势。时尚流行趋势对于服装产品及服装饰品的影响内容包括有:色彩、面料、辅料、款式、廓型、细节、图案、搭配、结构、风格、工艺等方面的具体设计风格方向,并且在不同流行周期中以不同流行趋势主题风格来引领和诠释,而服装及饰品的设计则会紧跟这种趋势主题所表达的关键词,再结合本品牌设计风格进行产品的细部设计与完善,因为流行代表着当下以及未来一段时间内消费者的产品消费趋向,品牌公司的产品设计必须迎合消费者的消费需要变化,否则一味地固守自己原有的产品设计风格而不顾流行趋势所带来的消费需求变化,只能会将自己的产品做到"曲高和寡"的境界。

对于男装服饰品来说,时尚流行趋势通常会以某种主题方式来引领着服装饰品的设计潮流,主导下一季服装饰品的设计方向。品牌公司设计师则会综合时尚流行趋势的主题分析进行产品设计,将主题趋势提取的关键词描述应用于产品设计中充分诠释产品对于流行趋势的解读。在不同的市场环境、经济形势、政治背景下,每一季的时尚流行趋势不尽相同,有原生态自然主题、低碳环保主题、简约主题、复古主题、科技主题等等,设计师根据流行趋势的未来时尚定义将主题方向映射于服饰产品设计中。例如在设计低碳环保主题流行趋势主导下的男装服饰品时,设计师会大量运用流畅、简洁、自然的线条于产品廓型和内部结构中,并赋予简洁、明快、素雅的色彩系列设计,多应用无染色的本色材料,大量应用朴实无华的未加工或初步加工材料,摒弃深加工、细加工的主料与附件,服饰品整体设计理念为实用、舒适、环保、低碳(图 7-8)。

---

① 李当歧. 服装学概论[M]. 北京:高等教育出版社,1998:273.

② 刘晓刚. 品牌服装设计. 2 版[M]. 上海:东华大学出版社,2007:247.

③ 全称是 Worth Global Style Network,是一个通过 IT 网络手段,提供在线时尚预测和潮流趋势分析、交流和发布的时尚机构,总部在英国,全球有超过 3000 雇员为其服务,是一个庞大的时尚群体。

④ 全称是 CARLIN INTERNATIONAL 卡兰国际风格设计公司,总部在巴黎,拥有超过 40 位以上的资深专业设计师及强大的市场发展、市场分析员阵容,卡兰的预测总是达到 85% 以上的准确性。

⑤ 国家纺织产品开发中心/中国纺织信息中心从 2000 年底启动了 Fabrics China 工程,Fabrics China 工程包括四个体系的建立与完善,即:纺织产品开发协作体系、流行趋势研究与发布体系、Fabrics China 标准与检测体系、重点向国外采购商推介中国优质面料的 Fabrics China 推广体系。

图 7-8 2012 米兰春夏男装周 Gucci 打造的奢华复古风男装与配饰

第三节 男装服饰配件

相对于女装来说，男装服饰搭配的类别与形式相对较少，常用的主要包括领带、帽子、腰带、鞋子、箱包及眼镜、袖扣、领带夹、手杖、香水等附属品，以下就这几种类别进行介绍。

一、领带

领带是最能满足男性装扮需求的服饰品，也是男性最常用的服饰配件之一，从广义上讲，还包括领结。领带通常与西装搭配使用，给胸前空着的三角区加以装饰点缀，在视觉审美上起到画龙点睛的作用与效果，是穿着西装特别是正装时不可缺少的附件。

（一）领带的起源

现今流行的领带，它的历史并不太长，大约仅有一百多年，然而传统的领带，其历史却非常悠久。关于领带的起源，可谓众说纷纭，大致有六七种各异的说法，有领带保护说、领带功用说、领带装饰说等，但大多属于传说和推测类。真正见于最早史料记载的“领带”的直接鼻祖，是 1668 年法国国王路易十四在巴黎检阅克罗地亚雇佣军时，雇佣军官兵衣领上系着的布带，这种布带当时叫做“克拉瓦特”（Cravate），就是史料记载的最早领带。后来随着巴黎人的大量仿效，开始在男子装束中盛行。

克拉瓦特领巾起源于 17 世纪，它的启用与当时的无领长衣“贾斯特科”关系密切。贾斯特

科是一种胸口敞开，内穿衬衣的服装，由于贾斯特科无领，戴起克拉瓦特正好在脖口到胸前这个显眼的位置起到了一种装饰作用，使当时的男装显得更为奢侈而华丽。当时使用的克拉巴特是一种长约1～2米，宽约30厘米的长围巾，最初用细亚麻布、细棉或丝绸制作，不久又有了蕾丝克拉瓦特和在棉、麻面料上刺绣花纹的克拉瓦特，长度增加到2米，成为当时贵族阶层的人们显示财富、地位和品位的重要饰物，如何系这根带子也成为评价贵族男子气质高雅与否的标准之一。18世纪，法国资产阶级革命宣告了宫廷贵族生活的终结，男士们放弃了华丽服装而改成简单朴素的装束。社会上开始流行起高立领的衬衣，领外缠系黑色或白色的克拉瓦特。这时的克拉瓦特比较长，在脖子上围多圈后，在领前交叉一下，然后垂落下来，有时也有打成蝴蝶结状。到1890年左右，英国出现了一种四足领带（Four In Hand），其意为"四头马车"。据说与英国驾驭四匹马车的马车夫常系此领带有关，又有说四足领带的本意是四步活结领带，是因为系领带的步骤，刚好由套领、交叉、绕带、窜结四步动作完成。还有人认为，这表示领带系好后，垂下长度是手宽四倍。这种四足领带既是我们现在所用的领带的前身。

领带最早传入中国的时间与西服传入中国的时间大致是一致的。以西服为代表的西方服饰文化，是以孙中山先生领导的辛亥革命推翻了最后一个封建王朝后，开始登上中国历史舞台的。1919年后，西服作为新文化的象征冲击传统的长袍马褂，首先在出洋留学者中间盛行，并配带领带。80年代初随着"西服热"的兴起，领带也在中国普及和流行起来。

（二）领带的作用

男士领带在使用上有两个明显的作用，即一个是它的装饰功能，另一个是它的标记功能。

1. 装饰功能

领带作用的最基本方式是为加强和衬托男士服装的整体美。其中领带夹、领带别针等起到装饰和固定作用，使领带在服装中更显魅力。领带给刚劲简练的男装赋予了微妙的感性特征。

对于男性而言，领带在男性服饰中带有强烈的辅助作用，能够打破单调和沉闷，有助于在服装整体上营造视觉中心，显示时尚和活力。同时，领带可以在服饰中帮助塑造个体形象与风度气质，它以简洁有力的造型线条来点缀和加强男性的性别色彩，使男性服饰形象更为突出，并在整体服饰配套中起着平衡、点缀和强调等作用，烘托服饰环境的气氛。因此领带永远是起主导作用的，它是服装中最抢眼的部分。要改变一套西装给人的整体观感，最简单的方法就是改变领带的款式，特别是在穿西装套装时，不打领带往往会使西装黯然失色，因此领带又被称为"西装的灵魂"。

2. 标记功能

领带的标记功能，标示穿戴者的文化品位、气质以及所属团体的性质，例如表明自己所属的职业、团体等。

从事相关职业的工作人员，除了专用服装外，还需佩戴带有专用图案的领带，领带图案和色彩根据职业特点都有一定的要求。如公安部、司法部、法院、检察院、铁道部、交通部、卫生部、邮电部、工商总局、税务总局、海关总署、各大航空公司、各大银行、中国移动通讯集团等单位，都有自己的专用领带。其主要是反映并能突出单位的特色为主，通常将单位标识作为领带图案的一部分，放在领带大领前端的左下角（图7-9），或者以四方连续的形式表现（图7-10）。色彩主要选用与职业相关的或是与职业装配套的色彩为主（图7-11）。这类领带比较独特，主要是宣传和标识的作用，强调它的象征性，因此，常以易读易懂、一目了然的形式表现，而不是特别强调艺术装饰效果。人们也常常根据某人的领带特征来判断他属于哪个职业团体或阶层。

图 7-9　邮政系统领带

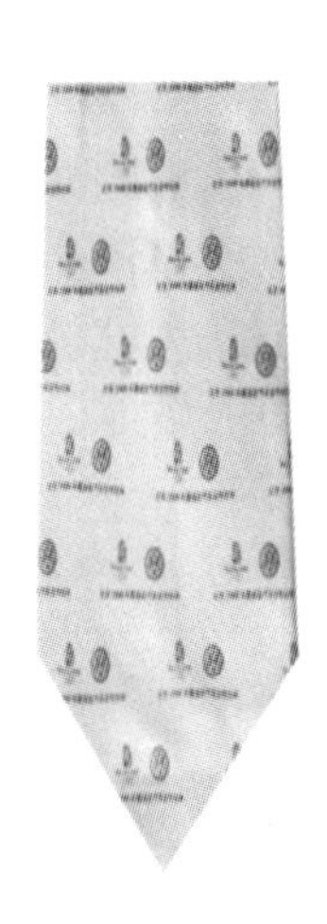

图 7-10　大众汽车集团领带

图 7-11　中保人寿领带

（三）领带的分类

从领带的形态上，通常可分为以下几类：

1. 箭头型领带

箭头型领带，是领带中最基本的样式，使用最为广泛，系用者最为普遍，适用于各种场合。一般均用绸料裁制，内衬毛衬料，故显得有弹性，不易折皱。因该领带的大小两端的头部都呈三角形的箭头状，故称为箭头型领带。

2. 平头型领带

平头型领带，是从正统领带演变而来的，是领带的一种式样变化。造型比箭头型领带略短而窄，大多是以素色或提花的针织物直接织成，因该领带的两端呈平型，故称平头型领带。平头型领带适用于非正式场合，比较时髦，其图案设计强调时尚感。

3. 线环领带

线环领带，又称丝绳领带。结构较为简单，用一根彩色的丝绳，在衣领中环绕，串过前面中间的金属套口，套口制作较为精致，上面装饰有花纹。线环领带系用简单方便，系用后显得轻松活泼。

4. 西部式领带

又称缎带领结，以黑色或紫红缎带在衣领下前方中间系用一蝴蝶结作为装饰。

5. 宽型领带

宽形领带，在国外称为 ASCOT 领带，是领带式样之一。使用时不需系结，和系围巾的方式一样。在欧美各国原是在结婚典礼上用，新郎作为白天正式礼服一起配套使用。但印有图案的却不属于礼服配套所用范围，而是年轻人作为讲究打扮的一种反映。

6. 片状领带

片状领带，是传统领带的一种样式，现今已很少有人使用，以两层绸料缝合而成，较短，系用时两头部交叠合，中间用领带别针固定，色彩以黑色为主。

7. 巾状领带

巾状领带，是传统领带的一种样式。它的形式和风格和我国少先队系用的红领巾相似，用绸料制成。

8. 翼状领带

翼状领带，简称领结，又称蝴蝶结。一般分两类，小领花和蝴蝶结。小领花主要用于穿礼服，有黑白两色，白领花只用配穿燕尾服；小黑领花则用于配穿小礼服及礼服变种。蝴蝶结是小领花发展而来，比领花大，结成后像只展翅欲飞的蝴蝶，故此得名。用黑色、紫红等绸料制作，一般与礼服配套（图 7-12）。

图 7-12 不同式样的领带

（四）领带与服装的结合

领带会影响到着装的整体风格，因此应与服装配色风格相协调。有些男性所穿的衬衣、西装和系的领带分开来看均是款式、质料、颜色都不错的，但配在一起明显地让人感到不协调，这是因为在领带与服装搭配的时侯出了问题。总体来说，领带造型上的变化不太大，只是在宽窄长短稍作变化和系法略有不同。正统严谨的西装，领带的带面长度与宽度及系法几乎有约定俗成的规范性，所以佩戴领带的重点应放在花色变化上。

1. 领带与衬衫的搭配关系

领带与衬衫的搭配，其一应注重深浅的对比，寻求一种搭配上的反差，彼此互相映衬而达到较好的效果。其二衬衫与领带可以是统一色调，这样领带与衬衫的对比度降低，显得比较文气，但这要考虑到不同场合和自我个性。通常，衬衫的颜色应该与领带上次要颜色中的一种相配，而领带上的图案应该比衬衫上的更显眼。有时，可以选择图案都很鲜明的衬衫和领带。但是，千万不要让衬衫上的图案压过领带上的。

（1）领带与素色衬衫的搭配

素色衬衫搭配的领带可以有一定的花形变化，如素色衬衣（白色、黑色等）适合与灰、蓝、绿等与衬衫色彩协调的各种图案、颜色的领带搭配，而白衬衫和各种活泼的颜色或花样大胆的领带搭配都不错。一些明亮色调的衬衫，如蓝色、粉红、乳黄、银灰，可以配蓝、胭脂红和橙黄色领带。而褐、灰等比较暗色的衬衫可以配暗褐、灰、绿等色泽的领带。

领带与素色衬衫搭配时，可以是领带的颜色与衬衣同色系，利用领带的起伏展示出立体的效果。也可以是领带与衬衣同种色系，但是通过不同深浅的搭配，比如土黄色领带搭配棕灰色衬衫，这样的衬衫和领带显得非常有节奏感，同时统一在一个主色调中（图 7-13）另外，领带的颜色也可以与衬衣形成反差，比如黄色和蓝色或者紫色搭配，会让衬衫和领带看起来非常显眼，展现出夺人的风采。而粉红衬衫配蓝色领带，明暗对比很醒目（图 7-14）。

图 7-13

图 7-14

图 7-15

图 7-16

（2）领带与花色衬衫的搭配

花纹衬衫的搭配则应该是讲究“错位”，即领带与衬衣相配时尽量不要选择同类型的图案，这样领带的特点容易突出。如直条纹衬衫应避免搭配同样是直条纹的领带，而适合配方格或圆点图案的领带，有纹路方向的变化，不会单调呆板，（图 7-15）。格纹衬衫基本上适合单色素面的领带，也可配斜纹、碎花图案的领带，暗格图案的衬衣则可配印花或花型图案领带，暗格在这里当作单色处理（图 7-16）。当有多种颜色图案的领带与衬衣搭配时，尽量让图案中的相对比较突出的颜色与衬衣的颜色相同或同色系，效果便会锦上添花。

现代还有不少针对年轻消费群的一系列印花衬衫，这些花衬衫穿的时候原则上应该不系领带，直接套上西服，使人有一种挺拔、利落、简洁、轻松、休闲的感觉。如果与领带搭配穿着，可选择同一图案而色调呈强对比，或同色调不同图案，要点是图案和颜色比较鲜艳的花衬衫最好避免规则图案的领带。

2. 领带与西装的搭配

领带是西装的灵魂。凡是参加正式的交际活动，穿西装就应系领带。往往要改变一套西装给人的整体观感，最简单的方法就是改变领带的款式。领带的颜色、图案应与西装相协调，系领带时，领带的长度以触及皮带扣为宜，而领带夹应戴在衬衣第四、第五粒纽扣之间。

领带的花型、色泽应根据西服的材质、风格和色彩而定。一般来说，领带与西服搭配的基本原则有以下几点：

（1）领带的深浅与西服的深浅要统一，深色领带宜配深色西服，浅色领带须与同色系的西装的色彩，才能给人视觉均衡的协调感，也是最稳妥的搭配（图 7-17）。

（2）领带和西装若是同色系，则领带的颜色要比西装的鲜明。这主要是利用同色系中深浅、明暗度不同的变化，使整体效果比较协调（图 7-18）。

（3）领带的花色可与西装产生对比，是领带起到点缀的作用。比如黑色、深灰西装适与色

彩比较明亮的领带搭配(图 7-19)。

图 7-17

图 7-18

图 7-19

3. 领带与休闲装的搭配

随着男装多元化的发展趋势,男士穿着的随意化倾向和休闲风格的流行,休闲已成为这个时代不可忽视的主题。领带在图案造型、色彩及风格上也有了非常丰富的变化,已不再局限于仅与男士正装的搭配,还可休闲装、时装等多种风格的服装配套穿着,为领带的休闲化、时尚化、个性化创造了条件。

伴随服饰时尚与流行特征的变化,领带的外形、长短、宽窄及系法都在随之变化。特别是在注重个人风格化的今天,领带也可以根据个人喜好随意搭配,许多领带作为装饰甚至可以全部暴露在服装的外面,在不拘一格中透着潇洒(图 7-20)。领带也可搭配休闲的卡其裤和运动鞋,给人洒脱奔放的感觉。而近年来走在时尚尖端的窄版领带,是领带变形的大方向,充满现代的风格。使服装整体线条显得更加修长和利落,也成为男士时尚搭配的首选(图 7-21)。

图 7-20

图 7-21

二、帽子

男士帽子在式样上变化不多,但在戴帽和穿衣之间有一定的规范,更是需要考虑着装整体的协调。穿燕尾服需要配戴大礼帽、绢帽或观剧用大礼帽。穿夜间准备服需要配戴黑色或深蓝色的带帽檐中褶帽、窄边帽。穿晨礼服、白天正式礼服需佩戴大礼帽、常礼帽或有檐的中褶帽。穿日常生活装则相对自由一些,对帽饰的佩戴没有严格的规定,只需要根据服装风格、着装者脸型、肤色、气质相协调即可。

帽子是戴在头上用品的总称,一般是由帽山、帽檐和装饰配件组成。除了西装领带及皮鞋外,帽子是标准礼服造型中不可缺少的服饰配件之一。在注重个人化风格的今天,配件的运用显得更加重要,帽子更是男性不可忽视的重要饰物之一。现在它们不仅仅起到保暖作用,更成为了时尚服饰品,是可轻松上手的造型捷径,值得男士积极尝试。

(一)帽子的起源

无论东方西方,帽子的发展与演变都有着悠久的历史和文化。据历史记载,帽子是巾演变而来的。南朝梁陈之间的顾野王所撰《玉篇》载:“巾,佩巾也。本以拭物,后人着之于头”。在古代,巾是用来裹头的,女性用的称为“巾帼”,男性用的称为“帕(帕)头”,到了后周时期,出现了一种男女均可用的“幞头”,是人们在劳动时围在颈部用于擦汗的布,相当于现在的毛巾,人类在田地里劳作,由于大自然的风、沙、日光对人类的袭击,于是人们便将巾从颈部向上发展而裹到头上,用来防风沙、避严寒、免日晒,由此渐渐地演变成各种帽子。

世界各地帽饰文化灿烂纷繁,论及其起源,有御寒、遮阳、战争,宗教等诸说。综合专家学者的诸多论断,总体来看帽子的起源与发展都是基于人类认识自然、征服自然、改造自然的整个过程,从某种意义上讲,气候、环境,宗教信仰、风土人情等自然、社会条件的影响,客观上推动了帽饰发展的过程。

(二)帽子的作用

1. 实用性

远古时代的人们,靠捕兽渔猎过活,兽皮被留做用来保护身体和保暖,帽子则是用来隐蔽保护自己或遮阳挡雨,具有很强的实用性。如今的帽饰作为配件,虽然更多的是强调它的装饰性,但实用功能依然存在。如在日晒的场合一顶防晒帽,遮阳帽会为你遮光挡阳;寒冷的冬季一顶毛线编织帽、裘皮帽可使你的头部免遭寒风的侵袭。由此帽子的防风沙、避严寒、免日晒的功用可见一斑。

另外,从科学的角度讲,帽子的出现,对人类的健康作出了不可磨灭的贡献。人们戴帽子可以维护整个身体的热平衡,在气候发生变化的时候,不致使头部过多地失去或吸收热量而引起全身冷热的变化,从而产生不舒服的冷感或热感。

2. 象征性

帽子曾是身份的象征,在中国古代唤作首服。杜甫写李白的诗句“冠盖满京华,斯人独憔悴”,其中的冠是指出席典礼时的帽子。西方直到15世纪,贵族阶层才视帽子为身份的体现。在中国古代也以不同的帽子来区分官衔的等级以及官吏与平民百姓的界限,从与帽子有关的一些成语中就能看出来。比如,“冠冕堂皇”中的“冠冕”是指我国古代帝王、官吏戴的礼帽;而我们常说的“乌纱帽”,本是古代一种官帽,现已演变为官职的代名词等等。

3. 装饰性

在讲究服饰搭配的今天,帽子更多的成为了时尚潮流的指标,成为展现个性造型魅力的最

佳时尚配件。各式的帽子在保暖之余，为平淡的着装增色不少。可以说帽子是创造“顶上时髦”的必备利器。把握好帽子服装的搭配，一下能起到给整体造型加分的作用，有时仅仅只需一顶帽子，就能将整体服装从平凡到耀眼，帽子的装饰作用不容小觑。

（三）帽子的分类

按照不同的分类方法，帽子有很多种名称以及与其相对应的功能和造型，按用途分：有风雪帽、雨帽、太阳帽、安全帽、工作帽、旅游帽、礼帽等；按使用对象和式样分：情侣帽、牛仔帽、水手帽、军帽、警帽、职业帽等；按制作材料分：有皮帽、毡帽、毛呢帽、长毛绒帽、绒线帽、草帽、竹斗笠等；按款式特点分：有渔夫帽、贝蕾帽、鸭舌帽、棒球帽、钟型帽、棉耳帽、八角帽、瓜皮帽等。

受现代男装休闲化的趋势发展的影响，男帽从总体风格上看，也基本以休闲款式为主。目前，比较流行的男士帽款有：前卫个性的鸭舌帽、重新演绎的高雅礼帽、色彩明丽的绒线帽、俏皮的报童帽以及牛仔帽、棒球帽、渔夫帽、皮毛帽等。在色彩上除了各种沉稳的色调之外，也加入了许多明快而艳丽的颜色。

在用料上，根据不同的季节也有了不同的变化。例如，夏季的帽饰在材料上趋向纯天然的材质，强调透气型，如使用棉质、麻质和丝质等；另外一些以前比较少运用的材料，如苎麻、玉米皮、绳草、纸质草等，近年来也开始受到市场的欢迎。冬季的帽饰在材料上则更多的考虑到保暖和挡风的功能，因此，选择以毛呢料、绒线编织和皮革为主，另外牛仔布和灯芯绒的材质也是常见的选择（图7-22）。

图7-22 男装秀场的不同风格造型帽子搭配

（四）帽子与服装的结合

近年来，随着男装多元化的服饰风格与发展趋势，男士对时尚的追求越来越多元化，男帽的发展也非常迅速，各种样式和风格层出不穷。各式各样的帽子大多都是为了装饰点缀整套服装的穿着效果，反映自己的个性和吸引旁人的视线。然而无论怎样搭配，帽子的款式和颜色等必须与外衣、围巾以及鞋、裤等服饰相配套，使它们之间在风格、外形、色彩上要浑然一体，相互配合，才能给人一种协调统一和美的享受。不同色彩、造型的帽子与不同的服装搭配，都会给人以不同的视觉效果。

款式上，帽子应该与外套的风格相统一。如果外套是硬挺的猎装或者风衣，那么应该选择式样同样挺括的帽子，色彩上，如果不想标新立异，那么与外套同色系的帽子是为首选，黑、蓝、灰都是比较适合的颜色(图 7-23、图 7-24)。

男士礼帽一般适合与礼服、正装相搭配。在 20 世纪初，礼帽就曾是男士衣柜的必备品，但是随着男装休闲化的发展趋势，如今的高雅的礼帽已经被时尚解构，变成嬉皮可爱、男女通用时尚配件，礼帽也有了更多的搭配方式，如搭配休闲的外套或 T 恤背心、牛仔裤运动鞋等，也是个性自我的表现。

休闲型帽子款式、颜色较多，可以与不同类型的服装搭配。其中棒球帽也许是最有人缘的帽子，永远都是充满青春活力的象征，几乎不分春夏秋冬的永远流行。适于各种 T 恤、衬衫，配牛仔裤。而且随着 Hip-Hop 热潮而大行其道，令一向很少戴帽的男士也纷纷跟随(图 7-25)。鸭舌帽是近年来比较受男士欢迎的帽型，它兼具男性化、运动化两种风格，所以它传达的概念就是简洁、流畅，不繁琐。搭配正装，在优雅中迸发的运动休闲风貌，并增添时尚干练气质；而搭配休闲装则活泼潇洒，酷劲十足。寒冷的冬季，帽子更是必不可少的流行物品，毛线编织的帽子由于其较强的配搭性，永远是冬季的主流。在如今的个性化时代，较薄的毛线帽在夏季也被许多时尚男士作为配饰单品出现。

图 7-23

图 7-24

图 7-25

三、鞋靴

鞋子是包裹脚部用的物品，是服饰配件中不可缺少的部分。鞋子是人类服饰文化的重要组成部分。服装的主体性和整体性决定了鞋子在人的整体衣着上处于次要和从属地位，鞋在人的整体穿着物品中属于配角，是整体服饰的局部，但又缺他不可。服饰要达到整体和谐，即从头到脚颜色、款式相配，才能体现一个男人的文化修养、审美能力和潇洒风度。因此，鞋子在服饰中的地位越来越重要，它在提高服饰设计的全面性和完整性方面起着重要作用。

（一）鞋子的起源

鞋有着悠久的发展史，它和人类的文化息息相关，不仅每一个民族穿鞋不一样，不同历史时期的鞋也各有差异。从鞋子本身的发展历史而言，它的产生与政治、经济、文化、社会地位、气候环境、宗教、性别、时代的文化背景和人类的智慧等皆息息相关。同时，人们对于鞋子的选择还可以透露出穿着者的品味与仪态。

远古时代，土地的高低不平，气候的严寒酷暑，人类本能地要保护自己的双脚，就出现了简单包扎脚的兽皮缝制的最原始的鞋，兽皮，树叶，便形成了人类历史上最早的鞋。就我国而言，大约在5 000多年前的仰韶文化时期，就出现了兽皮缝制的最原始的鞋。相传在黄帝的时候，臣子于则就“用革造扉、用皮造履”。这可以说是我国皮鞋的起源了。到了商周时期，制革和皮鞋生产技术已很成熟，许多西周铜器的铭文中都有关于生产皮披肩、皮围裙、生皮索、鼓皮、鞋筒子皮、染色皮和生皮板等的记载。当时还设有“金、玉、皮、工、石”五种官职。可见制革和皮鞋生产在那时已相当发达，以至在朝廷中要设专职的官员加以管理。

世界上第一双皮鞋就诞生在中国，战国时代著名军事家孙膑以原始皮鞋为基础，设计了有胫甲（鞋帮）和鞋底两部分的图样，刻制木楦，由鞋匠使用较硬的皮革，照图样缝制成一双帮底缝合的皮鞋，成为制鞋史上的一大创举，是现代皮鞋的雏形，可算是世界上皮鞋的始祖了。后来，随着社会的进步和发展，西方也出现了专业的制鞋工厂。时至今日，鞋的制作材料、式样、用途越来越多，鞋的种类也开始逐渐丰富起来。

（二）鞋子的作用

鞋靴作为主要必备服饰品，在选择上除了要便于搭配、穿着舒适、便于行走、结实耐穿等基本条件之外，还需要非常注重流行，在现代社会生活中，男士选择鞋靴越来越重视流行这一因素，很多时候不太喜欢过于张扬自己对服饰流行敏感嗅觉的男士，则会通过选择在穿着时髦、流行的鞋靴来表达自己对于流行的见解，因为鞋靴处于视觉下方，即使有穿戴稍有不适宜，也不会显得过于局促，但是穿着得体大方则会尽显风采。

1. 生理需求

鞋子最基本的功能是为了保护足部，可以挡风御寒并保护足部不被外物划伤，从这点上看，是满足人们的生理需要，即具有实用性。

2. 地位象征

在古希腊，鞋子象征着奴役和自由之间的区别。西方中世纪时期，欧洲盛行的尖头鞋，也根据不同阶层与身份，对鞋的使用长度作了严格规定。从历史上来讲，鞋子可以用来确定一个人的社会地位，甚至宗教信仰。

3. 装饰功能

随着人类文明的发展，现代社会鞋子已经没有了阶级身份的标志功能，而是更多地追求时尚感和品质感。

(三) 鞋子的分类

鞋靴按照其不同标准分，种类繁多，样式多变，按其使用功能分：有室内的拖鞋、室外的正式着装鞋、休闲鞋、雨鞋、滑雪鞋、溜冰鞋、骑马鞋等；按照穿着季节分：有春秋鞋、夏季凉鞋、冬季毛鞋等；按照造型种类分：有平跟、中跟、高跟鞋，尖头、平头、圆头、方头、低帮、中帮、高帮、长靴等；按照材料区别：有皮鞋、合成革鞋、塑胶鞋、棉布鞋、绳编鞋、草编鞋、木鞋等。

按照鞋子的设计风格或者穿着场合分类可以分为正装类和休闲类两大类，从样式种类来区分，鞋子可分为系带式、扣襻式、盖式等。正装类的皮鞋有系带和便式两种，且皮质精良、硬挺、光泽感好。男士经典的正装皮鞋是系带式牛津鞋，通常会打上三个以上的孔眼，并加上系带；另有搭扣式平底便鞋、黑白两接头正装鞋等（图 7-26、图 7-27、图 7-28）。

图 7-26

图 7-27

图 7-28

休闲鞋也有光泽皮质，但皮质不再像正装鞋的皮质那样硬挺，取而代之的是柔软细致的皮革材料，也有其他各种质地的如翻毛皮鞋、帆布鞋、运动鞋、休闲时装鞋、拖鞋、凉鞋等，休闲鞋设计追求轻松、舒适的感觉（图 7-29、图 7-30、图 7-31）。

图 7-29

图 7-30

图 7-31

(四) 鞋子与服装的结合

对男士来说，鞋子对于一个人的整体衣着、素养品味和舒适程度来说都是很重要的。有时候，男士往往重视追随服装上的潮流，却忽视了鞋子的重要性。鞋子与服装搭配得好，可以体现穿着者的地位、修养、身份、心理、情绪等。反之，则至少反映出穿着者不拘小节或缺少穿着艺术修养。如果，鞋子选择错误，可能会毁掉精心挑选的整套服装。

1. 与西装搭配

无论在正式场合或是职业场合，皮鞋是搭配男士正装的不二选择。一双经典实穿的款式可以让男士应付各种社交场合都不失礼。因此与西装搭配的鞋首要的条件是款式简单，质地精良，以简约、典雅气质为主流。它既要具有容易搭配的特性，更要能衬托出男士的优雅品味。（图 7-32）

图 7-32 与西装搭配效果

2. 与休闲装搭配

如果穿休闲装,就要根据服装的款式来选择穿什么样的鞋子,鞋子的色彩、造型、风格等都要与服装的整体风格相统一。如今休闲鞋的款式有很多的变化,不同材质的相拼也很多,色彩除了延续了以往的黑色外,一些绚丽的色彩如橙色、绿色、天蓝色等色也不再少见,总体风格追求轻松、自由、奔放而舒适的感觉(图 7-33)。

图 7-33 与休闲装搭配效果

3. 与袜子的搭配

鞋袜的作用在整体着装中不可忽视，搭配不好会给人头重脚轻的感觉。袜子具有衔接裤子和鞋子的作用，应与裤、鞋协调，基本选袜子的原则就是穿与鞋、裤色调一致的袜子。如果稳重的西装长裤和黑色鞋子，配上不协调的花俏颜色的袜子或有花纹的袜子，那就会使人产生杂乱、失调的感觉。另外，也可以裤子与鞋用同色系，而袜子用不同的颜色，但应避免反差太大的颜色，如黑色和白色。再有，裤子为一种颜色，而鞋和袜子用同色系，这样更能突出个性。无论怎样，每个人只有结合自己的特点和个性来选择，才可取得良好的效果。

四、腰带

对于男士来说，腰带和手表、皮鞋一样，都是很重要的配饰，虽然它只是细细的一条，但同样可以透露出男士的品位、爱好、生活态度等。腰带对男士的重要性是其他服饰配件无法取代的，因此，腰带作为男装的细节设计中的重要内容，越来越引起了设计师的重视，成为男装设计需要考虑的设计元素之一。

（一）腰带的起源

腰带的起源可以追溯到原始时期，还处于裸体状况的人们就已开始绑起腰带来携带物品，这时期腰带的作用仅仅是为了实用。至古埃及、希腊及罗马时代，腰带才开始显示出装饰价值。在我国，腰带的起源，是古代北方的少数民族在长期的生活实践中演变出来的。它不但是用以系束袍服，还用来佩挂一些生产、生活使用的物件。基本形式是下端有钉柱钉于皮带的一头，上端曲首作钩状，用以钩挂皮带的另一头中间有钩体。常见的有兽面形、琵琶形和各种异形钩。唐宋时期，腰带有用革制作，并镶嵌有金、玉的玉带和金带，在腰带上按等级缀以金、玉、银、角等等。《辽史·仪卫志》曾经记载了辽代官员，文官必须佩戴“手巾、算袋、刀子”等五种物件，武官必须佩戴“佩刀、磨石、针筒、火石袋”等七种物件。如果没有革带，这么多的东西是没法儿携带的。因此腰带开始成为人们服饰生活中不可或缺的部分。

虽然如今男人皮带已没旧时的喻意，但其重要性仍是其他服饰配件无法取代的。腰带的实用性和装饰性使其成为服饰中重要的组成部分。往往时尚男士总会在腰间这一细节处，刻意去装饰。

（二）腰带的作用

1. 实用性

从上一节可以了解到，腰带最初的作用是它的实用性，是为了防止裤子从腰间滑落而使用。在古代还被用来佩挂一些生产、生活使用的物件。

2. 装饰性

腰带发展至今，早已不是可有可无的服饰附属品，已是集功能性和装饰性于一体的服饰配件。在现代男装中，男士腰带更多的是发挥着它的装饰作用。现代腰带的设计比以前增加了许多的变化。如对腰带进行镂空处理，使带面呈现装饰图案；或者把金属亮片、铆钉、水晶等镶嵌其中，使其更具魅力和特色；或在带面上做压纹和肌理效果等等处理方式，根据不同的着装风格需要搭配不同的腰带来画龙点睛，从而加强了服装的风格特点，起到装饰点睛的作用。同时，男士腰带也像男士的服装一样，变得越来越花哨，不但颜色打破了经典百搭的黑和咖色，诸如麻绳、绸缎等许多新材料也加入到了男士腰带的制作中，让古板、普通的男士服饰也因为腰带的缘故变得时尚起来。

腰带的装饰功能在现代服装设计中，越来越受到重视。腰带可以在修饰形体的同时，于细

微出彰现男士的个性。一套普通的男装,可以因为腰带的缘故变得不普通,在细微处彰显男士品味,因此在男装的服饰搭配中,腰带的装饰作用一定不能忽略。

(三) 腰带的分类

男士腰带的质料十分丰富,通常有皮革、布料、金属等,由于不同的造型风格和佩戴位置而产生出多种不同的种类。腰带的分类可以通过不同的材质来加以区别。常见的皮革类材质有猪皮、牛皮、羊皮、鳄鱼皮、蛇皮等,各种质地的皮带由于加工鞣制过程不同,而呈现出多样的风格。如猪皮和羊皮,经剥离分层后,更为柔软;牛皮有种身骨硬挺的感觉;鳄鱼皮则是档次较高的选择。皮带上的压纹和肌理效果,使其更具魅力和特色。布料类主要是休闲的帆布腰带或牛仔腰带,是最适合表达男装休闲意味的腰带。也有的采用服装面料本身与其他不同材质如皮革等相拼,来配合服装整体造型。

(四) 腰带与服装的结合

在正式场合穿着西服衬衫,腰带的颜色应该与所穿的服装配合协调,以腰带的颜色与服装同色系为好,黑色、栗色、咖啡色是常用的色彩。腰带的宽窄应保持在三厘米左右,太窄,会失去男性阳刚之气;太宽只适合于休闲、牛仔风格的装束。腰带式样适合简洁大方,而不能轻易的使用款式新奇的和配以巨大腰带扣的腰带,以方形、"回"字形和椭圆形带扣为宜。经典传统的腰带是金银色亮光或亚光的金属环扣,与牛皮结合而成的款式,可使男士更具绅士气质(图 7-34)。

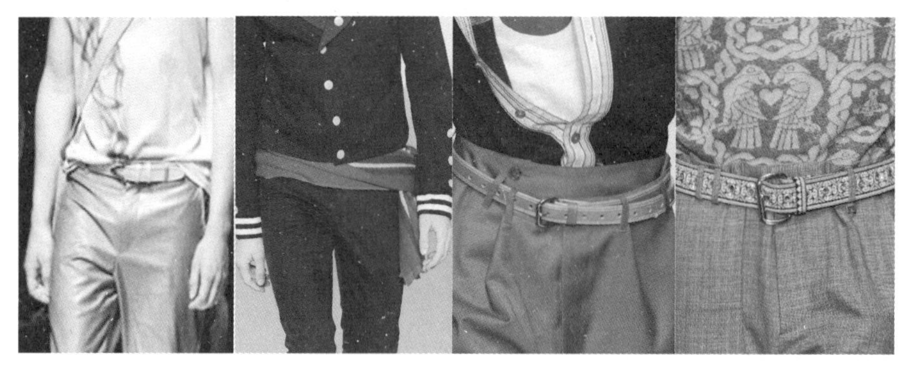

图 7-34　男装秀场的不同风格造型腰带搭配

搭配休闲装的腰带在款式、色彩和材质上都有较多的选择。金属颗粒和皮质的结合加重了腰带的朋克色彩，这种腰带是牛仔裤的绝妙搭档，最能体现牛仔自由而又狂傲不羁的性格（图 7-35）。不同材质的拼接，如紧密的皮质和松软的麻绳结合，搭配休闲装更能体现轻松的感觉（图 7-36）。两条不同颜色的腰带在腰间叠加在一起，既有节奏感又另类有个性，凸现层次感（图 7-37）。

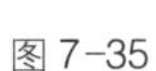
图 7-35

图 7-36

图 7-37

腰带潮流的变化，在很多程度上也是由腰带扣引起的，男士腰带钩扣的造型、大小也表现出男人的魅力。正装腰带的带扣图案应尽量选择庄重雅致一些，显得男士儒雅、成熟、有修养，较大的有动物图案的皮带扣，像一些扣面雕刻了狮、虎、鹰等动物形象，与牛仔裤或休闲装扮的服装搭配比较适合。另外，腰带的颜色还应该与皮鞋的颜色相吻合，腰带的花纹、质感、带扣也应与服装协调一致。在同其他服饰搭配时，色彩也应同总体风格相协调。

六、其他饰品

合理的使用各种服饰配件，不仅能够表现出着装的整体美，还能起到画龙点睛的作用，传递出个人品味与审美情趣，也可以体现出男士的风度和涵养。男士服饰配件除了上述的几种主要类型以外，还包括以下几种配饰品。

（一）领带夹

图 7-38 领带夹与袖扣

领带夹是男士的专用饰物，作用是把领带固定在衬衣上，避免领带摆动摇晃而影响美观，尤其是在进餐或用茶时可以避免领带垂到杯盘里，同时也有一定的装饰作用。一般佩戴领带夹的位置应在领带结的下方四分之三处为宜，过高过低都不太适合。多为金属制品，名贵的领带夹也有用合金、银或 K 金制作，它的饰面有素色、镶嵌和镂花三类，形状变化则建立在条状造型基础上；色泽有金色、银色和呈现镶嵌物的色泽，有的还和衬衫上的袖口对扣配套，一起使用（图 7-38）。

（二）袖扣

袖扣是用在专门的袖扣衬衫上代替袖扣扣子部分的，它的大小和普通的扣子相差无几，作为男子服装最重要的配件之一，不仅与一般纽扣一样具有固定衣袖位置和美化服装的实际功能，也因为精美的材质和造型，更多的是起到装饰的作用。一副别致的袖扣不仅能让男士原本单调的礼服和西装熠熠生辉，也是高品位成功男士的象征物品。每年主要男装品牌 GUCCI、Versace、LV、Cartier、Tiffany、Stefano ricci、登喜路、万宝龙、BOSS、Dolce&Gabbana 等在推出新一季的男装同时，也会推出新款袖扣。许多大品牌都用 K 金来打造袖扣，并在其中点缀宝石，品牌的经典 Logo 也会在袖扣之间熠熠发光。因为精致的做工和贵重的材质，这些首饰一般的袖扣在被使用的同时，也在被小心翼翼地收藏（图 7-39）。

图 7-39　品质非凡的蒂凡尼袖扣

（三）打火机

打火机的鼻祖可以说是 16 世纪欧洲的火绒盒和中国的打火铁盒。它俩的工作原理一样，都是用打火铁产生火花引燃火绒。如今，打火机在经历了几百年的发展，对男士来说，已经不是单纯的点烟工具了，它强调金属质感、手工雕花、精致细节，不仅只是点火工具，拿在手上把玩、享受玩物乐趣才是它的价值所在，更成为不折不扣的男士风格化装饰（图 7-40）。

图 7-40　卡地亚等奢侈品牌打火机

（四）袋巾

男士上衣口袋放置手帕最初是为了方便，同时也肩负美观与“整洁”双重任务。如今，男士的袋巾已纯粹只是一种配饰而已，对穿西装的男士而言，袋巾是一个重要的装饰，尤其是正式场合穿着深色西装或黑色礼服时，更是不可或缺的服饰配件，也是突显男人的品味和情趣的一个细节部分。袋巾是放置于西装左上袋的装饰物，丰富并点缀了西装的左胸位置，与领带互相映衬。袋巾的设计在今日除了愈见心思之外，颜色和图案也层出不穷，新颖别致。质地也由原来的棉质发展为今日柔和细致的丝质，与男士们的衬衫、领带、西服相谐，独显个人的风格与气质，令佩戴的男人魅力非常（图 7-41）。

图 7-41　袋巾与服装的统一搭配

（五）首饰

男性首饰通常具备雄浑的力度，可用来衬托男士的阳刚之气、显示资产的丰富、身份的尊贵以及独特的审美品味，可以更充分的展示男性气质和魅力。线条刚毅、色彩稳重、结构简洁是男士首饰的主旋律。一般造型较粗犷、有力度，造型风格有阳刚气息，花纹图案也比较简单，大多采用方、圆、三角等几何造型，以体现个人性格为重要目的。项链和手链是男士在许多场合都可以佩戴的首饰，材质多采用具有冷凝质感的材料，如不锈钢、银、钛金属等，也有的采用与皮质相结合的方式，而以往粗大的黄金项链已逐渐退出了时尚舞台。

（六）眼镜

在注重个人风格的年代，许多配件都能发挥画龙点睛的作用，眼镜作为配饰品，也是彰显个性的部分，即使是近视眼镜也不例外，已经不能单纯地作为读书写字校正视力的工具了，它被赋予了更多的时尚元素，也是男士彰显个性、美化形象、增添时尚魅力的重要配件。佩戴眼镜，从镜架的材质、镜框形状到眼镜整体的设计感，都可以恰到好处的衬托男士的气质，彰显男士的魅力，甚至可以修正脸部的线条，显得具有时尚感。

（七）围巾

男士围巾多有保暖御寒之用，兼有领口的装饰、点缀作用，在日常配戴中有一部分人则会将围巾用于不可脱卸厚重大衣的领口保洁，因为相对于整件大衣，围巾保洁起来比较容易。在围巾的配戴中，还有一个重要的功能就是围巾的标识作用，在很多大型集会、体育比赛时都会利用围巾的标识作用来作为团队标志和表达团队精神，例如在许多政治大选场合，竞选人和其支持

者有时候会配戴同样的围巾来划分自己的阵营，在许多体育比赛，特别是足球比赛中，球迷们常常会配戴印有所支持球队 LOGO 和标语的围巾，在比赛现场挥舞呐喊，为自己的球队加油助威，这些都是围巾具有的特殊功用之一。而在许多少数民族或部分国家和地区，赠送围巾也被赋予了某种特殊意义（图 7-42）。

图 7-42　男装秀场的围巾搭配应用

（八）香水

香水是一个隐形的时尚符号，现今已有愈来愈多的男士开始注重服装以外的形象包装。香水能让男人充满自信，并彰显个性，甚至拔萃出众。一般男士的香水气味不大浓郁，大多属于冷香型或沉稳型，香精含量在 10% 左右，留香时间不会超过六个小时通常适合男士的香水是木香、果香比较多而花香少的香型，如木香、树脂香、柑苔香。对于成熟稳重的男士，沉稳而不浓烈的木香调是比较好的选择；而年轻开朗的男士或者职业需要常跟人沟通的男士，应该选择柑苔调的香水，因为这种香水中含有甜橙、佛手柑的味道，能够让人感受到阳光、开放的气息，易产生亲近感。香水正被更多的男士接受和喜爱，已成为一种生活方式高品质的演绎。而男士选择适合自己的香水，不仅可以让自己身心愉悦，也会对周围的人产生积极的感染力（图 7-43）。

图 7-43　男士香水

（九）钱包

钱包是男人的必备之物，不但实用也是男人身份地位的象征，一个好的男士钱包不仅用料精选做工精细,最重要的是能够体现男人的品味。男士钱包通常也可以和服装整体配套。如果在正式场合,一款皮面有压纹并在四角镶金属边的钱包能够彰显男士贵族气质,而搭配牛仔裤运动鞋,选用具有休闲风格的钱包则会更加相得益彰。

(十) 手表

男人腕上不可无表,这是男士品位与身份的象征,也是男士为数不多的可以用来奢侈一把的机会之一。有句话叫做"穷人玩车,富人玩表",腕表已然成为了身份、地位与品位的象征。如今的手表早已超越了其简单的记时功能,手表更多的是时尚和品位的象征,一块手表,能让本就儒雅的男士又增一抹亮点。

现代时尚男士在挑选手表时,除了功能性、实用性之外,酷炫外型设计和保值功能也是刺激购买欲望的主要因素,腕表已成为男士一项重要的投资或收藏品。商务男士正装所搭配的手表,应当是金属质感十足的材质,圆形或方形表盘是经典的简洁利落的造型,而活力动感的运动手表永远是喜爱运动男士的首选,可搭配休闲装出现(图 7-44)。

图 7-44　男士腕表

(十一) 包袋

包袋的历史可以说是伴随着服装的发展历史共同并进的,早期的包袋主要利用天然兽皮和植物韧皮等制作而成,在纺织行业得到一定程度的发展后,制作包袋的材料也呈现多样化的趋势,功能和款式等也有了较多的发展。

随着生活质量的不断提升和生活空间的逐渐丰富,男士的包袋品种也逐渐多样,就种类来说,有手包、提包、公文包、休闲包、腰包、单肩背包、双肩背包、挎包等;就包造型来说有方形、宽大形、中庸形、扁形、长形等。男士根据职业场合和自我着装搭配风格的需要,有着较大的选择空间(图 7-45)。

图 7-45　男装秀场的包袋搭配应用

（十二）吊带

男士西裤吊带的作用与皮带类似，从功能上说都是为了固定裤子，并具有一定的装饰性。多用于三件套西装搭配中，现在随着人们穿衣观念的逐渐休闲化，吊带时常应用于休闲衬衣或者针织衫的搭配中，看上去显得洒脱、优雅（图7-46）。

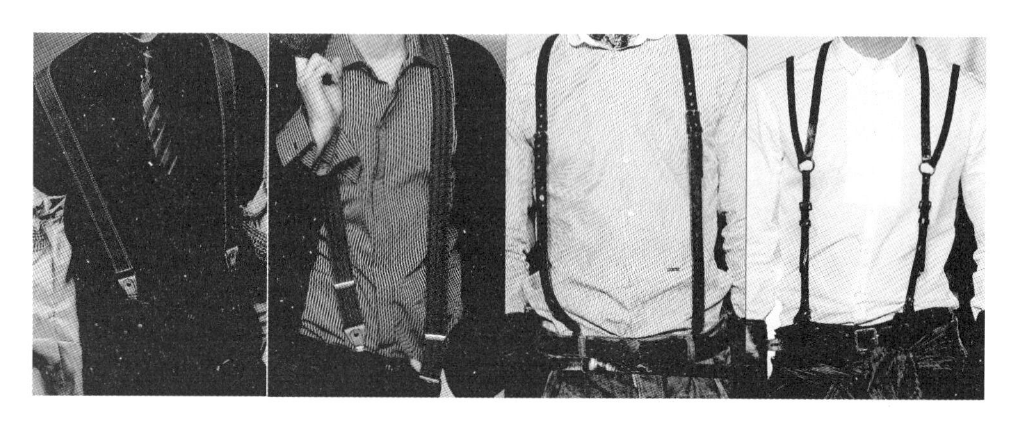

图7-46　男装吊带的搭配应用

第四节　男装系列产品设计中的服饰品配搭

男装产品设计中饰品搭配是指将配饰与服装进行搭配组合整体设计的工作环节，是男装整体设计的一个重要环节。饰品的搭配设计与服装设计一样都需要在品牌产品开发初期即拟定产品设计计划和架构，在产品开发之初即给出包括饰品在内的全部产品开发架构和设计方向，为后期的产品整体开发和搭配组合明确了具体方案和上市时间波段。

一、男装系列产品中服饰品搭配的作用

从服饰审美角度来说，服装饰品对于整体着装搭配效果有着很好的修正和促进作用，越来越受到人们的重视。在个别西方社会常常将手表、腰带、公文包、钢笔、眼镜、手套等服饰品称之为"附件"或者"修饰品"，这意味着它们并不是缺之不可的，却又是很重要的修饰物品，能够给着装的整体服装搭配增彩不少。随着现代人们着装方式观念的逐步改善对于服饰整体搭配越来越加以重视，对于以含蓄、沉稳、简洁为主导思想的男士着装者，常常通过佩戴适当的服饰配件来提升自己整体的着装形象和审美品位，在彰显身份的同时又能内敛含蓄、不露锋芒地表达出自己对于时尚的理解。

为了增强服饰品对于着装效果的整体促进作用，设计师在进行饰品设计时需要依据品牌产品企划之初制定的产品设计方案和架构，围绕设计主题拟定的设计导向开展设计工作，围绕服

装产品设计主体进行服饰品的搭配设计，饰品设计需要根据服装产品的设计风格和设计理念进行关联设计，服饰品的造型、色彩、材质、肌理的选择，风格设计、细节设计、工艺设计需要和服装产品形成呼应关系，运用服装产品设计和饰品搭配设计形成的整体合力，强化季节产品的整体形象和搭配效果。根据不同品牌服装产品的风格特点，饰品设计和服装产品整体设计的具体方法有多种不同手法，最常用并且行之有效的方法之一是在饰品设计时从服装产品设计中提取具有代表性的特征元素，进行分解组合应用于饰品设计中，如领带的花型、色彩设计可以和衬衣面料花型或底纹，以及色彩设计风格进行关联设计，以增强系列整体感，使得饰品在服饰整体搭配中既能够和谐融合又不会过分强烈张扬，起到画龙点睛的着装搭配效果。

二、男装系列产品中服饰品搭配的选择

在男装系列产品开发中鞋、包、围巾、眼镜、手表等等，这些服饰品细节，同样也反映出了流行的特点，同时也是商业性促销的卖点，对于男装系列产品的整体风格和功能设计有着很好的强化作用。品牌公司在新一季产品企划时即会按照市场需求和流行趋势的导向，设定符合公司品牌定位的产品设计主题，并按照不同的产品设计主题进行相应的产品架构规划，包括服装产品和相适应饰品的搭配选择。在系列产品开发设计中，设计师需要根据主题产品的风格进行饰品选择搭配，依据产品策划阶段形成的产品架构图文提案进行整体搭配设计（图 7-47）。

图 7-47　系列产品的搭配组合

三、男装系列产品中的服饰品的搭配方法

依据服装设计的 TPO 原则，除了服装产品的风格和功能设计可以满足穿衣者的穿衣场合需求外，服装饰品也同样可以起到塑造风格，强化着装形象的作用. 按照男性生活空间和工作环境的性质分类，可以将男性穿衣生活的场合或用途分为商务、休闲、社交三个主要类型。设计师在进行系列产品开发和搭配过程中，为了使得着装者的整体服饰形象更加符合所要出席的场所氛围，需要依据服装产品的主题风格定位进行服饰品的关联设计，确保服饰产品可以恰如其分的点缀和修饰着装者形象，在服饰品的设计风格、材料选择、色彩搭配等方面做到与服装产品的和谐统一。例如在设计休闲风格的男装服饰品时，设计师需要考虑着装者将要出席的生活场所，考虑着装者年龄层次的消费审美倾向，尤其是年轻人的休闲男装，就有着比较丰富的变化空间了。如用流行的印花围巾替代拘谨的领带，长衬衫外套短背心的多层次穿法，T 恤与西服、运动鞋的混搭等。同样的服装，穿

着或搭配的方式不同，其外观效果也不会相同。而在设计商务风格的男装产品时，则需要把握商务男士经常出席场所的着装礼仪和风格，在配饰搭配时把握好商务男装内敛、稳重、含蓄的着装理念，色彩多为中对比或弱对比，材质选择也多注重考虑内敛的材质，如亚光皮包、皮鞋等。总的来说在服饰品的设计、材料、工艺三个基本要素构成设计中，合理把握三者之间的平衡关系，以及与服装款式搭配之间的协调关系，便可做到男装服饰形象的整体美（图 7-48）。

图 7-48　依据 TOP 原则搭配的不同场合男士着装组合

本章小结

男装服饰品搭配设计是男装整体设计的一个重要组成部分，本章从服饰品设计风格特征分析入手，介绍了服饰品与男装流行之间的关系，并对一些主要服饰品配件的设计做了简要介绍，最后从服饰整体搭配的角度讲述了男装系列产品服饰搭配的作用和方法。使读者了解到合理地运用配饰搭配可以很好地塑造着装整体形象，强化着装者的着装风格特征，满足着装场合需求等作用。作为男装设计师需要明确服饰品对于产品系列整体风格陈述的重要作用和具体搭配设计方法，而作为男装产品消费者则需要掌握如何通过服饰品搭配来使得自身的着装整体形象符合出席场所的整体氛围。

思考与练习

1. 男装服饰品对于男装整体着装形象设计的重要意义有哪些？
2. 男装服饰品流行与男装流行之间是如何相互影响的？
3. 选择某一品牌男装产品系列，对其进行服饰品搭配设计。

参 考 文 献

1. 李当歧. 西洋服装史[M]. 北京:高等教育出版社,1995.
2. 张乃仁,杨蔼琪. 外国服装艺术史[M]. 北京:人民美术出版社,1992.
3. 陈万丰. 中国红帮裁缝发展史(上海卷)[M]. 上海:东华大学出版社,2007.
4. 贡布里希. 艺术发展史[M]. 范景中译. 天津:天津人民美术出版社,1986.
5. 凯瑟(Keiser,S. J),加纳(Garner,M. B). 美国成衣设计与市场营销完全教程[M]. 白敬艳,译. 上海:上海人民美术出版社,2009.
6. 苏永刚. 男装成衣设计[M]. 重庆:重庆大学出版社,2009.
7. 刘晓刚. 服装设计3——男装设计[M]. 上海:东华大学出版社,2008.
8. 周文杰. 男装设计[M]. 杭州:浙江人民美术出版社,2005.
9. 刘晓刚. 品牌服装设计. 2版[M]. 上海:东华大学出版社,2007.
10. 刘晓刚,李峻,曹霄洁. 品牌服装运作[M]. 上海:东华大学出版社,2007.
11. 刘晓刚,王俊,顾雯. 流程 · 决策 · 应变——服装设计方法论[M]. 北京:中国纺织出版社,2009.
12. 刘晓刚,曹霄洁,李峻. 品牌价值论[M]. 上海:东华大学出版社,2010.
13. 杨以雄,富泽修身. 21世纪的服装产业——世界发展动向和中国实施战略[M]. 上海:东华大学出版社,2006.
14. 杨以雄. 服装买手实务[M]. 上海:东华大学出版社,2011.
15. 王革非,陈游芳,卢安,等. 服装企业战略管理[M]. 北京:中国纺织出版社,2004.
16. 孙静. 服装品牌实务——从创立到运营[M]. 上海:东华大学出版社,2007.
17. 谭国亮. 品牌服装产品规划[M]. 北京:中国纺织出版社,2007.
18. 任夷. 服装设计[M]. 长沙:湖南美术出版社,2009.
19. 冯翼. 服装技术手册[M]. 上海:上海科学技术文献出版社,2005.
20. 潘凝. 服装手工工艺[M]. 北京:高等教育出版社,1994.
21. 万后芬,周建设. 品牌管理[M]. 北京:清华大学出版社,2006.
22. 姜蕾. 服装品质控制与检验[M]. 北京:化学工业出版社,2006.
23. 李兴刚. 男装结构设计与缝制工艺[M]. 上海:东华大学出版社,2010.
24. 孙兆全. 经典男装纸样设计[M]. 上海:东华大学出版社,2009.
25. 王树林. 西服工业化量身定制技术[M]. 北京:中国纺织出版社,2007.
26. 刘瑞璞. 男装语言与国际惯例-礼服[M]. 北京:中国纺织出版社,2002.
27. 文峰. 第一次世界大战与服装的发展[J]. 科技创新导报,2008(11):187.
28. 吴雪平. 欧洲百年时尚与服饰流变[J]. 宁波大学学报(人文科学版),2003(3):75-77.
29. 周文杰. 服装产品的设计思维特点及运用方法探讨[J]. 东华大学学报(社会科学版),2006

(8):113-116.
30. 王春艳,余晓泓.美国次贷危机对中国纺织服装出口企业的启示[J].经济研究导刊,2009(9):174-176.
31. 边晓芳.浅谈男装的风格衍变与审美[J].江西科技学院学报,2004(8):69-70.
32. 李莹.意大利服装业:从家族企业到国际品牌[N].经济观察报,2007-05-14.
33. 付云雁.意大利纺织服装业调研[N].公共商务信息导报,2006-06-9.

后　记

本教材从接手到完成历时近三年之久，期间由于忙于教学工作的原因和知识积累的需要，几经停顿，有所耽搁。由于历时长久，在写作过程中的几次停顿期间，从事了一些男装企业的品牌企划和产品开发与发布等项目，经历了实际操作并收集了大量第一手资料，为本书的写作积累了一些实际案例，有所增益。

本教材由刘晓刚教授主编，并编写章节提纲。教材内容的第一章由刘晓刚教授编写，第三章由孟然编写初稿，许才国整理，第二、四、五、六、七章由许才国编写，全书由许才国统稿。

感谢刘晓刚教授所给予的参与本书编著的机会，感谢东华大学出版社徐建红老师对于本人的屡次帮助。文中所引用的部分图文资料由于不能一一联系作者，在此一并表示衷心感谢。

许才国